Geotecnia Ambiental

MARIA EUGENIA GIMENEZ BOSCOV

© Copyright 2008 Oficina de Textos
1ª reimpressão 2012 | 2ª reimpressão 2018

Grafia atualizada conforme o Acordo Ortográfico da Língua Portuguesa de 1990, em vigor no Brasil desde 2009.

CONSELHO EDITORIAL Arthur Pinto Chaves; Cylon Gonçalves da Silva;
Doris C. C. K. Kowaltowski; José Galizia Tundisi;
Luis Enrique Sánchez; Paulo Helene;
Rozely Ferreira dos Santos; Teresa Gallotti Florenzano

CAPA E PROJETO GRÁFICO Malu Vallim
DIAGRAMAÇÃO Flávio Carlos dos Santos
FOTO CAPA Márcio Rigo de Oliveira (aterro sanitário em Caxias do Sul – RS)
PREPARAÇÃO DE FIGURAS Mauro Gregolin
PREPARAÇÃO DE TEXTOS Rachel Kopit Cunha
REVISÃO DE TEXTOS Ana Paula Luccisano, Maurício Katayama
e Thirza Bueno Rodrigues

Dados Internacionais de Catalogação na Publicação (CIP)
(Câmara Brasileira do Livro, SP, Brasil)

Boscov Gimenez, Maria Eugenia
Geotecnia Ambiental / Maria Eugenia Gimenez Boscov. --
São Paulo : Oficina de Textos, 2008.

Bibliografia.
ISBN 978-85-86238-73-4

1. Geotecnia – Aspectos ambientais I. Título.

08-01094   CDD-624.15

Índices para catálogo sistemático:
1. Geotecnia ambiental: Tecnologia   624.15

Todos os direitos reservados à **Oficina de Textos**
Rua Cubatão, 798
CEP 04013-003 São Paulo SP
tel. (11) 3085-7933
www.ofitexto.com.br
atend@ofitexto.com.br

A Geotecnia Ambiental pode ser entendida como o ramo da Geotecnia que trata da proteção ao meio ambiente contra impactos antrópicos. Como exemplos de áreas de atuação da Geotecnia Ambiental, podem-se citar o projeto, a operação e o monitoramento de locais de disposição de resíduos; a avaliação do impacto ambiental de obras civis; a prevenção da contaminação do solo superficial, do subsolo e das águas subsuperficiais e subterrâneas; o mapeamento geotécnico e geoambiental para planejamento de uso e ocupação do solo; a recuperação de áreas degradadas e a remediação de terrenos contaminados; a investigação, a instrumentação, o monitoramento e a amostragem de água e solo; e a reutilização de resíduos em obras geotécnicas, entre outros.

Embora utilize conhecimentos gerais da Geotecnia, o profissional atuante na Geotecnia Ambiental também deve possuir conhecimentos básicos de outras áreas, como Hidrogeologia, Química, Pedologia e Microbiologia. Isso se deve a uma característica marcante dos projetos geoambientais: a multidisciplinaridade. Há necessidade de estudar e solucionar problemas que abrangem diversos conhecimentos específicos, e os profissionais envolvidos devem desenvolver uma linguagem comum mínima, para que todas as contribuições sejam bem aproveitadas.

Este livro visa apresentar os princípios da Geotecnia Ambiental para alunos de graduação de cursos de Engenharia Civil e Engenharia Ambiental, Geologia, Engenharia de Minas e outros afins, integrando a bibliografia básica de Geotecnia. Pretende fornecer um panorama geral dos principais tópicos da área e apresentar novos campos de trabalho para futuros profissionais de Engenharia e Meio Ambiente.

O conteúdo é baseado na disciplina Geotecnia Ambiental ministrada na Escola Politécnica da Universidade de São Paulo e pressupõe que os alunos tenham noções básicas de Mecânica dos Solos e Obras de Terra, ou seja, que conheçam os temas: natureza e estado dos solos; permeabilidade, resistência ao cisalhamento e deformabilidade dos solos; fluxo de água em meios porosos e fraturados; estabilidade de taludes; anteprojeto de barragens; tratamento de fundações e dimensionamento de sistema de drenagem interna de barragens.

Como a disciplina Geotecnia Ambiental é recente no currículo da maioria das universidades do País, esta obra pode apresentar algumas lacunas, uma vez que a própria evolução da Geotecnia Ambiental coloca continuamente novas questões e abarca novos conhecimentos. Conto com a apreciação crítica dos colegas e alunos, assim como com o próprio tempo, para melhorar e completar este livro.

Agradeço a colegas, alunos, familiares, funcionários, agências financiadoras de pesquisa e à Escola Politécnica, cujas contribuições tornaram possível a conclusão deste livro. Agradeço pelo material técnico e científico, fotografias e figuras, apoio moral e logístico, incentivo à divulgação de conhecimento, suporte financeiro, entre tantas outras causas. Agradeço também à editora Shoshana Signer, por me convidar a assumir esta empreitada, e à sua equipe, por concretizar o livro.

A abordagem profissional e racional a respeito dos riscos que as obras civis e as atividades humanas podem causar ao meio ambiente é cada vez mais importante e valorizada nas sociedades modernas. Nesse contexto, é com grata satisfação que a comunidade geotécnica e geoambiental brasileira há de receber este livro, de autoria da Profa. Maria Eugenia Boscov. Felicíssima a iniciativa de produzir uma publicação sobre área tão atual e relevante como a Geotecnia Ambiental. Soma-se a isso o fato de ser a primeira obra do gênero no País. No livro, a autora apresenta, de forma clara, didática e ricamente ilustrada, diversos tópicos relacionados à Geotecnia Ambiental.

Além de colocar sua grande experiência como pesquisadora e profissional a serviço da comunidade técnica, a autora abrilhanta o livro com resultados e experiências de diversas partes do mundo. Também é gratificante ver sua preocupação em valorizar e apresentar vários profissionais e pesquisadores brasileiros. A compilação e a apresentação detalhada dessas experiências são extremamente úteis, por envolverem práticas em solos e condições brasileiras. Entretanto, a repercussão desta obra certamente não fica restrita às fronteiras nacionais, o que pode ser verificado pelo breve resumo do conteúdo do livro a seguir.

No capítulo 1, a autora apresenta e descreve os diferentes tipos de resíduos sólidos (mineração, indústria da construção etc.) e suas propriedades gerais. Trata-se de uma introdução didática para os capítulos que seguem.

O capítulo 2 aborda a geomecânica dos resíduos sólidos urbanos. São apresentados a classificação e os índices físicos desses resíduos, bem como os mecanismos de geração de chorume e gases. Propriedades geotécnicas, como permeabilidade, compressibilidade e resistência ao cisalhamento, são discutidas à luz de um grande número de resultados de pesquisas de laboratório e campo e de observações de obras instrumentadas.

O complexo tema de transporte de poluentes em solos é descrito de forma objetiva no capítulo 3. São apresentadas as definições mais relevantes, os diferentes mecanismos de propagação de contaminantes e também as formulações teóricas e as modelagens matemáticas para o problema.

O capítulo 4 expõe temas de elevada importância prática para aterros de resíduos sólidos: critérios de projeto, seleção de locais de disposição, normalização e legislação. São discutidos conceitos de projeto, dados necessários, segurança e emprego de métodos racionais para a seleção de locais de disposição de resíduos sólidos urbanos. A construção e a operação de aterros sanitários são apresentadas, bem como as legislações e normalizações existentes. Como nos capítulos anteriores, este também é exemplificado com resultados de pesquisas realizadas em diferentes partes do mundo.

Componentes fundamentais em projetos de aterros de resíduos – os materiais e as técnicas construtivas aplicados a revestimento de fundo, cobertura e sistemas de drenagem de aterros de resíduos – são objeto do capítulo 5. Materiais naturais e geossintéticos são comparados com importantes informações sobre sua utilização. Os condicionantes geoambientais e suas implicações no projeto de sistemas de impermeabilização e de drenagem de percolados são criteriosamente analisados. De particular relevância é a discussão sobre os requisitos para utilização de solos tropicais como barreiras de fluxo em aterros de resíduos. Tal assunto é especialmente interessante para os profissionais geotécnicos e geoambientais brasileiros.

A remediação de locais contaminados é tratada no capítulo 6, no qual são apresentados técnicas de gerenciamento de áreas contaminadas e métodos para controle dos poluentes do terreno. Diversas soluções mitigadoras são descritas, e suas aplicabilidades, discutidas. Entre tais técnicas, encontram-se a remoção e o tratamento do solo, a utilização de barreiras verticais, os sistemas de cobertura, as barreiras reativas, a biorremediação, a utilização de zonas alagadiças, entre outras.

O capítulo seguinte é dedicado a barragens de rejeitos. Os tipos de barragens, materiais de construção e métodos construtivos são complementados com importantes discussões e considerações sobre sua estabilidade – uma questão sensível. Os impactos ambientais provocados por barragens de rejeito são também analisados, com ênfase à importância do planejamento e do projeto geotécnico nesse tipo de obra – essa importância é destacada pela apresentação de casos relevantes da literatura de rupturas de barragens de rejeitos.

A investigação e o monitoramento ambiental são de fundamental relevância para evitar ou diminuir os riscos de contaminação do terreno. Tais temas são apresentados no capítulo 8, o último do livro. Nele, os diversos métodos de investigação de campo para o monitoramento de aterros de resíduos são descritos, bem como os instrumentos de auscultação e exemplos de aplicações em obras.

Creio que esta breve apresentação mostra a importância desta obra. Não tenho dúvidas sobre sua utilidade para alunos de graduação, pós-graduação e profissionais geotécnicos e geoambientais. Trata-se de uma valiosíssima contribuição da Profa. Boscov e da editora Oficina de Textos para a Geotecnia e para a proteção do meio ambiente.

Ennio Marques Palmeira
Universidade de Brasília

1 Resíduos sólidos: rejeitos de mineração, lodos de ETA, resíduos da construção civil — 11

1.1 Rejeitos de mineração — 13

1.2 Resíduos da construção civil — 21

1.3 Lodo de estação de tratamento de água — 26

2 Geomecânica dos resíduos sólidos urbanos — 31

2.1 Índices físicos — 33

2.2 Geração de chorume e gases — 39

2.3 Propriedades geotécnicas — 47

2.4 Ensaios *in situ* em maciços sanitários — 60

3 Transporte de poluentes em solos — 63

3.1 Aquíferos — 64

3.2 Mecanismos de transporte de poluentes em solos — 70

3.3 Adsorção — 74

3.4 Compatibilidade — 80

3.5 Formulação teórica do transporte de poluentes em solos — 82

3.6 Formação de plumas e modelagem matemática — 88

4 Aterros de resíduos sólidos: conceitos básicos, critérios de projeto, seleção de locais, normalização e legislação — 93

4.1 Conceitos principais — 94

4.2 Panorama — 96

4.3 Critérios de projeto — 98

4.4 Seleção do local — 106

4.5 Construção e operação de aterros sanitários — 110

4.6 Legislação e normalização — 114

4.7 O aterro como biorreator — 115

5 Projeto de aterros de resíduos: revestimento de fundo, cobertura, sistemas de drenagem — 119

5.1 Materiais — 120

5.2 Revestimento de fundo — 125

5.3 Cobertura — 132

5.4 Sistema de drenagem e tratamento de gases — 137

5.5 Sistema de drenagem superficial — 138

5.6 Barreiras verticais — 139

5.7 Comentários sobre a impermeabilização — 140

5.8 Revestimentos de fundo alternativos — 154

5.9 Coberturas alternativas — 156

6 Remediação — 161

6.1 Gerenciamento de áreas contaminadas — 162

6.2 Classsificação das técnicas de remediação — 164

6.3 Técnicas de remediação — 167

6.4 Atenuação natural — 179

6.5 Contaminação por hidrocarbonetos derivados do petróleo — 182

7 Barragens de rejeitos — 185

7.1 Tipos — 187

7.2 Métodos construtivos — 190

7.3 Seleção de locais — 198

7.4 Possíveis impactos — 199

7.5 Projeto geotécnico — 202

8 Investigação e monitoramento geoambiental — 209

8.1 Investigação geoambiental — 210

8.2 Monitoramento de aterros de resíduos — 213

8.3 Monitoramento em obra de remediação — 214

8.4 Monitoramento geotécnico — 215

8.5 Monitoramento ambiental — 226

Referências bibliográficas — 237

1 Resíduos sólidos: rejeitos de mineração, lodos de ETA, resíduos da construção civil

Resíduo pode ser definido como qualquer matéria que é descartada ou abandonada ao longo de atividades industriais, comerciais, domésticas ou outras; ou, ainda, como produtos secundários para os quais não há demanda econômica e para os quais é necessária disposição.

Os resíduos podem se apresentar sob a forma de sólidos, semissólidos, líquidos e gases.

Segundo a norma brasileira NBR 10.004, "Classificação de resíduos sólidos", recebem essa denominação os

> resíduos nos estados sólido e semissólido que resultam de atividades da comunidade, de origem industrial, doméstica, hospitalar, comercial, agrícola, de serviços e de varrição. Ficam incluídos nesta definição os lodos provenientes de sistemas de tratamento de água e esgoto, aqueles gerados em equipamentos e instalações de controle de poluição, bem como determinados líquidos cujas particularidades tornem inviável o seu lançamento na rede pública de esgotos ou corpos d'água, ou exijam para isto soluções técnicas e economicamente inviáveis em face à melhor tecnologia disponível. (ABNT, 2004).

A NBR 10.004 define as seguintes classes para os resíduos sólidos:

* Classe I – Perigosos: são aqueles que, em função de suas propriedades físicas, químicas ou infectocontagiosas, podem apresentar riscos à saúde pública, provocando ou acentuando, de forma significativa, um aumento de mortalidade ou incidências de doenças e/ou riscos ao meio ambiente, quando manuseados ou destinados de forma inadequada; ou ainda apresentar características patogênicas, de inflamabilidade, corrosividade, reatividade e toxicidade.
* Classe II – Não perigosos.
  Classe IIA – Não inertes: não se enquadram nas classes I (Perigosos) e IIB (Inertes). Podem ter propriedades como biodegradabilidade, combustibilidade ou solubilidade em água.
  Classe IIB – Inertes: quando amostrados de uma forma representativa e submetidos a um contato dinâmico e

estático com água destilada ou deionizada, à temperatura ambiente, não apresentam nenhum de seus constituintes solubilizados em concentrações superiores aos padrões de potabilidade de água, excetuando-se aspectos de cor, turbidez, dureza e sabor.

Um resíduo sólido, para ser classificado, deve ser amostrado de acordo com a norma NBR 10.007, "Amostragem dos resíduos sólidos" (ABNT, 2004), e submetido a ensaios de lixiviação e dissolução segundo, respectivamente, as normas NBR 10.005, "Procedimentos para obtenção de extrato lixiviado de resíduos sólidos" (ABNT, 2004), e NBR 10.006, "Procedimentos para obtenção de extrato solubilizado de resíduos sólidos" (ABNT, 2004). Os resultados das concentrações de uma série de espécies químicas nos extratos lixiviado e dissolvido são comparados aos limites máximos estipulados na NBR 10.004. Valores superiores aos limites no extrato lixiviado indicam que o resíduo é Classe I; no extrato dissolvido, que o resíduo é Classe IIA; todos os valores abaixo dos limites classificam o resíduo como IIB.

Entre os vários tipos de resíduos sólidos, destacam-se os industriais, os sólidos urbanos, os da construção civil, os de serviços de saúde, os portuários e aeroportuários, os rejeitos e estéreis de mineração, e os lodos de estações de tratamento de água e de esgoto. Os resíduos industriais englobam uma grande gama de sólidos e semissólidos produzidos nas indústrias. Os estéreis e os rejeitos são os principais tipos de resíduos gerados pelas atividades de mineração.

Denominam-se resíduos sólidos urbanos (RSU) aqueles gerados nas residências, nos estabelecimentos comerciais, nos logradouros públicos e nas diversas atividades desenvolvidas nas cidades, incluindo os resíduos de varrição de ruas e praças.

Os resíduos da construção civil, também denominados resíduos de construção e demolição (RCD), podem ser excluídos do conceito de RSU quando dispostos separadamente.

Os resíduos de serviços de saúde e os resíduos de portos e aeroportos têm destinação especial, para a qual não há contribuição importante da Geotecnia; não estão, portanto, no escopo deste livro.

Os lodos de estações de tratamento de água (ETA) e de estações de tratamento de esgoto (ETE) podem ser tratados e reciclados ou ser dispostos como resíduos sólidos.

Todos os resíduos devem ser dispostos de maneira a não causar impactos deletérios no meio ambiente. A disposição em aterros é a destinação mais frequente dos resíduos sólidos e semissólidos em todo o mundo. Os aterros para resíduos sólidos urbanos são denominados aterros sanitários. Os aterros de resíduos industriais classificam-se em Classe I ou II, de acordo com a classificação dos resíduos. Os estéreis são geralmente dispostos em pilhas, e os rejeitos, em bacias formadas por barragens ou diques.

Os aterros industriais e sanitários, assim como as pilhas e as barragens de rejeitos, são projetados com base nas mesmas premissas: confinar ou conter os resíduos, diferindo apenas no grau de segurança necessário e em função das características dos resíduos.

A seguir, serão apresentadas as características e as propriedades de alguns resíduos.

1.1 Rejeitos de mineração

Minério é uma rocha, constituída de um único ou de um conjunto de minerais, que contém um mineral valioso que pode ser explorado economicamente. O conjunto de processos, atividades e indústrias que permitem a obtenção de minerais é denominado mineração. A obtenção do minério compreende as etapas de lavra e de beneficiamento. Lavra é o processo de retirada do minério da jazida, enquanto beneficiamento é o tratamento para preparar granulometricamente, concentrar ou purificar minérios, visando extrair o mineral de interesse econômico, que é o produto final da atividade mineradora.

A produção mineral brasileira, segundo o Departamento Nacional de Produção Mineral (2006), compreende as seguintes substâncias: aço, água mineral, alumínio, areia, barita, bentonita, berílio, cal, calcário bruto, carvão mineral, caulim, chumbo, cimento, cobre, crisotila, cromo, diamante, diatomita, enxofre, estanho, feldspato, ferro, fluorita, fosfato, gás natural, gipsita, grafita natural, granitos e mármores, lítio, magnesita, manganês, metais do grupo platina, mica, molibdênio, nióbio, níquel, ouro, pedra britada, petróleo, potássio, prata, quartzo, rochas ornamentais, sal, sal-gema, talco e pirofilita, tantalita, terras raras, titânio, tungstênio, vanádio, vermiculita, zinco e zircônio.

A mineração é um segmento da economia que muito contribui para o desenvolvimento econômico do Brasil. Por outro lado, tanto a lavra como o beneficiamento geram grande quantidade de resíduos, os quais devem ser tratados e dispostos adequadamente para minimizar o impacto ambiental decorrente.

Os principais tipos de resíduos produzidos pelas atividades mineradoras em termos de volume são os estéreis e os rejeitos.

Os estéreis são gerados pelas atividades de extração ou lavra no decapeamento da mina, isto é, são os materiais escavados e retirados para atingir os veios do minério. Não têm valor econômico e são geralmente dispostos em pilhas.

Os rejeitos são resíduos resultantes dos processos de beneficiamento a que são submetidos os minérios. Esses processos têm a finalidade de regularizar o tamanho dos fragmentos, remover minerais associados sem valor econômico e aumentar a qualidade, pureza ou teor do produto final. Os procedimentos empregados são muitos, pois dependem do tipo e da qualidade do minério: britagem (fragmentação), moagem (pulverização), peneiramento (classificação) e concentração (por densidade, separação magnética, separação eletrostática, ciclonagem, aglomeração, flotação, lavagem, secagem, pirólise, calcinação). Os rejeitos são geralmente compostos de partículas provenientes da rocha, de água e de outras substâncias adicionadas no processo de beneficiamento.

As razões médias entre as massas do produto final e dos rejeitos gerados no processo de beneficiamento para alguns minérios estão apresentadas na Tab. 1.1. Observa-se que para cada tonelada de minério de ferro é produzida em média 0,5 tonelada de rejeitos, enquanto são produzidos 10.000 g, ou seja, 10 kg de rejeitos para cada grama de ouro!

Tab. 1.1 Relação entre o produto final e os rejeitos gerados

Minério	Razão gravimétrica entre o produto final e os rejeitos gerados
Ferro	2:1
Alumina	1:1-1:2,5
Carvão	1:3
Fosfato	1:5
Cobre	1:30
Ouro	1:10.000

Fonte: Braga, 2007.

Pode-se perceber que os processos de beneficiamento geram uma quantidade muito elevada de rejeitos, que podem ser dispostos em superfície, cavidades subterrâneas ou em ambientes subaquáticos. Os rejeitos são geralmente depositados sobre a superfície do terreno, em bacias de disposição formadas por barragens ou diques, para evitar que percolados atinjam águas superficiais e subterrâneas e que o material particulado cause assoreamento de cursos de água. Denominam-se diques as estruturas construídas em áreas planas ou de pouca declividade, e barragens as estruturas que fecham o trecho mais estreito de um vale. Os diques e as barragens que formam bacias de disposição de rejeitos são chamados genericamente de barragens de rejeitos.

Características e propriedades geotécnicas

As características geotécnicas, físico-químicas e mineralógicas dos rejeitos dependem fundamentalmente do tipo de minério e do processo de beneficiamento a que foi submetido. Quanto à distribuição granulométrica, os rejeitos podem variar de areias finas a coloides. Os rejeitos finos, com grãos de diâmetro menor ou igual a 0,074 mm, são denominados lamas, e os de textura mais grossa, rejeitos granulares. A distribuição granulométrica de alguns rejeitos brasileiros está apresentada na Fig. 1.1.

A forma de transportar os rejeitos das usinas de beneficiamento até os locais de disposição depende das suas características geotécnicas. Uma mistura com maior teor de sólidos, como uma pasta, é transportada para a estrutura de contenção por caminhões e/ou correias transportadoras. Uma mistura mais fluida é transportada por tubulações, por gravidade ou bombeamento, o que é uma alternativa de menor custo operacional.

A suspensão de rejeitos e água (na qual a porcentagem de água é de aproximadamente 70%) é denominada polpa. Quando a polpa é depositada a montante da barragem de rejeitos, ocorre segregação entre a água e as partículas sólidas. As partículas sólidas mais pesadas sedimentam, enquanto as coloidais mantêm-se em suspensão, adensando com o tempo. Nos rejeitos granulares predomina a sedimentação, e nas lamas, o adensamento.

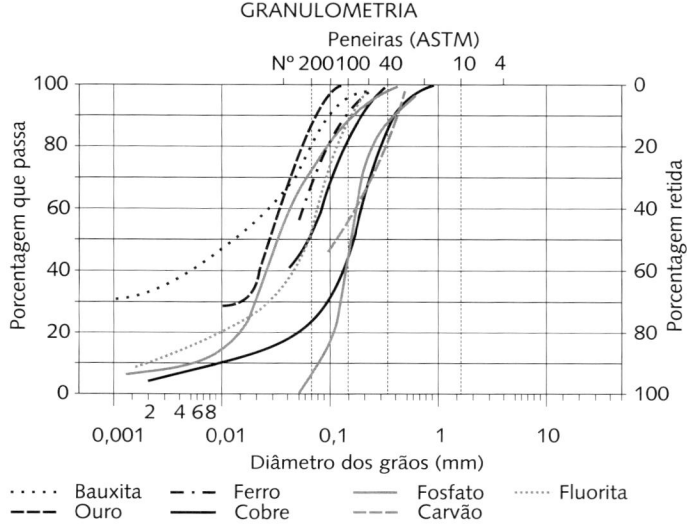

Fig. 1.1 *Curvas granulométricas de alguns rejeitos brasileiros*
Fonte: Abrão, 1987.

As propriedades geotécnicas da massa de rejeitos, quais sejam, resistência, deformabilidade e permeabilidade, dependem não só da natureza do minério, mas também, em grande parte, da forma como se processa a deposição. A Fig. 1.2 apresenta esquematicamente as fases de formação de um depósito de rejeitos lançados a montante de uma barragem; são elas: floculação, sedimentação e adensamento. Na floculação, as partículas aumentam de tamanho, na sedimentação, as partículas se depositam no fundo do reservatório sob a ação da gravidade e, no adensamento, as partículas depositadas interagem, transmitindo as tensões devidas ao peso próprio.

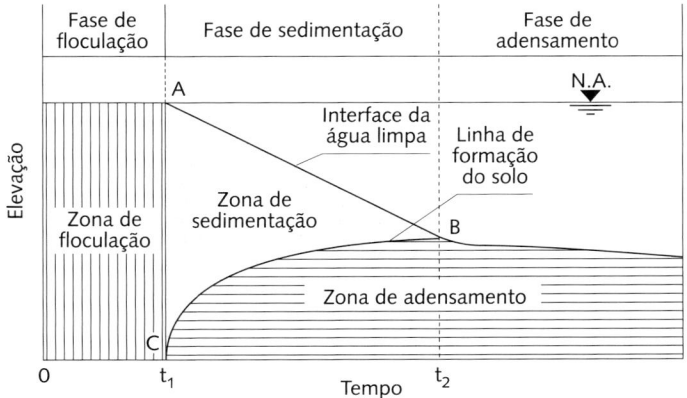

Fig. 1.2. *Etapas da formação de um depósito de rejeitos*
Fonte: modificado de Imai, 1981.

Rejeitos finos

As propriedades geotécnicas de maior importância para o projeto de disposição dos rejeitos finos são a compressibilidade e a permeabilidade. Ambas se modificam consideravelmente com o tempo, devido ao adensamento dos rejeitos. Como no momento da disposição o teor de sólidos é baixo, durante o adensamento ocorrem deslocamentos muito elevados, a ponto de mudar significativamente o comportamento do material. A permeabilidade e a compressibilidade devem, portanto, ser referidas ao índice de vazios ou à tensão efetiva correspondente.

A teoria de adensamento de Terzaghi não é adequada aos rejeitos, justamente por não ser aceitável a hipótese de deformações desprezíveis. Teorias do adensamento a grandes deformações começaram a ser desenvolvidas a partir da década de 1960, com Mikasa (1963) e Gibson *et al.* (1967), assim como ensaios de campo e de laboratório adequados para determinar os parâmetros derivados dessas teorias.

Limites de consistência, peso específico dos grãos e parâmetros de permeabilidade e compressibilidade para três tipos de rejeitos finos gerados em atividades mineradoras no Brasil estão apresentados na Tab. 1.2. As correspondentes curvas de distribuição granulométrica e de índices de vazios em função da tensão efetiva e em função do coeficiente de permeabilidade se encontram na Fig. 1.3.

Na Tab. 1.2, a compressibilidade é expressa pela equação:

$$e = A\,\bar{\sigma}^B$$

em que:
e = índice de vazios
$\bar{\sigma}$ = tensão efetiva
A, B = coeficientes de ajuste

A permeabilidade, por sua vez, é representada por:

$$k = C e^D$$

em que:
k = coeficiente de permeabilidade
e = índice de vazios
C, D = coeficientes de ajuste

A Tab. 1.2 e a Fig. 1.3 mostram que os rejeitos da produção de alumina são mais porosos e permeáveis do que os provenientes da mineração de estanho. Por exemplo, sob tensão efetiva de 10 kPa, o índice de vazios é de 3,9 para os rejeitos da produção de alumina e de 2,5 para os rejeitos da mineração de estanho. Um acréscimo de tensão efetiva para 50 kPa

Tab. 1.2 Características e propriedades geotécnicas de três tipos de rejeitos finos brasileiros

Processo produtivo		Processamento da bauxita para obtenção da alumina	Mineração de estanho	Lavra e beneficiamento para obtenção do minério de ferro
Empresa		Alcan	*	Samarco
Limite de liquidez LL (%)		37 a 60	38 a 70	*
Limite de plasticidade LP (%)		23 a 41	14 a 38	*
Índice de plasticidade IP (%)		3 a 24	18 a 32	Não plástico
Peso específico aparente γ (kN/m³)		13,0 a 16,0	*	19,5 a 26,0
Teor de umidade w (%)		83 a 214	*	*
Teor de sólidos (%)		32 a 55	*	20 a 63
Peso específico dos grãos γ_s (kN/m³)		32,0 a 36,0	26,5 a 38,5	34,0 a 39,0
Índice de vazios inicial e_i		2,3 a 7,3	*	0,6 a 5,6
Compressibilidade (kPa)	A	5,5	4,4	1,75
	B	-0,15	-0,25	-0,18
Permeabilidade (m/s)	C	$2,25 \times 10^{-11}$	$2,10 \times 10^{-11}$	$1,70 \times 10^{-8}$
	D	4,25	3,00	4,15

A, B – coeficientes de ajuste da equação de compressibilidade
C, D – coeficientes de ajuste da equação de permeabilidade
Fonte: Padula, 2004.

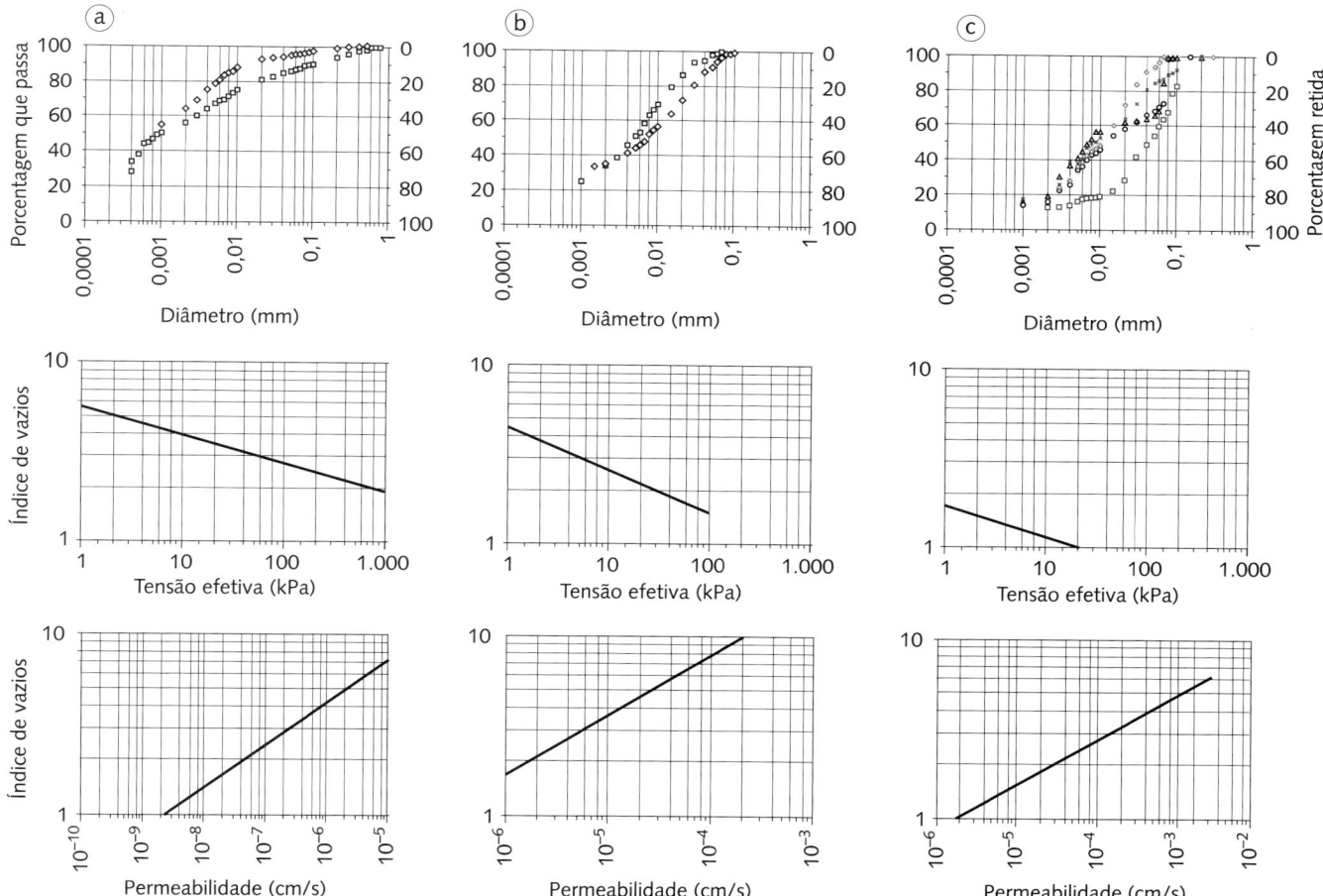

Fig. 1.3 Propriedades geotécnicas de rejeitos finos: (a) produção de alumina; (b) mineração de estanho; (c) lavra e beneficiamento de minério de ferro
Fonte: Padula, 2004.

causa uma diminuição do índice de vazios de 0,8 em ambos os materiais, ou seja, a compressibilidade dos dois materiais é semelhante. A plasticidade dos dois materiais também é. Por outro lado, os coeficientes de permeabilidade correspondentes às tensões efetivas de 10 e 50 kPa são de, respectivamente, 7,3 x 10^{-9} m/s e 2,6 x 10^{-9} m/s para os rejeitos de produção de alumina, e de 3,2 x 10^{-10} m/s e 9,5 x 10^{-11} m/s para os de mineração de estanho. Já os rejeitos da lavra e beneficiamento para obtenção de minério de ferro não são plásticos e apresentam, para as tensões efetivas de 10 e 50 kPa, respectivamente, índices de vazios de 1,2 e 0,9 e coeficientes de permeabilidade de 3,1 x 10^{-8} m/s e 9,3 x 10^{-9} m/s, ou seja, são muito mais permeáveis e menos porosos e compressíveis que os dois anteriores.

Dada a grande variação das propriedades geotécnicas de diferentes rejeitos, para o projeto do local de disposição de resíduos de uma mineradora é importante realizar adequadamente a caracterização e a determinação das propriedades geotécnicas dos rejeitos a serem dispostos.

A deposição de lamas também pode ser feita pelo empilhamento a seco (*dry stacking*). Esse método consiste em pré-espessar os rejeitos, obtendo um material altamente viscoso, mas que ainda pode ser bombeado. Ao ser descarregado na bacia de disposição, o material flui e se deposita em camadas finas, que ficam expostas à secagem ao sol. A secagem resulta em uma densidade mais elevada, tornando mais estável a pilha de rejeitos. Para espessamento dos rejeitos, usam-se espessadores ou adicionam-se floculantes. Também é comum lançá-los em reservatórios ou tanques para que adensem sob peso próprio por algum tempo, aumentando assim o teor de sólidos antes da exposição à secagem. Ávila *et al.* (1995) relataram um aumento do teor de sólidos de 12% para acima de 50% em lamas de lavagem de bauxita com esse tratamento. Podem-se também lançar os rejeitos em camadas de, no máximo, 20 cm de espessura em áreas inclinadas, o que facilita o escoamento do excesso de líquido, ao mesmo tempo em que se expõe o material à secagem.

Rejeitos granulares depositados hidraulicamente

O comportamento geotécnico dos rejeitos granulares é determinado por suas características, como mencionado, e também pela forma de deposição.

A deposição hidráulica por meio de canhões acarreta a segregação granulométrica, pela qual partículas são selecionadas pelos seus pesos. Se a densidade dos rejeitos for homogênea, quanto mais próximas do ponto de despejo, maiores serão as partículas.

Nos rejeitos de minério de ferro, um percentual razoável dos sólidos (de 10% a 50%) é formado por hematita, cujo peso específico varia entre 49 kN/m^3 e 53 kN/m^3, e o restante por quartzo, com peso específico da ordem de 26,5 kN/m^3. Perfis de segregação de rejeitos de minério de ferro, observados em campo e em ensaios de deposição hidráulica, sugerem que, nas proximidades dos pontos de lançamento, existe uma predominância de partículas de hematita de menor diâmetro e, em maiores distâncias, uma zona de partículas silicosas de maiores diâmetros.

Características e propriedades geotécnicas de rejeitos granulares de mineração de ferro nas pilhas do Xingu e do Monjolo, em Minas Gerais, foram estudadas por Espósito (2000). Os pesos específicos dos grãos obtidos nas pilhas foram, respectivamente, (40,9±3,9) kN/m³ e (31,6±1,4) kN/m³. A distribuição granulométrica desses rejeitos está apresentada na Fig. 1.4.

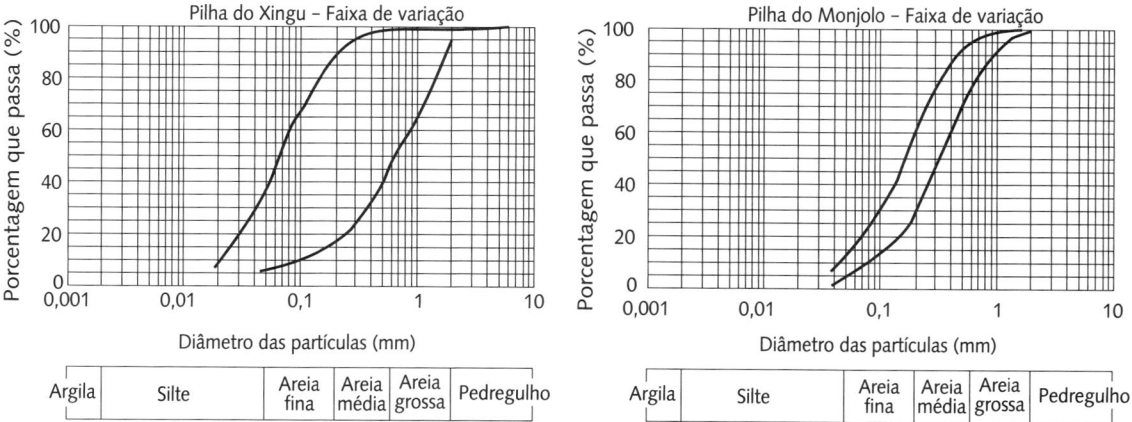

Fig. 1.4 *Faixa de variação das curvas granulométricas dos rejeitos de mineração de ferro Fonte: Espósito, 2000.*

O coeficiente de permeabilidade dos rejeitos foi determinado *in situ* por ensaios de infiltração. A resistência ao cisalhamento foi obtida em laboratório por meio de ensaios de cisalhamento direto e de compressão triaxial.

O coeficiente médio de permeabilidade dos rejeitos determinado *in situ* e por fórmulas empíricas está apresentado na Tab. 1.3. Observa-se a boa estimativa obtida pelas fórmulas empíricas, o que se deve ao fato de os rejeitos serem preponderantemente granulares.

Foram obtidas correlações entre o coeficiente de permeabilidade e a porosidade e entre o ângulo de atrito efetivo e a porosidade para os modelos linear, logarítmico, potência e exponencial. No Quadro 1.1, estão apresentados os resultados para os modelos linear e exponencial.

Observa-se que as correlações entre coeficiente de permeabilidade medido *in situ* e porosidade foram melhores para a pilha de Xingu do que para a pilha de Monjolo, indicando que esta provavelmente é menos homogênea do que a de Xingu. As correlações entre o ângulo de atrito efetivo e porosidade foram melhores para os resultados obtidos de ensaios de compressão triaxial. Considerando as porosidades obtidas em campo, de 34% a 61%, o ângulo de atrito dos rejeitos varia entre 32° e 44°.

Tab. 1.3 Coeficiente de permeabilidade médio dos rejeitos de mineração de ferro

Pilha	Empírico		Medido *in situ*
	Fórmula de Terzaghi[1]	Fórmula de Hazen[2]	
Xingu	$6{,}7 \times 10^{-5}$ m/s	$2{,}3 \times 10^{-5}$ m/s	$6{,}5 \times 10^{-5}$ m/s
Monjolo	$5{,}3 \times 10^{-5}$ m/s	$3{,}3 \times 10^{-5}$ m/s	$5{,}1 \times 10^{-5}$ m/s

[1] $k = C_0 \left(\dfrac{n - 0{,}13}{\sqrt{1-n}} \right) D_{10}^2 (0{,}7 + 0{,}03T)$

em que:
k – coeficiente de permeabilidade em cm/s
C_0 – coeficiente que depende do tamanho das partículas (variando entre 460 para grãos angulosos e 800 para grãos arredondados)
n – porosidade
D_{10} – diâmetro efetivo (10% em peso dos grãos têm diâmetro menor ou igual a esse valor)
T – temperatura

Fonte: Espósito, 2000.

[2] $k = C D_{10}^2$

em que:
k – coeficiente de permeabilidade em cm/s
C – coeficiente entre 90 e 120
D_{10} – diâmetro efetivo (10% em peso dos grãos têm diâmetro menor ou igual a esse valor)

Com base na distribuição granulométrica, na ordem de grandeza do coeficiente de permeabilidade e do ângulo de atrito, na coesão nula e na dependência marcante da resistência e da permeabilidade com a porosidade, pode-se concluir que os rejeitos granulares têm comportamento semelhante ao de areias médias e finas.

Quadro 1.1 Correlações entre de permeabilidade e ângulo de atrito efetivo com porosidade para os rejeitos de mineração de ferro

Parâmetro	Pilha	Modelo	Equação	R^2
Coeficiente de permeabilidade ($\times 10^{-2}$ m/s)	Xingu	Linear	$k = 0{,}0003n - 0{,}0083$	98
		Exponencial	$k = 0{,}0006 e^{0{,}0467n}$	98
	Monjolo	Linear	$k = 0{,}0002n - 0{,}0055$	73
		Exponencial	$k = 0{,}0001 e^{0{,}0672}$	86
Ângulo de atrito efetivo	Xingu	Linear	$\phi' = -03748n + 56{,}599$ (CIS)	70
			$\phi' = -0{,}5065n + 61{,}153$ (TCD)	89
		Exponencial	$\phi' = 60{,}859^{-0{,}0095n}$ (CIS)	72
			$\phi' = 316{,}44^{-0{,}0136n}$ (TCD)	90
	Monjolo	Linear	$\phi' = -0{,}4329n + 53{,}633$ (CIS)	90
			$\phi' = -0{,}4947n + 59{,}935$ (TDC)	93
		Exponencial	$\phi' = 223{,}79^{-0{,}012n}$ (CIS)	91
			$\phi' = 316{,}44^{-0{,}0138n}$ (TCD)	93

k – coeficiente de permeabilidade ϕ' – ângulo de atrito efetivo; CIS – ensaio de cisalhamento direto TCD – ensaio de compressão triaxial adensado drenado; R^2 – coeficiente de determinação da regressão
Fonte: Espósito, 2000.

1.2 Resíduos da construção civil

Os resíduos sólidos da construção, também denominados resíduos de construção e demolição (RCD), são todos e quaisquer resíduos oriundos das atividades de construção, incluindo novas obras, reformas, demolições e limpeza de terrenos. Segundo a Resolução Conama n° 307 (2002), são

> materiais provenientes de construções, reformas, reparos e demolições de obras de construção civil, e os resultantes da preparação e da escavação de terrenos, tais como: tijolos, blocos cerâmicos, concreto em geral, solos, rocha, metais, resinas, colas, tintas, madeiras e compensados, forros, argamassas, gesso, telhas, pavimento asfáltico, vidros, plásticos, tubulações, fiação elétrica etc., e são comumente chamados de entulhos de obras, caliça ou metralha.

Os componentes dos RCDs podem ser classificados em (John e Agopyan, 2003):

* solos;
* materiais cerâmicos: rochas naturais; concreto; argamassas a base de cimento e cal; resíduos de cerâmica vermelha, como tijolos e telhas; cerâmica branca, especialmente a de revestimento; cimento-amianto; gesso (pasta e placa); vidro;
* materiais metálicos: aço para concreto armado, latão, chapas de aço galvanizado etc.
* materiais orgânicos: madeira natural ou industrializada; plásticos; materiais betuminosos; tintas e adesivos; papel de embalagem; restos vegetais e outros produtos de limpeza de terrenos.

A proporção entre essas fases é muito variável e depende de sua origem. Como exemplo, na Fig. 1.5 está apresentada a composição típica dos RCDs recebidos no aterro Itatinga em São Paulo, originados predominantemente de atividades de construção de edifícios.

Com base em dados de diversos países, os RCDs representam de 13% a 67% dos RSU. Segundo Pinto (1999), em cidades brasileiras de médio e de grande porte, a porcentagem de RCD na massa total de resíduos sólidos urbanos varia entre 41% e 70%.

A geração *per capita* em estimativas internacionais varia entre 130 e 3.000 kg/(hab.ano) e no Brasil está em torno de 500 kg/(hab.ano). A Tab. 1.5 apresenta a quantidade de RCD gerada em algumas cidades brasileiras.

Os RCDs são classificados como resíduos sólidos inertes pela NBR 10.004 (ABNT, 2004). Do ponto de vista ambiental, os maiores problemas desses resíduos são os grandes volumes gerados e a disposição irregular.

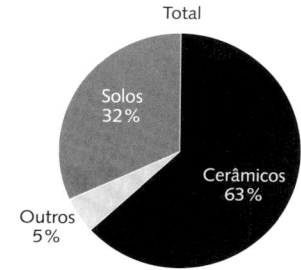
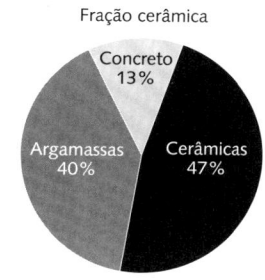

Fig. 1.5 *Composição média dos entulhos depositados no aterro Itatinga, São Paulo*
Fonte: Brito Filho, 1999.

Tab. 1.5 GERAÇÃO DE RCD EM MUNICÍPIOS BRASILEIROS

Município	População (x10³ habitantes)	Geração RCD (t/dia)	Geração RCD PER CAPITA (kg/ano. habitante)	Ano
Belo Horizonte		3.400		2005[5]
Brasília		4.000		1997[3]
		2.833		2005[5]
Campinas		1.258		2005[5]
Curitiba		2.467		2005[5]
Diadema		458		2005[5]
Distrito Federal		5.400		2005[4]
Florianópolis		636		2005[5]
Fortaleza		1.667		2005[5]
Guarulhos		1.308		2005[5]
Jundiaí	293	712	758	1997[1]
Piracicaba		620		2005[5]
Porto Alegre		1.933		2005[5]
Recife		600		2005[5]
Ribeirão Preto	456	1.043	714	1995[1]
Rio de Janeiro		900		2005[5]
Salvador		1.453		2005[5]
Santo André	626	1.013	505	1997[1]
São José do Rio Preto	324	687	662	1997[1]
São José dos Campos	486	733	471	1995[1]
São Paulo	10.000	16.000	499	2003[2]
		12.400		2005[5]
Uberlândia		958		2005[5]
Vitória da Conquista		310		1997[3]

Fonte: [1] *Pinto, 1999;* [2] *Motta, 2005;* [3] *Sposto, 2006;* [4] *Rocha e Sposto, 2005;* [5] *Sacilotto et al., 2005.*

De acordo com a Resolução Conama nº 307 (2002), as prefeituras estão proibidas de receber os RCDs nos aterros sanitários, e cada município deve ter um plano integrado de gerenciamento desses resíduos. A disposição regular dos RCDs é feita em aterros especiais, como o mostrado na Fig. 1.6, geralmente privados. Uma grande quantidade, contudo, é disposta irregularmente na malha urbana, em bota-foras clandestinos, nas margens de cursos d'água ou em terrenos baldios, acarretando assoreamento de córregos e rios, entupimento de galerias e bueiros, degradação da área urbana e proliferação de insetos e roedores. Para reduzir a disposição ilegal dos RCDs, é necessário que os municípios ampliem suas áreas de descarte, tanto públicas como particulares.

Fig. 1.6 *Aterro de resíduos de construção e demolição*

Por outro lado, há um grande potencial de reciclagem dos resíduos de construção e demolição: aproximadamente 80% de todo o resíduo gerado é passível de reciclagem. Segundo John e Agopyan (2003), as possibilidades de reciclagem dos resíduos variam de acordo com a sua composição:

* quase a totalidade da fração cerâmica pode ser beneficiada como agregado com diferentes aplicações conforme sua composição: as frações compostas predominantemente de concretos estruturais e rochas podem ser recicladas como agregados para a produção de concretos estruturais; agregados mistos, com materiais mais porosos e de menor resistência mecânica, como argamassas e produtos de cerâmica vermelha e de revestimento, têm sua aplicação limitada a concretos de menor resistência, como blocos de concreto, contrapisos, camadas drenantes e argamassas;
* frações compostas de solo misturado a materiais cerâmicos e teores baixos de gesso podem ser recicladas na forma de sub-base e base para pavimentação;
* a fração metálica é aproveitada como sucata;
* para as demais frações, especialmente madeira, embalagens e gesso, ainda não se dispõe de tecnologia de reciclagem.

A reciclagem de RCD é um processo semelhante ao beneficiamento de minérios, compreendendo as seguintes operações:

* concentração: separação dos componentes por catação, atração magnética, densidade;
* cominuição: redução de tamanho por britagem ou moagem;
* peneiramento: seleção granulométrica dos grãos por meio de peneiras ou classificadores;
* auxiliares: transporte, secagem e homogeneização.

Um problema para a reciclagem é a grande variação das características dos RCDs, resultando na subutilização tanto em termos de quantidade como de aplicações possíveis. Pesquisas vêm sendo feitas para desenvolver tecnologias de caracterização dos resíduos que permitam a identificação rápida das oportunidades de reciclagem mais adequadas para cada lote. Segundo Ângulo (2005), avaliar a distribuição da densidade pode ser um método simples e rápido para a classificação de lotes e controle do comportamento mecânico dos concretos produzidos; os aglomerados e argilominerais, que ocorrem na fração fina dos agregados e têm influência no desempenho do concreto, também podem ser estimados por ensaios laboratoriais.

Outro problema a ser considerado na reciclagem é a presença de tintas, óleos, solventes, asfaltos, amianto, metais e outros poluentes, que podem afetar a qualidade técnica do produto que contiver o reciclado. O risco de contaminação ambiental por RCDs reciclados pode ser considerado baixo, mas não nulo, merecendo um mínimo de controle. Por exemplo, RCDs retirados de obras em áreas marinhas podem estar contaminados por sais que corroem metais, o que limita seu uso em concreto armado; os oriundos de construções industriais podem estar contaminados com produtos ou resíduos do processo industrial.

A forma mais simples de reciclagem dos RCDs é seu uso na pavimentação das vias públicas, permitindo significativa economia de matéria-prima virgem não renovável. A pavimentação de vias urbanas com agregados reciclados, usados em camadas de base, sub-base ou reforço do subleito de pavimento em substituição aos materiais convencionais, já vem sendo amplamente realizada em alguns países.

Várias prefeituras brasileiras já operam centrais de reciclagem de RCD (como a da Fig. 1.7), produzindo agregados utilizados basicamente em obras de pavimentação. Nos Estados Unidos, há cerca de 3.500 unidades de reciclagem de RCD e aproximadamente 25% do entulho é reciclado; na Europa, a média de reciclagem de RCD é de 28%, sendo que, na Holanda, essa taxa chega a 90%.

O material reciclado também pode ser utilizado como concreto não estrutural, argamassa de assentamento e revestimento, e cascalho de estradas, assim como no preenchimento de valas escavadas para finalidades diversas. A tecnologia de emprego dos agregados na produção de concreto e de componentes pré-fabricados como blocos de pavimentação, meios-fios e blocos de alvenaria é ainda rudimentar, mas vem sendo pesquisada e aplicada.

Importante também é investigar novas aplicações para esses resíduos, principalmente as de caráter regional. Motta (2005) ressalta que há grande

Fig. 1.7 *Central de reciclagem de RCD*

diferença nos valores reportados nacional e internacionalmente de propriedades de RCDs reciclados, provavelmente em decorrência de fatores como tipo do material, origem, técnicas construtivas, época em que foi realizada a obra, tipo de britagem, forma de amostragem, graduação, teor de umidade, energia de compactação, entre outros.

Em estudo laboratorial do comportamento do agregado reciclado de RCD proveniente da usina de reciclagem da Prefeitura Municipal de São Paulo, para aplicação em pavimentação de baixo volume de tráfego, Motta (2005) concluiu que: o material absorve mais água (cerca de 8%) do que os materiais pétreos convencionais (até 2%), necessitando de mais água para a compactação; a compactação promove significativa alteração da granulometria; há certa atividade pozolânica que pode influir positivamente na resistência do pavimento; o valor de abrasão é elevado; a forma cúbica é favorável ao uso proposto; a resistência e o módulo de resiliência aumentam com o tempo; os valores de resistência são adequados; a adição de 4% de cal ou cimento aumenta notavelmente a resistência à compressão simples, a resistência à compressão diametral e o módulo de resiliência. As Figs. 1.8 e 1.9 mostram os agregados reciclados utilizados na pesquisa de Motta (2005).

Além da Resolução Conama nº 307 (2002), que dispõe sobre a gestão dos resíduos sólidos da construção civil, a ABNT tem duas normas relativas a esses resíduos:

> NBR 15.115 – "Agregados reciclados de resíduos sólidos da construção civil – Execução de camadas de pavimentação Procedimentos" (ABNT, 2004).
> NBR 15.116 – "Agregados reciclados de resíduos sólidos da construção civil – Utilização em pavimentação e preparo de concreto sem função estrutural – Requisitos" (ABNT, 2004).

Fig. 1.8 *Agregados reciclados de concreto classificados granulometricamente*
Fonte: Motta, 2005.

Fig. 1.9 *Agregado reciclado tipo brita corrida*
Fonte: Motta, 2005.

Os resíduos da construção civil, quando dispostos *in natura* em aterros, constituem materiais de textura e composição variáveis, predominantemente granulares, inorgânicos e inertes, com componentes muito diversos do ponto de vista do comportamento mecânico e da composição química, além de apresentar baixas concentrações de poluentes.

Como material a ser utilizado em obras geotécnicas, as características e as propriedades dos RCDs reciclados dependem fortemente dos processos de reciclagem utilizados. A variabilidade de sua composição exige considerações especiais, como caracterização de cada lote, análise estatística de parâmetros ou estabelecimento de requisitos mínimos de aceitação.

1.3 Lodo de estação de tratamento de água

Para transformar a água bruta em potável, as estações de tratamento de água (ETA) geralmente utilizam os seguintes processos:

* coagulação, que consiste na separação das partículas em suspensão dispersas na água mediante o aumento de seu tamanho, ocasionado pela adição de sais de alumínio ou ferro ou de polímeros sintéticos;
* floculação, que consiste em uma agitação relativamente lenta da água para que as impurezas se aglomerem formando partículas maiores ou flocos;

* clarificação do meio líquido por sedimentação dos flocos no fundo dos decantadores ou por flotação, caracterizada pela ascensão das partículas em razão da sua aderência a bolhas de ar introduzidas no líquido, que tornam sua massa específica menor do que a do meio em que se encontram;
* filtração, que consiste na remoção das partículas suspensas e coloidais e dos microrganismos presentes na água em escoamento por um meio filtrante (areia e carvão);
* desinfecção, realizada por meio de um agente químico (cloro, bromo, iodo, ozônio, permanganato de potássio, peróxido de hidrogênio, prata, cobre) ou físico (calor e radiação ultravioleta), para eliminar microrganismos patogênicos presentes na água;
* a água pode ainda passar por fluoretação e correção de pH antes de ser entregue ao consumo.

Os resíduos semissólidos dos processos de tratamento de água para abastecimento público são conhecidos como lodos das estações de tratamento de água. São produzidos pelos processos de coagulação e floculação e removidos dos decantadores.

O lodo de ETA é composto de água e de sólidos suspensos, constituídos de partículas coloidais a finas, acrescidos dos produtos químicos aplicados durante o processo de tratamento. Os sólidos orgânicos e inorgânicos provenientes da água bruta e que se encontram no lodo são algas, bactérias, vírus, partículas orgânicas, coloides, areias, argilas, siltes, cálcio, magnésio, ferro, manganês, além de hidróxidos de alumínio e polímeros, entre outros.

A quantidade de lodo gerada depende da qualidade físico-química da água bruta, do tipo e dosagem dos produtos químicos utilizados e do desempenho do processo de tratamento. A produção de sólidos é proporcional à dosagem de coagulante e pode ser estimada por fórmulas empíricas.

A Tab. 1.6 apresenta a produção de lodo de ETA, expresso como massa de sólidos secos por volume de água tratada, em função da qualidade do manancial.

Tab. 1.6 Produção de resíduos no tratamento de água

Tipo de manancial	Produção de resíduos (g de sólidos secos por m^3 de água tratada)
Água de reservatórios de boa qualidade	12-18
Água de reservatórios de qualidade média	18-30
Água de rios com qualidade média	24-36
Água de reservatórios de qualidade ruim	30-42
Água de rios com qualidade ruim	42-54

Fonte: Doe, 1990 apud Januário, 2005.

A quantidade realmente produzida de resíduos no tratamento de água é muito superior aos valores apresentados na Tab. 1.6, pois nela não está incluída a massa líquida. Lodos gerados de forma contínua com sistemas de bombeamento automatizado apresentam teores de sólidos que variam entre 0,1% e 2,5% (1 a 25 g de sólidos por litro de água), enquanto lodos removidos por batelada podem alcançar até 5% de teor de sólidos (50 g de sólidos por litro de água).

Para reduzir o volume final, os lodos passam por processos de adensamento e desidratação. A água removida pode ser reutilizada; os sólidos devem ser dispostos em aterros ou reciclados. A remoção de água e a redução do volume de lodo facilitam o transporte e a disposição final. Alguns métodos de remoção de água são os leitos de secagem, as lagoas de lodo, os filtros-prensa de esteiras ou placas, as centrífugas e os filtros a vácuo. Alguns sistemas inovadores têm sido desenvolvidos, tais como filtro-prensa de diafragma, filtro-prensa tubular, sistema Hi-Compact, sistema Compactor, microfiltração, sistema de aquecimento-degelo e filtro-prensa contínuo de alta pressão (Reali, 1999). Outras alternativas são a secagem térmica e a incineração.

O peso específico do lodo de ETA varia de acordo com a concentração de sólidos, de 10,02 kN/m^3 para lodos com teor de sólidos de 1%, a 15,00 kN/m^3 após o processo de desidratação (Richter, 2001).

A região metropolitana de São Paulo consome cerca de 60.000 ℓ/s de água e gera, em suas estações de tratamento, aproximadamente 2.200 ℓ/s de águas de lavagem de filtros e resíduos de decantadores (Reali, 1999). Segundo Hoppen *et al.* (2005), mensalmente são produzidas 4.000 toneladas de lodo de ETA em matéria seca no Estado do Paraná. Gonçalves *et al.* (1999) estimam a produção de lodo com uso de sulfato em 0,036 kg/dia.hab.

Do ponto de vista reológico, o lodo da ETA pode ser caracterizado como um fluido não newtoniano e tixotrópico, apresentando-se em gel quando em repouso e relativamente líquido quando agitado (Silva Jr. e Isaac, 2002).

Possíveis impactos ambientais decorrentes da disposição final do lodo podem ser antecipados pela determinação qualitativa e quantitativa de sua composição química, da distribuição e do tamanho das partículas, da filtrabilidade e de sua resistência.

Os lodos são biologicamente inertes, com baixo teor de matéria orgânica biodegradável, porém podem conter bactérias, vírus e algas. Alguns metais, como cobre, zinco, níquel, chumbo, cádmio, cromo, manganês e, em especial, alumínio, presentes no lodo de ETA, possuem ações tóxicas. As concentrações de metais em lodos de algumas ETAs do Estado de São Paulo constam na Tab. 1.7, assim como os padrões de qualidade para águas de Classe 3 (águas destinadas ao abastecimento doméstico, após tratamento convencional; à irrigação de culturas arbóreas, de cereais e forrageiras; e à dessedentação de animais) da Resolução Conama nº 20 (1986), apenas como referência.

Observa-se, na Tab. 1.7, a grande variabilidade das concentrações de metais entre os lodos de diferentes ETAs e a incidência de concentrações elevadas de metais. A periculosidade desses lodos, contudo, não é determinada pela comparação com valores especificados para águas. Os lodos de ETAs são considerados resíduos sólidos pela NBR 10.004 (2004) e devem ser tratados e dispostos segundo os critérios estabelecidos pela norma; portanto, sua periculosidade deve ser determinada por meio dos ensaios de lixiviação e de dissolução.

Tab. 1.7 CONCENTRAÇÕES DE METAIS PRESENTES NA FASE SÓLIDA NOS LODOS DE ETA (mg/ℓ)

METAIS	ETA 1[1]	ETA 2[1]	ETA 3[1]	ETA 4[2]	ETA 5[2]	ETA 6[2]	PADRÕES CONAMA
Alumínio	3.965	391	325	11.100	2,16	30	0,1
Bário	—	0,22	0,18	—	—	—	1,0
Cádmio	0,14	0,02	0,02	0,02	0,00	0,27	0,01
Cálcio	142,00	—	0,08	—	—	—	—
Chumbo	2,32	0,20	0,30	1,60	0,00	1,06	0,05
Cloreto	—	35,0	36,3	—	—	—	250
Cobre	1,47	0,12	0,20	2,06	1,70	0,091	0,5
Cromo total	3,82	0,06	0,09	1,58	0,19	0,86	0,55
Ferro total	3.381	129	166	5.000	214	4.200	—
Ferro solúvel	—	6,14	0,12	—	—	—	5,00
Magnésio	27,00	2,87	1,38	—	—	—	—
Manganês	1,86	7,80	3,44	60,00	3,33	30	0,5
Mercúrio	—	—	—	—	—	—	0,002
Níquel	2,70	0,14	0,12	1,80	0,00	1,16	0,025
Potássio	49,97	7,37	7,55	—	—	—	—
Sódio	311,0	29,3	63,0	—	—	—	—
Zinco	2,13	0,70	0,98	4,25	0,10	48,53	—

Fonte: [1] *Reali, 1999;* [2] *Cordeiro, 2000.*

Parâmetros físico-químicos geralmente determinados para os lodos de ETA são o pH, a concentração de sólidos, o teor de umidade, a cor, a turbidez, a demanda química e bioquímica de oxigênio, os sólidos totais, suspensos e dissolvidos, e as concentrações de alguns metais. Todos esses parâmetros têm-se mostrado muito variáveis na literatura. Os valores reportados de pH, por exemplo, variam entre 5,0 e 8,9.

Outras características relevantes para a disposição, a reutilização e a reciclagem, como distribuição granulométrica, resistência, compressibilidade e permeabilidade, ainda são pouco conhecidas.

A disposição em aterros é feita para o lodo desidratado, sem escoamento de líquido livre. Os lodos de coagulantes de alumínio e ferro são normalmente manuseáveis com teor de sólidos de, no mínimo, 20%, e os com cal, a partir de 50%.

As formas mais comuns de disposição de lodo desidratado em aterros são:

* a exclusiva, onde o material é depositado em valas ou na superfície do terreno, em áreas cercadas por diques;
* a codisposição com resíduos sólidos urbanos ou industriais;
* a codisposição com lodos de ETEs (estações de tratamento de esgoto); ou
* a utilização como cobertura diária de aterros sanitários.

A reutilização reduz custos e impactos ambientais associados ao lodo das ETAs. Algumas alternativas viáveis são:

* uso em solo: aplicação em solos agrícolas, plantação de cítricos, cultivo de grama comercial, solos comerciais, reflorestamento, áreas degradadas, compostagem;
* material para base de pavimentos, misturado a pedras e cascalhos;
* fabricação de cimento;
* fabricação de materiais cerâmicos (tijolos);
* controle de eutrofização em reservatórios e lagoas;
* recuperação de coagulantes.

Pesquisas para a utilização dos lodos de ETA em obras geotécnicas são necessárias, tanto pelo potencial de substituir argila natural, poupando os custos e a degradação ambiental resultantes da exploração de jazidas, como para evitar o problema de disposição em aterros de um material altamente compressível e com baixa resistência ao cisalhamento.

2 Geomecânica dos resíduos sólidos urbanos

Os resíduos sólidos urbanos (RSU) são aqueles gerados nas residências, nos estabelecimentos comerciais, nos logradouros públicos e nas diversas atividades desenvolvidas nas cidades, incluindo os resíduos de varrição de ruas e praças. Os resíduos de serviços de saúde e de portos e aeroportos têm destinação especial.

Os resíduos sólidos urbanos são geralmente compostos por:
- materiais putrescíveis (resíduos alimentares, resíduos de jardinagem e varrição, e demais materiais que apodrecem rapidamente);
- papéis/papelões;
- plásticos;
- madeiras;
- metais;
- vidros;
- outros (entulhos, espumas, solos, couro, borrachas, cinzas, tecidos, óleos, graxas, resíduos industriais não perigosos etc.).

Para o projeto e a operação dos aterros sanitários, onde são depositados os resíduos sólidos urbanos, é importante conhecer o complexo comportamento mecânico, hidráulico e bioquímico da massa de resíduos, também denominada maciço sanitário.

O paradigma atual para o projeto de aterros sanitários é tratar os resíduos como uma nova unidade geotécnica e aplicar os conceitos da Mecânica dos Solos, incorporando peculiaridades do material quando necessário. Esse procedimento é tanto mais satisfatório quanto mais os resíduos se assemelham a solos.

Os modelos da Geotecnia, contudo, não são apropriados para os resíduos sólidos urbanos, pois suas características e propriedades diferem muito das dos solos. Ademais, a quantificação das propriedades geomecânicas dos RSU é difícil em razão de sua heterogeneidade, da dificuldade de obter amostras representativas e de alterações drásticas de algumas propriedades com o tempo. Para superar essas deficiências, tem-se trabalhado em duas frentes: por um lado, procura-se melhorar a estimativa dos parâmetros geotécnicos dos RSU, por outro, buscam-se modelos de comportamento mais adequados.

O comportamento dos resíduos sólidos urbanos vem sendo estudado dentro e fora do Brasil por mais de três décadas. Modelos mais realistas de comportamento foram propostos, mas não há ainda formulações consagradas, como foi a envoltória de Mohr-Coulomb para resistência ao cisalhamento dos solos durante muito tempo entre os engenheiros geotécnicos.

Os componentes dos RSU são muito variados e apresentam propriedades físicas e químicas distintas. O Quadro 2.1 mostra as principais características de cada componente dos RSU segundo Sowers (1973), engenheiro geotécnico pioneiro na área de aterros de resíduos.

Quadro 2.1 Características dos componentes dos RSU

Componente	Características
Resíduos alimentares	Muito úmido, putrescível, rapidamente degradável, compressível
Papel, trapos	Seco a úmido, compressível, degradável, inflamável
Resíduos de jardinagem	Úmido, putrescível, degradável, inflamável
Plástico	Seco, compressível, pouco degradável, inflamável
Metais ocos	Seco, corrosível, pode ser amassado
Metais maciços	Seco, fracamente corrosível, rígido
Borracha	Seco, inflamável, compressível, não pode ser amassado, pouco degradável
Vidro	Seco, pode ser esmagado, pouco degradável
Madeiras, espumas	Seco, pode ser amassado, compressível, degradável, inflamável
Entulho de construção	Úmido, pode ser amassado, erodível, pouco degradável
Cinzas, pó	Úmido, possui características de solo, compressível, pode ser ativo quimicamente e parcialmente solúvel

Fonte: Sowers, 1973.

Alguns sistemas de classificação dos componentes dos resíduos sólidos urbanos, em função de suas características mais relevantes para o comportamento geomecânico do maciço sanitário, têm sido propostos, como os apresentados nos Quadros 2.2 e 2.3.

Quadro 2.2 Classificação dos componentes dos RSU

Componente	Características
Estáveis inertes	Vidros, metais, entulhos de construção etc., cujas propriedades não variam com o tempo
Altamente deformáveis	Apresentam grandes deformações sob carga constante ao longo do tempo: -Esmagáveis ou quebráveis -Compressíveis
Degradáveis	Como resultado da decomposição, a estrutura sólida inicial se transforma em compostos líquidos e gasosos; quimicamente reativos ou biodegradáveis

Fonte: Landva e Clark, 1990.

Quadro 2.3 CLASSIFICAÇÃO DOS COMPONENTES DOS RSU

COMPONENTE	CARACTERÍSTICAS
Orgânicos putrescíveis	Resíduos alimentares, de jardinagem e de varrição e aqueles que apodrecem rapidamente
Orgânicos não putrescíveis	Papéis, madeiras, tecidos, couro, plásticos, borrachas, tintas, óleos e graxas
Inorgânicos degradáveis	Metais
Inorgânicos não degradáveis	Vidros, cerâmicas, solos minerais, cinzas e entulhos de construção

Fonte: Grisolia et al., 1995.

A norma alemã DGGT (1994) também separa os componentes dos RSU em classes de comportamento mecânico e estabilidade bioquímica, como as classificações apresentadas nos Quadros 2.2 e 2.3, mas, adicionalmente, estabelece uma classificação morfológica, isto é, segundo a forma do componente, já que esta também influencia o comportamento do maciço sanitário. As classes segundo o comportamento mecânico e bioquímico são: peças grandes, papel/papelão, plásticos macios, plásticos duros, metais, minerais, madeira e orgânicos; as classes morfológicas são apresentadas no Quadro 2.4.

Quadro 2.4 CLASSIFICAÇÃO MORFOLÓGICA DOS RSU

DIMENSÃO	CARACTERÍSTICAS	FORMA
0	Grãos (diâmetro < 8 mm)	○
1	Fibras	
2	Folhas, objetos planos	
3	Volumes	

Fonte: DGGT, 1994.

A seguir, serão apresentados os índices físicos e as propriedades geotécnicas dos resíduos sólidos urbanos, assim como seus processos de degradação, que geram gases e chorume.

2.1 Índices físicos

Composição em peso ou composição gravimétrica

A composição em peso ou composição gravimétrica é uma das características de maior influência nas propriedades geomecânicas dos RSU. É expressa pelo percentual de cada componente em relação ao peso total da amostra.

Quanto maior a quantidade de um determinado componente, tanto mais as características gerais do maciço se assemelharão às características desse componente. O teor de materiais putrescíveis é particularmente importante, pois influi na geração de chorume e gás, no desenvolvimento de pressões neutras no interior do maciço sanitário, no teor de umidade, na resistência ao cisalhamento e na compressibilidade dos RSU.

A composição gravimétrica varia com o local, em função dos hábitos (como alimentação e forma de vestir) e do nível educacional da população, da atividade econômica dominante (industrial, comercial ou turística), do desenvolvimento econômico e do clima. Por exemplo, cidades localizadas em países mais desenvolvidos tendem a gerar menor teor de materiais putrescíveis do que as localizadas em países menos desenvolvidos, como se observa na Tab. 2.1.

Tab. 2.1 Composição gravimétrica dos RSU em diversas cidades do mundo, em %

Componentes	Pequim	Genebra	Nova York	Nairóbi	Cocha-bamba	Istambul	Atenas
Materiais putrescíveis	45	28	20	74	71	61	59
Papel/papelão	5	31	22	12	2	10	19
Plástico	1	9,5	–	5	3	3	7
Madeira/couro/borracha	7	4	3	–	1	6	4
Metal	1	2,5	5	3	1	2	4
Vidro	1	9	6	4	1	1	2
Outros	40	16	44	2	21	17	5

Fonte: Manassero et al., 1996.

A Tab. 2.2 mostra a composição dos RSU em algumas cidades brasileiras, e as Tabs. 2.3 e 2.4, em regiões das cidades do Rio de Janeiro e de São Paulo, respectivamente.

Tab. 2.2 Composição gravimétrica dos RSU em diversas cidades do Brasil mundo, em %

Componente	Curitiba[1]	Fortaleza[1]	Maceió[1]	Porto Alegre[1]	Recife[3]	Rio de Janeiro[4]	Salvador[5]	São Paulo[6]
Materiais putrescíveis	66	66	50	74	60	63	70	58
Papel/papelão	3	15	16	11	15	14	16	13
Plástico	6	8	13	6	8	15	10	16
Metal	2	5	3	4	2	2	1,5	2
Madeira/ couro/vidro/ borracha/ outros	23	6	18	5	15	6	2,5	11

Fontes: [1]Oliveira, 2001; [2]Universidade Federal de Alagoas, 2004; [3]Mariano e Jucá, 1998; [4]Comlurb, 2005; [5]Santos e Presa, 1995; [6]Limpurb, 2003.

Tab. 2.3 Composição gravimétrica em regiões da cidade do Rio de Janeiro, em %

Componente	Comlurb (1999)		Comlurb (2005)	
	Leblon	Rocinha	AP* 2.1	AP 5.3
Materiais putrescíveis	39,6	64,7	52,2	67,2
Papel	28,1	11,6	18,6	10,3
Plástico	18,6	19,3	16,1	14,1
Metal	2,3	2,1	1,8	1,3
Vidro/matéria inerte/outros	11,4	2,3	11,4	7,1

Fonte: apud Lamare Neto, 2004.

Pela Tab. 2.2, observa-se que a porcentagem de materiais putrescíveis nas cidades brasileiras é elevada, variando de 50% a mais de 70%. Esse valor varia, contudo, quando os bairros ou as regiões das cidades são considerados separadamente. Na Tab. 2.3, é marcante a diferença no teor de materiais putrescíveis no Leblon e na Rocinha, respectivamente, bairros de alto e baixo poder aquisitivo da cidade do Rio de Janeiro. Segundo os dados de 2005, a área de planejamento (AP) 2.1, que apresenta o mais baixo teor de materiais putrescíveis dentre todas as áreas de planejamento do Rio de Janeiro, é a região mais nobre da cidade, reunindo os bairros de renda *per capita* e nível de escolaridade mais elevados, e dotada de infra-estrutura turística, com lojas, hotéis, butiques, galerias de arte, shoppings luxuosos, além de praias famosas como Copacabana, Ipanema, Leblon e São Conrado. A AP 5.3, por sua vez, é a área de planejamento de mais baixa renda *per capita* no Rio de Janeiro; o alto teor de materiais putrescíveis nessa região também está relacionado à oferta de pescado.

Tab. 2.4 Composição gravimétrica dos RSU nas regiões da cidade de São Paulo, em %

Componente	Região Central	Região Norte	Região Sul	Região Leste	Região Oeste
Materiais putrescíveis	58,0	57,4	54,3	61,7	55,9
Papel/papelão/jornal	10,5	11,0	11,7	9,2	13,8
Plástico	14,3	18,5	19,8	17,3	17,0
Metais	1,5	1,9	2,8	1,8	2,6
Vidro/madeira/borracha/outros	13,4	9,6	9,6	8,4	9,4
Perdas no processo	2,3	1,6	1,8	1,6	1,3

Fonte: Limpurb, 2003.

A conhecida relação inversa entre a porcentagem de materiais putrescíveis e o poder aquisitivo da população é patente na Tab. 2.3; porém, novas variáveis podem modificar a composição gravimétrica dos RSU de um local e se sobrepor a essa relação. Por exemplo, tem-se observado, em todas as regiões do município de São Paulo, um aumento da separação do lixo reciclável, do número de carroceiros e de catadores de lixo e da quantidade de dejetos destinada aos pontos de coleta existentes (Limpurb, 2003). A separação de recicláveis é maior em regiões mais verticalizadas, provavelmente em consequência da organização de condomínios e prédios comerciais. Assim, não se notam na Tab. 2.4 grandes diferenças entre as regiões de São Paulo quanto à composição gravimétrica dos RSU.

O crescimento populacional, as modificações na distribuição demográfica e nos hábitos da população, as flutuações na economia, a evolução tecnológica, entre outros fatores, acarretam alterações na composição dos RSU ao longo do tempo. A evolução tecnológica, por exemplo, continuamente introduz novos produtos nos RSU, tais como plásticos, pilhas e baterias, lâmpadas fluorescentes, produtos químicos e *chips*. Por exemplo, na cidade de São Paulo, o teor de materiais putrescíveis diminuiu de 82,5% em 1927 para 58% em 2003, enquanto os plásticos, inexistentes na composição dos RSU até a década de 1960, representavam 16% da massa total dos RSU em 2003 (IPT, 2000; Limpurb, 2003).

Teor de umidade

O teor de umidade de um maciço sanitário é muito importante na velocidade de degradação dos materiais putrescíveis e, consequentemente, no desenvolvimento de pressões neutras e recalques. Por outro lado, é um parâmetro muito difícil de determinar no caso de RSU, pois seus diversos componentes têm diferentes teores de umidade, como ilustrado na Tab. 2.5, de modo que a distribuição da umidade no maciço é muito heterogênea. Ademais, não há ensaio normalizado específico para a determinação do teor de umidade dos RSU. A secagem de amostras em estufa a 105°C/110°C, como normalizado para solos, pode acarretar decréscimo de massa adicional à evaporação de água em razão da volatização de algumas substâncias.

O teor de umidade varia com a composição gravimétrica, a profundidade, a pluviometria e as condições de drenagem interna e superficial do maciço. A Fig. 2.1 mostra a variação do teor de umidade com a profundidade em maciços sanitários segundo alguns autores. Observa-se que não há uma tendência nítida de variação do teor de umidade em função da profundidade nos maciços sanitários, uma vez que diversos efeitos podem se sobrepor, como a entrada de água de chuva pela cobertura, a geração de chorume e as condições internas de drenagem do maciço.

Tab. 2.5 Teor de umidade dos diversos componentes dos RSU

Componentes	Teor de umidade (%)
Metais	19,6
Papel	74,8
Vidro	5,9
Plástico	41,5
Borracha	24,5
Têxteis	55,0
Pedra	12,6
Madeira	69,8
Matéria putrescível	47,0

Fonte: Limpurb, 1997.

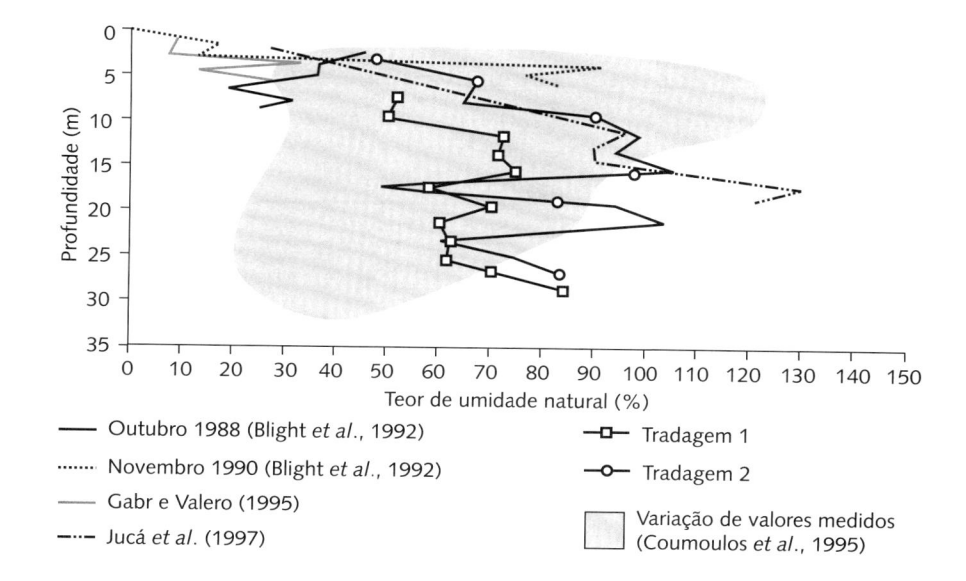

Fig. 2.1 *Variação do teor de umidade dos RSU com a profundidade em maciços sanitários*

— Outubro 1988 (Blight *et al.*, 1992)
······ Novembro 1990 (Blight *et al.*, 1992)
— Gabr e Valero (1995)
–··– Jucá *et al.* (1997)
–□– Tradagem 1
–○– Tradagem 2
▢ Variação de valores medidos (Coumoulos *et al.*, 1995)

Peso específico

O peso específico dos RSU depende principalmente da composição gravimétrica (elevados teores de materiais leves ou putrescíveis acarretam menor peso específico), da distribuição granulométrica (resíduos triturados podem formar arranjos mais densos do que resíduos *in natura*) e do grau de compactação (resíduos compactados são mais densos do que resíduos soltos). A espessura da camada de cobertura diária também influencia a densidade dos RSU, pois se trata da aplicação de uma sobrecarga.

O grau de degradação é outro fator importante relativo ao peso específico dos resíduos: à medida que a matéria sólida vai sendo transformada em líquidos e gases e estes vão sendo drenados, o material sólido remanescente tem características muito distintas dos resíduos originais.

A variação espacial do peso específico no maciço sanitário é expressiva, por causa da heterogeneidade da composição, da saturação e do grau de degradação. Observa-se, contudo, uma tendência de aumento do peso específico em função da profundidade, principalmente em razão da compressão sob o peso das camadas sobrejacentes.

Não há ensaios normalizados para a determinação do peso específico dos RSU, o que causa uma fonte de variação adicional para esse parâmetro. A dificuldade de retirar amostras indeformadas e representativas, principalmente para resíduos novos, indica a determinação *in situ*, geralmente por meio da retirada de material de uma vala, pesagem desse material e determinação do volume da vala.

Alguns valores de peso específico de RSU reportados na literatura especializada nacional estão apresentados no Quadro 2.5, no qual fica patente a ampla faixa de variação desse parâmetro.

Embora os valores dos dados apresentados pelos diversos autores difiram, o Quadro 2.5 permite constatar o aumento do peso específico dos RSU em virtude da compactação, da degradação e da ocorrência de recalques.

Quadro 2.5 Peso específico de resíduos sólidos urbanos

Fonte	Peso específico (kN/m³)
Benvenuto e Cunha (1991)	Condição drenada: 10 Condição saturada: 13
Santos e Presa (1995)	Resíduos recém-lançados: 7 Após ocorrência de recalques: 10
Kaimoto e Cepollina (1996)	Resíduos novos, não decompostos e pouco compactados: 5 a 7 Após compactação e ocorrência de recalques: 9 a 13
Mahler e Iturri (1998)	10,5 (seção com 10 meses de alteamento)
Abreu (2000)	Resíduos soltos: 1,5 a 3,5 Resíduos medianamente densos: 3,5 a 6,5 Resíduos densos: 6,5 a 14

Índice de vazios

O índice de vazios é uma grandeza calculada por meio de três parâmetros que podem ser medidos, diretamente, pela equação a seguir:

$$e = \frac{\gamma_s(1+w)}{\gamma} - 1$$

em que:
e – índice de vazios
γ_s – peso específico dos sólidos
w – teor de umidade
γ – peso específico aparente

O teor de umidade e o peso específico, conforme mencionado anteriormente, são de difícil determinação no caso do RSU por causa da heterogeneidade e da variabilidade temporal da composição, além da falta de ensaios normalizados específicos. O peso específico dos sólidos é ainda mais difícil de determinar, pois varia significativamente para cada componente, acarretando grandes erros à utilização de um valor médio para todos os componentes, a exemplo do que se faz no caso de solos.

O índice de vazios é, portanto, um valor sem muito significado para o caso dos RSU. Valores reportados mostram uma grande variação, por exemplo, entre 1 e 15, para resíduos muito densos e soltos, respectivamente (Santos e Presa, 1995).

Distribuição granulométrica

A distribuição granulométrica dos resíduos varia com a idade destes, passando de material granular a material fino e pastoso; ao longo de tempo, com a biodegradação do material putrescível, aumenta a fração fina do material.

Na Fig. 2.2, são apresentadas curvas granulométricas de amostras de cerca de 15 anos do Aterro Sanitário Bandeirantes, na região metropolitana de São Paulo, coletadas em um furo a trado. Verifica-se a predominância da fração pedregulho e menos de 10% de partículas finas.

A Fig. 2.3 mostra a modificação na distribuição granulométrica dos resíduos sólidos urbanos ao longo do tempo.

Pode-se observar um acréscimo da porcentagem de finos ao longo do tempo, de praticamente 0% para o resíduo novo a cerca de 5% após 15 anos de disposição.

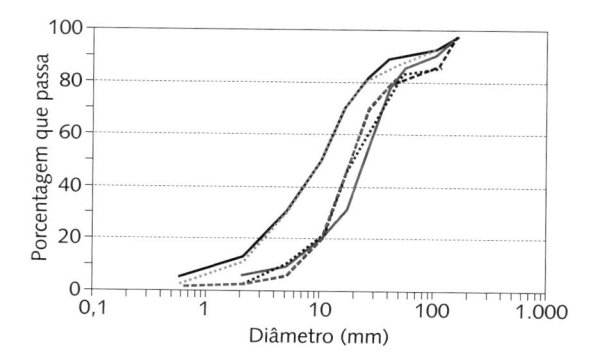

Fig. 2.2 *Curvas granulométricas de resíduos do Subaterro AS2 do Aterro Sanitário Bandeirantes*

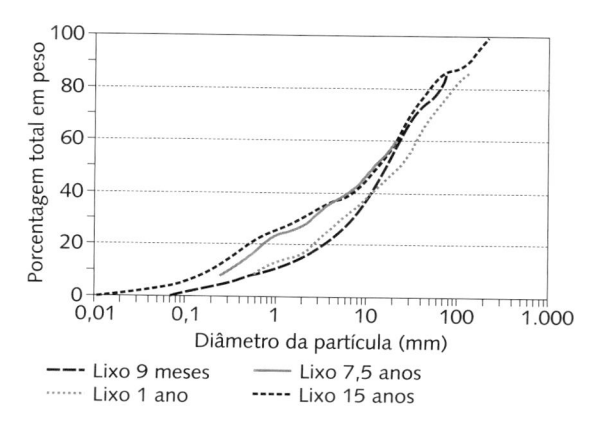

Fig. 2.3 *Distribuição granulométrica de RSU ao longo do tempo*
Fonte: modificado de Jessberger, 1994.

2.2 Geração de chorume e gases

A degradação dos resíduos sólidos urbanos dentro de um aterro ocorre por processos físicos, químicos e biológicos, gerando chorume e gases.

A biodegradação dos RSU envolve diferentes processos ao longo do tempo, podendo ser dividida em quatro fases: aeróbica, anaeróbica não metanogênica ou ácida, anaeróbica metanogênica não estabilizada e anaeróbia metanogênica estabilizada (Farquhar e Rovers, 1973). Existem outras formas de dividir os processos de biodegradação dos RSU ao longo do tempo, podendo-se encontrar, na literatura, diferentes nomes e números de fases, conforme o nível de detalhamento e o enfoque utilizado.

A fase inicial, aeróbica, é geralmente curta, durando de poucas horas a uma semana, pois o teor de oxigênio livre é alto nos resíduos recentes. O oxigênio (O_2) e o nitrogênio (N_2) presentes nos resíduos recém-depositados são consumidos, gerando gás carbônico (CO_2), água e calor. A temperatura consequentemente se eleva, chegando a atingir valores próximos a 60°C. Nessa fase, ocorre degradação de 5% a 10% da matéria possível de ser degradada.

Consumido todo o oxigênio livre, o processo de degradação passa a ser anaeróbico. A decomposição da matéria putrescível resulta na geração de ácidos orgânicos, isto é, líquidos com pH não superior a cinco e elevados valores de DBO (demanda bioquímica de oxigênio ou consumo de oxigênio por microorganismos em seu metabolismo) e DQO (demanda química de oxigênio). Essa fase é denominada anaeróbica ácida, e dura de um a seis meses. Nela aumenta a produção de CO_2 e ocorre a degradação de 15% a 20% da matéria sólida.

Na fase metanogênica acelerada, que dura de três meses a três anos, metano (CH_4) e ácidos são produzidos simultaneamente, com redução significativa da velocidade de produção dos últimos. Os ácidos e H_2 se transformam em CH_4 e CO_2. O pH aumenta até 6,8 a 8, enquanto há sensível redução de DBO e DQO.

Na fase metanogênica desacelerada, cuja duração varia de 8 a mais de 40 anos, após a conversão de grande parte da matéria orgânica em CH_4 e CO_2, a velocidade de geração de gases diminui substancialmente. São gerados principalmente CH_4 e CO_2, bem como pequenas quantias de N_2 e O_2. A decomposição da matéria sólida atinge entre 50% e 70% do total.

A Fig. 2.4 indica esquematicamente a produção de gases a partir de RSU com o tempo.

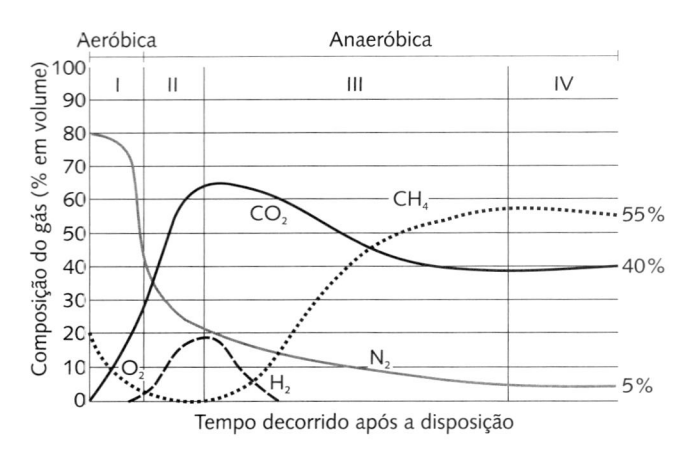

Fig. 2.4 Geração de gases a partir dos RSU

Digestão anaeróbica

A biodegradação aeróbica dos resíduos sólidos urbanos ocorre rapidamente e cessa quando se esgota o ar presente no material depositado, enquanto a biodegradação anaeróbica pode durar por muitos anos, sendo a principal responsável pela geração de chorume e gases.

A digestão anaeróbica, conforme mencionado anteriormente, é composta das fases ácida e metanogênica.

A fase anaeróbica ácida pode ser subdividida, em termos de atividade microbiana, em hidrólise, acidogênese e acetogênese. Como as bactérias não são capazes de assimilar a matéria orgânica particulada, inicialmente ocorre hidrólise de materiais particulados complexos, os polímeros, em materiais dissolvidos mais simples, de moléculas menores, que podem atravessar as paredes celulares das bactérias. A hidrólise é provocada por enzimas produzidas por bactérias fermentativas.

A seguir, os produtos solúveis gerados pela hidrólise são metabolizados no interior das células das bactérias fermentativas e transformados em compostos mais simples: ácidos graxos voláteis, álcoois, ácido lático, gás carbônico, hidrogênio, amônia e sulfeto de hidrogênio. Como o principal produto das bactérias fermentativas são os ácidos graxos voláteis, elas são denominadas acidogênicas.

De todos os produtos metabolizados pelas bactérias acidogênicas, apenas o hidrogênio e o acetato podem ser utilizados diretamente pelas bactérias metanogênicas. As bactérias acetogênicas são responsáveis pela oxidação dos produtos gerados na fase acidogênica em substrato apropriado para as bactérias metanogênicas. Os produtos gerados pelas bactérias acetogênicas são o hidrogênio, o dióxido de carbono e o ácido acético. A grande quantidade de hidrogênio resultante da geração de ácido acético diminui o pH no meio aquoso.

A etapa final no processo global de degradação anaeróbica é a metanogênica. As bactérias metanogênicas utilizam um limitado número de substratos, compreendendo ácido acético, hidrogênio, dióxido de carbono, ácido fórmico, metanol, metilaminas e monóxido de carbono. Os compostos orgânicos são finalmente degradados em metano e dióxido de carbono.

Estimativa de geração de metano

A estimativa de geração de gases em aterros sanitários é importante para o aproveitamento energético e para a comercialização dos créditos de carbono, constituindo-se em um novo e promissor campo de trabalho para engenheiros.

A mistura de gases resultante da fermentação anaeróbica da matéria orgânica é geralmente denominada biogás. O biogás é composto essencialmente de metano e gás carbônico e seu poder calorífico está diretamente relacionado à quantidade de metano na mistura.

A digestão anaeróbica pode ser representada simplificadamente pela equação de Buswell e Mueller (1952), pela qual se pode calcular a produção de metano e gás carbônico a partir de um composto orgânico:

$$C_nH_aO_b + \left(n - \frac{a}{4} - \frac{b}{2}\right)H_2O \rightarrow \left(\frac{n}{2} - \frac{a}{8} + \frac{b}{4}\right)CO_2 + \left(\frac{n}{2} + \frac{a}{8} - \frac{b}{4}\right)CH_4$$

Em um maciço sanitário, entretanto, há diversos tipos de materiais putrescíveis. Além disso, diversos fatores influem na biodegradação dos RSU e, portanto, na geração de gases: granulometria, composição, idade, umidade, temperatura e densidade dos resíduos; qualidade e quantidade dos nutrientes; e pH, DBO e DQO dos líquidos. A transformação da matéria degradável no maciço sanitário em CH_4 e CO_2 envolve uma série de reações e depende das condições do maciço.

A modelagem e a estimativa da geração de metano são, portanto, muito complexas. Contudo, observações em laboratório e campo sugerem que a geração de metano pode ser aproximada por um modelo cinético de primeira ordem. Diversos modelos têm sido propostos, adotando essa premissa.

Deve-se ainda lembrar que nem todo o metano gerado em um aterro sanitário é emitido: parcelas podem ser oxidadas, biodegradadas ou aprisionadas na massa de resíduos. Dada a dificuldade de representar matematicamente os fenômenos relacionados às perdas do gás gerado, costuma-se aceitar como hipótese que todo o gás gerado será emitido por fraturas ou outras aberturas na superfície do aterro. Os modelos de geração de gases em aterros sanitários podem assim ser considerados modelos de emissão de gases do aterro para a atmosfera.

Os modelos de geração de gases geralmente relacionam o volume gerado em determinado tempo com o teor de matéria orgânica inicial nos resíduos e um fator de conversão de massa de matéria orgânica em volume de gás. O modelo de Hoeks (1983) de geração de gases em um aterro sanitário, por exemplo, pode ser expresso por:

$$A = fP_0 k e^{-kt}$$

em que:
A – produção específica de gás no aterro (t de C por t de resíduos por ano)
f – fração do carbono orgânico biodegradável que é realmente degradado
P_0 – concentração de carbono biologicamente biodegradável no resíduo deposto (t/t)
k – constante de velocidade de degradação (ano^{-1})
t – tempo (ano)

O modelo holandês de geração de metano em um aterro sanitário, baseado em Hoeks (1983), é apresentado a seguir:

$$m_{CH_4} = A * m_{resíduos} * F * 16/12$$

em que:
m_{CH_4} – produção de metano no aterro (t/ano)
A – produção específica de gás no aterro (t.t^{-1}.ano^{-1})
$m_{resíduos}$ – massa de resíduos dispostos no aterro (t)
F – fração de metano no gás do aterro
16/12 – fator de conversão de massa de C para massa de CH_4

Os modelos da Usepa (1998), Banco Mundial (World Bank, 2003) e IPCC (2006) relacionam massa de resíduos que entra anualmente no aterro, tempo de atividade do aterro e/ou após fechamento, velocidade de geração de metano e potencial de geração de metano. O modelo de estimativa de emissões de gás metano de aterros sanitários da Usepa (1998) é expresso por:

$$Q_{CH_4} = L_0 R \left(e^{-kc} - e^{-kt} \right)$$

em que:
Q_{CH_4} – taxa de geração de metano no tempo t (m³/ano)
L_0 – potencial de geração de metano (m³/t de resíduo)
R – média anual de velocidade de entrada de lixo durante a vida útil do aterro (t/ano)
k – constante de velocidade de geração de metano (ano⁻¹)
c – tempo desde o fechamento (ano)
t – tempo desde o início do aterramento (ano)

O potencial de geração de metano depende da umidade e do teor de matéria orgânica. A constante de velocidade de geração de metano é função da umidade, da disponibilidade de nutrientes para a digestão anaeróbica, do pH e da temperatura do meio, entre outros.

As emissões em massa podem ser calculadas a partir das emissões em volume, utilizando-se a equação de Clapeyron para gases ideais:

$$E_{CH_4} = Q_{CH_4} \left[\frac{M_{CH_4} * P}{RT} \right]$$

em que:
E_{CH_4} – emissão de metano em massa (kg/ano)
P – pressão (1 atm)
Q – taxa de geração do poluente (m³/ano)
M – massa molecular do metano (g/mol)
R – constante universal dos gases (= 8,205 x 10⁻⁵ m³. atm. mol⁻¹. K⁻¹)
T – temperatura do gás (K)

Os sistemas de coleta e de controle de gás (queimadores, caldeiras, turbinas de gás, motores de combustão interna) reduzem as emissões, sem, contudo, anulá-las, pois não têm 100% de eficiência. As emissões controladas de metano, isto é, as emissões de metano em um aterro sanitário que tenha sistemas de coleta e de controle de gás, podem ser calculadas por:

$$EC_{CH_4} = \left[E_{CH_4} (1 - \eta_{col}) \right] + \left[E_{CH_4} \eta_{col} (1 - \eta_{cnt}) \right]$$

em que:
EC_{CH_4} – emissão controlada de metano em massa (kg/ano)
E_{CH_4} – emissão não controlada de metano em massa (kg/ano)

η_{col} – eficiência do sistema de coleta de gás do aterro
η_{cnt} – eficiência do sistema de controle ou utilização de gás do aterro

Se a eficiência do sistema de coleta for desconhecida, a Usepa (1998) sugere o valor de 0,75.

Emissões controladas de CO_2 incluem emissões no biogás gerado pelo aterro, calculadas pelas mesmas equações apresentadas para CH_4, e CO_2 adicional formado durante a combustão do gás do aterro, principalmente pela queima do metano. Considerando-se eficiência de 100% na combustão de CH_4, as emissões de gás carbônico podem ser calculadas por:

$$EC_{CO_2} = E_{CO_2} + \left[E_{CH_4} * \eta_{col} * 2{,}75\right]$$

em que:
EC_{CO_2} – emissão controlada de gás carbônico em massa (kg/ano)
E_{CO_2} – emissão não controlada de gás carbônico em massa (kg/ano)
E_{CH_4} – emissão não controlada de metano em massa (kg/ano)
η_{col} – eficiência do sistema de coleta de gás do aterro
2,75 – razão do peso molecular de CO_2 para o peso molecular de CH_4

O modelo de estimativa de emissões de gás metano de aterros sanitários pelo Banco Mundial (2003) é expresso por:

$$Q_{CH_4} = kL_0 m_i e^{-kt}$$

em que:
Q_{CH_4} – taxa de geração de metano no ano i (m³/ano)
L_0 – potencial de geração de metano (m³/t de resíduo)
m_i – massa de resíduo depositado no ano i (t/ano)
k – constante de velocidade de geração de metano (ano⁻¹)
t – tempo após o fechamento (ano)

O modelo de estimativa de emissões de gás metano de aterros sanitários indicado pelo IPCC (2006) é:

$$CH_4 \text{ emitido}_T = \left(\sum_x CH_4 \text{ gerado}_T - R_T\right)(1 - OX_T)$$

em que:
CH_4 emitido$_T$ – CH_4 emitido no ano T (t)
CH_4 gerado$_T$ – CH_4 gerado no ano T (t)
x – tipo ou categoria de resíduo
R_T – CH_4 recuperado no ano T

OX_T = fator de oxidação no ano T (fração)

A massa de metano gerado no tempo T, por sua vez, é dada por:

$$CH_4\ gerado_T = m_{COD}\ decomp_T * F * 16/12$$

em que:
$CH_4\ gerado_T$ – quantidade de CH_4 gerado no tempo T
$m_{COD}\ decomp_T$ – massa de carbono orgânico decomposto no tempo T
F – fração de CH_4 por volume no gás gerado no aterro
16/12 – razão de massa molecular CH_4/C

A massa de carbono orgânico decomposto no tempo T é:

$$m_{COD}\ decomp_T = m_{COD0} - m_{COD} = m_{COD0}(1 - e^{-kT})$$

em que:
$m_{COD}\ decomp_T$ = massa de carbono orgânico decomposto no tempo T
m_{COD0} = massa de carbono orgânico degradável no aterro no tempo 0
m_{COD} = massa de carbono orgânico degradável no aterro no tempo T
k = constante de velocidade de decaimento (ano^{-1})
t = tempo (anos)

Pode-se observar uma grande semelhança entre todos os modelos de geração de gás citados.

Estimativa da geração de chorume

Chorume, percolado ou lixiviado é o efluente da massa de resíduos resultante da percolação de águas de precipitação e da própria decomposição dos resíduos. Alguns autores denominam chorume especificamente o líquido gerado na massa de resíduos pela decomposição de matéria sólida, enquanto percolado ou lixiviado seria o fluido produzido pela dissolução do chorume nas águas que percolam pela massa de resíduos, advindas da infiltração de águas pluviais.

A estimativa da geração de chorume é importante para o dimensionamento dos sistemas de coleta e tratamento de chorume e para a análise da estabilidade do maciço sanitário. A produção de chorume é geralmente estimada por modelos que calculam o balanço hídrico a partir de dados climatológicos locais e das propriedades hidráulicas das camadas de cobertura do aterro sanitário e da massa de resíduos.

Um esquema ilustrativo dos componentes do balanço hídrico em um aterro sanitário é apresentado na Fig. 2.5, a seguir.

A água que incide sobre a superfície do aterro sanitário pode ser proveniente da precipitação (P), irrigação (IRR) ou recirculação de chorume

(RC), ou ainda do escoamento superficial da área ao redor do aterro (ES_{ext}). Parte da água que atinge o aterro escoa superficialmente sobre a cobertura (ES) e parte volta à atmosfera por evapotranspiração (ET); o restante se infiltra e percola pela cobertura (INF_C).

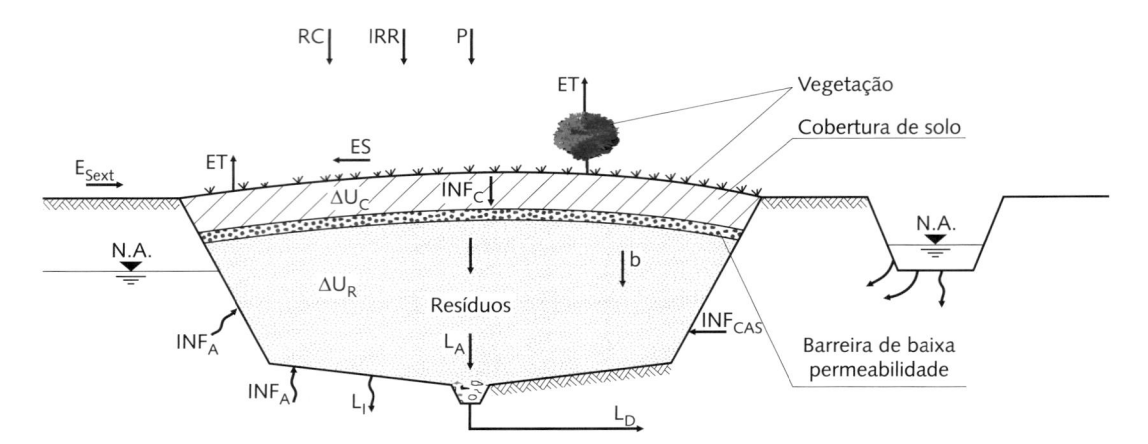

Fig. 2.5 *Esquema do balanço hídrico em um aterro sanitário*

Durante a percolação pela cobertura, parte da água pode ficar nela armazenada com consequente variação do teor de umidade do solo de cobertura (ΔU_C); o restante atravessa a camada de cobertura e penetra na massa de resíduos.

A água que penetra na massa de resíduos é em parte ali retida, causando variação do teor de umidade dos resíduos (ΔU_R). Pode ocorrer ainda produção (b>0) ou consumo de água (b<0) por causa da degradação biológica da matéria orgânica.

A massa de resíduos também pode ser alimentada por água infiltrada de aquíferos (INF_A) ou de corpos d'água superficiais (INF_{CAS}). Por outro lado, a água presente na massa de resíduos também pode infiltrar no subsolo e alcançar o aquífero subjacente (L_A).

O líquido que atinge finalmente o sistema de drenagem (L_D) resulta de todas as entradas e perdas de água no aterro sanitário, da produção de líquido por processos bioquímicos e da dissolução de componentes dos resíduos.

Os principais fatores que governam a formação de chorume são, portanto, a disponibilidade de água, as características da cobertura (solo, vegetação, declividade, presença de geomembranas, camada de drenagem etc.), as características dos resíduos e os sistemas de impermeabilização e drenagem do aterro.

Há diversos métodos (Método do Balanço Hídrico, Método Suíço etc.) e programas computacionais para estimar a produção de chorume (Help, Unsath-H, Bowahald, SoilCover, Hydrus etc.); o programa Help é o mais difundido.

Temperatura

Por causa das reações de biodegradação, que produzem calor, a temperatura dos maciços sanitários pode atingir valores elevados, de até 60°C.

Essas altas temperaturas ocorrem nas profundidades em que se processam as reações exotérmicas. Seu efeito na temperatura do maciço diminui com a distância. Nas camadas mais superficiais, a temperatura do ambiente tem influência mais direta sobre a da massa de resíduos.

A Fig. 2.6 mostra a variação da temperatura em função da profundidade no Aterro de Muribeca, em Recife, e em um aterro sanitário em Atenas, na Grécia. Observa-se que a temperatura ambiente deixa de influenciar a temperatura interna do maciço já a pequenas profundidades.

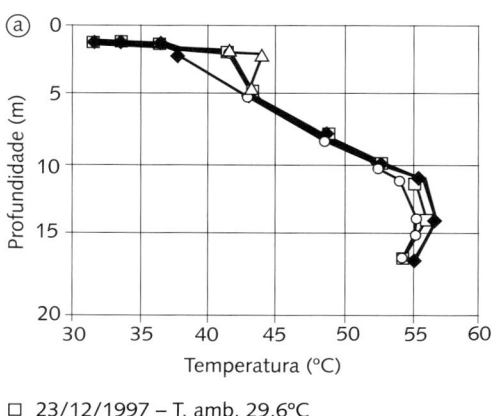

Fig. 2.6 Variação de temperatura dos RSU com a profundidade: (a) Aterro de Muribeca, Recife; (b) Atenas, Grécia. Fonte: Mariano e Jucá, 1998; Coumoulos et al., 1995 apud Carvalho, 1999.

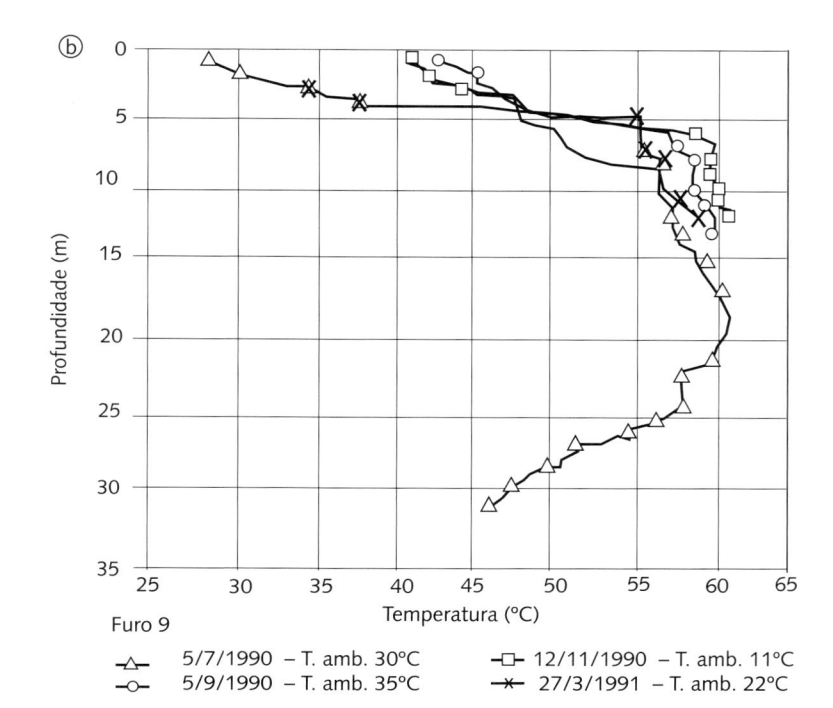

2.3 Propriedades geotécnicas

Permeabilidade

A permeabilidade dos RSU influencia diretamente a eficiência do sistema de drenagem interna do maciço. Baixas permeabilidades respondem pela formação de bolsões de gás e chorume, onde se desenvolvem pressões neutras que podem afetar a estabilidade do maciço.

O Quadro 2.6 apresenta valores de coeficiente de permeabilidade de RSU relacionados ao método utilizado e ao peso específico.

Os valores de peso específico no Quadro 2.6 variam de 1,1 a 19,0 kN/m^3, intervalo ainda maior do que o observado no Quadro 2.5, atestando que esse parâmetro é muito variável. A maioria dos valores, contudo, encontra-se em torno de 10 kN/m³. Pode-se observar também que o coeficiente de permeabilidade é determinado preferencialmente *in situ*, o que parece adequado, tendo em vista a dificuldade de obter amostras indeformadas do maciço sanitário.

Verifica-se que, apesar de a faixa de variação do coeficiente de permeabilidade ser ampla, a maioria dos valores situa-se entre 10^{-6} e 10^{-4} m/s, aproximadamente a mesma faixa de valores de permeabilidade de areias, o que corrobora a hipótese usual de que os RSU são materiais drenantes. Porém, os valores de referências nacionais, apresentados nas últimas sete linhas do Quadro 2.6, são mais baixos, entre 10^{-8} e 10^{-6} m/s. Como os outros dados são originários de países mais desenvolvidos, pode-se ratribuir a permeabilidade mais baixa dos RSU brasileiros à maior fração de materiais putrescíveis.

Quadro 2.6 COEFICIENTE DE PERMEABILIDADE DOS RSU

PESQUISADOR	γ (kN/m³)	k (m/s)	METODOLOGIA
Fungaroli et al. (1979)[1]	1,1 a 4,0	10^{-5} a 2×10^{-4}	Lisímetros
Koriates et al. (1983)[1]	8,6	$3,15 \times 10^{-5}$ a $5,1 \times 10^{-5}$	Ensaios de laboratório
Oweis e Khera (1986)[1]	6,45	10^{-5}	Estimativa por meio de dados de campo
Oweis et al. (1990)[1]	6,45 9,4 a 14 6,3 a 9,4	10^{-5} $1,5 \times 10^{-4}$ $1,1 \times 10^{-5}$	Bombeamento Ensaios *in situ* Ensaios *in situ*
Landva e Clark (1990)[1]	10,1 a 14,4	10^{-5} a 4×10^{-4}	Ensaios *in situ*
Gabr e Valero (1995)[1]	—	10^{-7} a 10^{-5}	Ensaios de laboratório
Blengino et al. (1996)[1]	9,0 a 11,0	3×10^{-7} a 3×10^{-6}	Ensaios *in situ* a grande profundidade (30 a 10 m)
Manassero (1990)[1]	8,0 a 10,0	$1,5 \times 10^{-5}$ a $2,6 \times 10^{-4}$	Ensaios de bombeamento
Beaven e Powrie (1995)[1]	5,0 a 13,0	10^{-7} a 10^{-4}	Ensaios de laboratório
Brandl (1990)[1]	11,0 a 16,0	3×10^{-7} a 5×10^{-6}	Ensaios *in situ*
Brandl (1994)[1]	9,0 a 12,0 13,0 a 17,0	10^{-6} a 5×10^{-4} 3×10^{-8} a 2×10^{-6}	Ensaios de laboratório Ensaios de laboratório
Ehrlich et al. (1994)[2]	8,0	$1,0 \times 10^{-5}$	Ensaios *in situ* em furo de sondagem
Jucá et al. (1996)[3]	—	10^{-7}	Ensaios *in situ*
Santos et al. (1998)[4]	14,0 a 19,0	10^{-7}	Ensaios *in situ* em furo de sondagem
Cepollina et al. (1994)	~10	10^{-7}	Ensaios de bombeamento
Mariano e Jucá (1998)	—	$1,89 \times 10^{-8}$ a $4,15 \times 10^{-6}$	Ensaios *in situ* em furo de sondagem
Carvalho (1999)	8,0 a 15,0	5×10^{-8} a 8×10^{-6}	Ensaios de laboratório
Aguiar (2001)[2]	—	$9,39 \times 10^{-7}$ a $1,09 \times 10^{-6}$	Permeâmetro Guelph
γ – peso específico; k – coeficiente de permeabilidade			

Fontes: [1]Manassero et al., 1996; [2]Lamare Neto, 2004; [3]Pereira, 2000; [4]Carvalho, 1999.

Resistência ao cisalhamento

A análise de estabilidade de aterros sanitários é geralmente feita com métodos de equilíbrio limite de solos. O projeto deve atender a especificações de geometria, visando sempre à disposição da máxima quantidade de resíduos na menor área possível, com declividades de taludes que garantam a estabilidade do maciço sanitário com coeficientes de segurança usuais em Engenharia Geotécnica, da ordem de 1,5.

A resistência ao cisalhamento de maciços de RSU é associada a um ângulo de atrito interno e uma coesão, definidos a partir da envoltória de resistência de Mohr-Coulomb. Os valores da coesão e do ângulo de atrito são estimados por análise bibliográfica, retroanálise de rupturas e por ensaios de campo e de laboratório.

Os RSU no estado inicial de disposição não apresentam coesão, pois são basicamente granulares. O intercepto coesivo determinado nessa fase, assim como os altos valores de intercepto coesivo obtidos em RSU de maneira geral, devem-se aos componentes fibrosos que imprimem um mecanismo de reforço similar ao de um solo granular reforçado com fibras orientadas aleatoriamente, conhecido como "efeito fibra".

As Figs. 2.7 a 2.9 apresentam a relação tensão-deformação típica dos RSU. Na Fig. 2.7, apresentam-se as curvas de tensão desviadora (σ_1-σ_3) em função da deformação axial obtidas em ensaios de compressão triaxial realizados sob duas diferentes tensões confinantes para RSU provenientes de dois aterros sanitários europeus. A forma das curvas é diferente das obtidas nos resultados típicos de ensaios de compressão triaxial em areias e argilas: não há um pico de resistência nem a tensão desviadora cresce lentamente com a deformação, tendendo assintoticamente a um valor máximo; para os RSU, a tensão desviadora continua a aumentar mesmo para altas deformações.

As Figs. 2.8 e 2.9 apresentam resultados de ensaios de resistência ao cisalhamento para RSU brasileiros. Os resultados da Fig. 2.8 foram obtidos por ensaios de compressão triaxial sob três diferentes tensões confinantes, e os da Fig. 2.9, por meio de uma prova de carga realizada em um lisímetro em laboratório.

A curva tensão-deformação da Fig. 2.8 mais uma vez apresenta tensões desviadoras crescentes com a deformação axial, sem a existência de um pico ou a tendência de atingir assintoticamente um valor máximo; os corpos de prova diminuem de tamanho durante o cisalhamento, apresentando

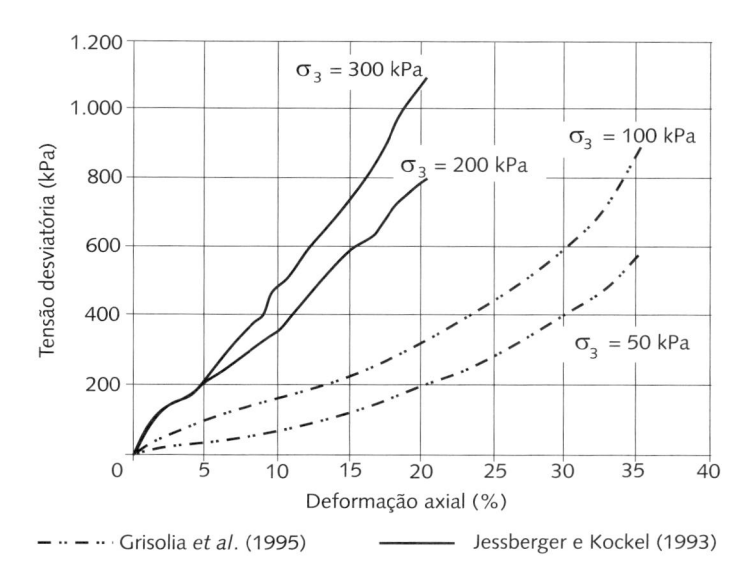

– ·· – ·· Grisolia *et al.* (1995) ——— Jessberger e Kockel (1993)

Fig. 2.7 *Relação tensão-deformação típica dos RSU*
Fonte: Manassero et al., *1996.*

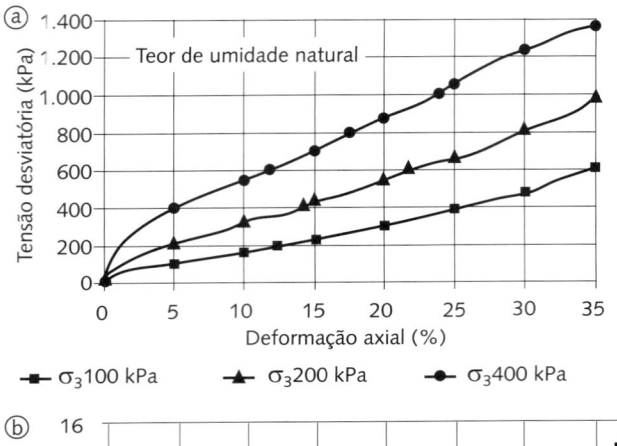

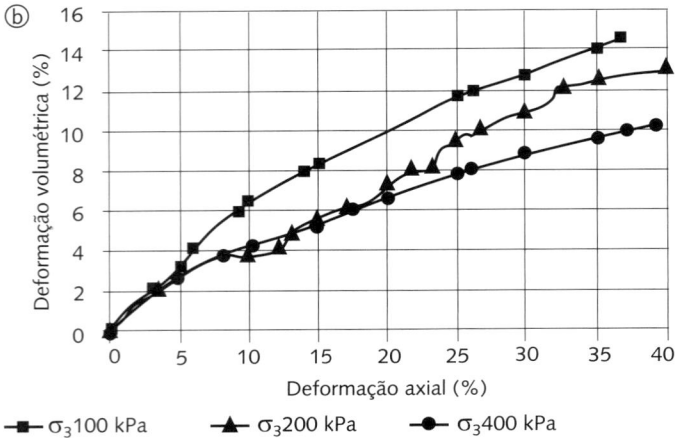

Fig. 2.8 *Comportamento tensão-deformação dos RSU: (a) tensão desviadora em função da deformação axial; (b) deformação volumétrica em função da deformação axial*
Fonte: Vilar et al., 2006.

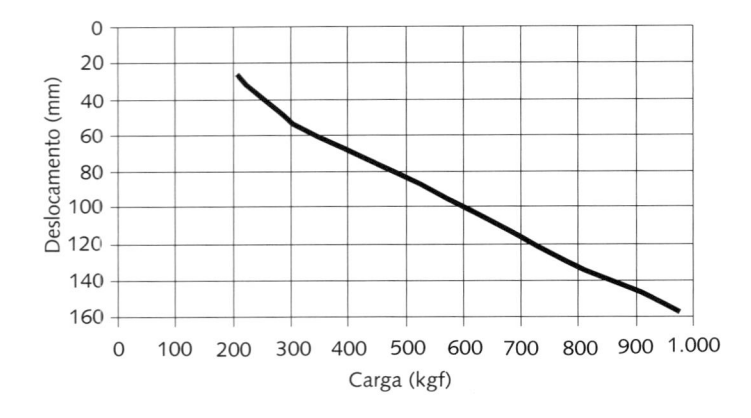

Fig. 2.9 *Carga vertical em função do deslocamento vertical em prova de carga realizada em lisímetro de grandes dimensões*
Fonte: modificado de Azevedo et al., 2006.

deformação volumétrica de 10% a 15% para as tensões confinantes de 100 a 400 kPa.

Na prova de carga da Fig. 2.9, a carga vertical também aumenta quase linearmente com o deslocamento.

Os RSU podem apresentar elevadas deformações sem atingir um estado de ruptura, com resistência crescente em função da deformação. Assim, a coesão e o ângulo de atrito dos RSU devem ser sempre especificados para um nível de deformação aceitável para o maciço sanitário.

Parâmetros de resistência dos RSU são apresentados no Quadro 2.7 e na Fig. 2.10. Esses parâmetros são utilizados para a análise da estabilidade dos taludes dos maciços sanitários, geralmente feita por meio de métodos de equilíbrio limite desenvolvidos para solos.

É notável a variabilidade dos parâmetros apresentados no Quadro 2.7. A coesão varia entre 0 e 60 kPa, e o ângulo de atrito, entre 20,5° e 49°. Deve-se considerar que a composição dos RSU é variável e também os métodos de obtenção dos parâmetros, embora nem todos estejam mencionados nesse quadro, foram diversos: ensaios de cisalhamento direto, ensaios de compressão triaxial, provas de carga e retroanálise de escorregamentos ocorridos. Os materiais também variaram, de resíduos novos a antigos, de resíduos *in situ* a amostras trabalhadas em laboratório. Ademais, conforme mencionado, os valores da coesão e do ângulo de atrito dependem do valor de deformação adotado por cada autor para definir o estado de ruptura. Justifica-se, assim, a vasta faixa de variação da coesão e o ângulo de atrito dos RSU encontrados no Quadro 2.7.

Na Fig. 2.10, alguns autores procuraram sistematizar essas variações, definindo faixas de valores para o projeto. Bouazza e Wojnarowicz (1999), por exemplo, sugerem valores de ângulo de atrito de 25° a 35° para coesão nula; um ângulo de atrito de 22° corresponderia a uma coesão entre 5 e 23 kPa. Sanchez *et al.* (1993) sugerem valores de ângulo de atrito de 22,5° a 27° para coesão nula, e uma coesão de 1 a 13 kPa para um ângulo de atrito de 22°.

Quadro 2.7 Parâmetros de resistência ao cisalhamento dos RSU

Pesquisador	Coesão C (kPa)	Ângulo de atrito Φ (°)	Observações
Landva e Clark (1990)[1]	19 a 22	24 a 39	Ensaio de cisalhamento direto, tensão normal superior a 480 kPa
Jessberger (1995)[1]	41 a 51	42 a 49	Resíduos novos
Richardson e Reynolds (1991)[1]	10	18 a 43	Tensão normal de 14 a 38 kPa
Gabr e Valero (1995)[1]	0 a 27,5	20,5 a 39	Resíduo antigo
Grecco e Oggeri (1993)[1]	16	21	Peso específico = 5 kN/m³
IPT, (1991)[1]	13,5	22	Retroanálise de escorregamento
Pagotto e Rimoldi (1987)[2]	29	22	Prova de carga em maciço sanitário
Howland e Landva (1992)[2]	17	33	Resíduos de 10 a 15 anos, ensaio de cisalhamento direto, tensão normal de 580 kPa, deslocamento de 10 cm
Withiam et al., (1995)[2]	10	30	Resíduos de 3 e 7,5 anos, ensaio de cisalhamento direto, tensão normal entre 0 e 21 kPa
Kavazanjian et al.,(1995)[2]	24 / 0	0 / 33	Tensão normal < 30 kPa (resultados de diversos autores) / Tensão normal > 30 kPa
Van Impe (1998)[2]	22 / 0	0 / 38	Tensão normal < 20 kPa (resultados de diversos autores) / Tensão normal > 20 kPa
Carvalho (1999)	42 a 60	21 a 27	Ensaios de laboratório, 20% de deformação axial
Kaimoto e Cepollina (1996)	13,5 / 16,0 / 16,0	22 / 22 / 28	Retroanálise de escorregamento: Resíduos antigos / Disposição superior a dois anos e drenagem interna mais intensa / Resíduos recentes, com disposição inferior a dois anos, e intensa drenagem interna
Vilar et al. (2006)	20	22	Ensaios de laboratório, 10% de deformação axial
Azevedo et al. (2006)	10	28	Prova de carga em lisímetro com lixo intacto e fórmulas de capacidade de carga para sapatas; 35% de deformação

Fonte: [1]Kaimoto e Cepollina, 1996; [2]Azevedo et al., 2006.

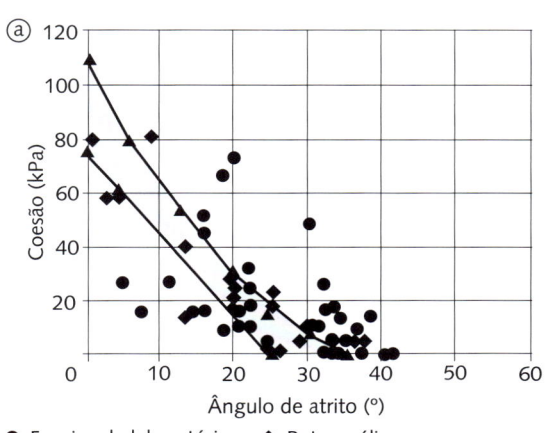

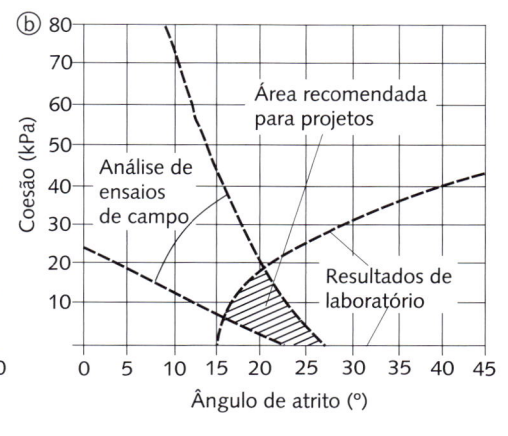

Fig. 2.10 Faixa recomendada de parâmetros de resistência dos RSU: (a) segundo Bouazza e Wojnarowicz, 1999; (b) segundo Sanchez-Alciturri et al., 1993, modificado por Lamare Neto, 2004

Nos projetos de aterros sanitários brasileiros, o deslizamento de grandes proporções ocorrido em 1991 no setor AS-1 do Aterro Sanitário Bandeirantes em São Paulo constituiu um marco para a estimativa dos parâmetros utilizados nas análises de estabilidade. Retroanálises efetuadas, considerando condições de pressões neutras críticas, resultaram em valores de c = 13,5 kPa e φ = 22° (Benvenuto e Cunha, 1991), que, a partir de então, tornaram-se referência para projetos. Esses parâmetros foram reavaliados posteriormente com outras hipóteses e dados complementares. Por exemplo, Kaimoto e Cepollina (1996) levaram em consideração a idade dos resíduos e sugeriram valores de coesão e ângulo de atrito de, respectivamente, 13,5 kPa e 22° para resíduos antigos; para disposição superior a dois anos e drenagem interna mais intensa, 16,0 kPa e 22°; e para resíduos recentes, com disposição inferior a dois anos e submetidos a uma intensa drenagem interna, 16,0 kPa e 28°. A proposta de considerar a variação dos parâmetros ao longo do tempo é particularmente adequada para os RSU brasileiros, que apresentam elevado teor de matéria putrescível.

Alguns modelos estruturais e análises de estabilidade, englobando os efeitos das fibras, têm sido propostos, como o modelo de Kockel (1995), que considera os RSU um material formado por dois componentes: uma matriz com grãos de diâmetro menor do que 120 mm, e elementos de reforço ou fibras, compreendendo plásticos, panos, galhos e outros, de diâmetro superior a 120 mm. O comportamento dos maciços sanitários seria semelhante ao de aterros de solo reforçado; os materiais fibrosos suportariam forças de tração, as quais dependeriam do vínculo das fibras com a massa de resíduos, função da tensão normal atuante. A resistência ao cisalhamento seria composta de duas parcelas distintas: atrito e tração das fibras. Para pequenas deformações, haveria apenas a mobilização das forças de atrito no plano de cisalhamento. Com o aumento das deformações, as fibras seriam tracionadas. A parcela das forças de tração aumentaria até um valor máximo correspondente à resistência à tração ou ao vínculo das fibras com a massa do lixo. A partir desse valor, ocorreria uma redução das forças de tração e, finalmente, acima de um determinado nível de deformação, a resistência ao cisalhamento se limitaria novamente ao atrito.

Outros modelos foram propostos para reproduzir o comportamento tensão-deformação dos RSU, como o modelo bifásico de Vilar *et al*. (2006). A modelagem do comportamento reológico dos resíduos sólidos urbanos vem a ser tema de muitas pesquisas recentes.

Compressibilidade e previsão de recalques

Os recalques de maciços sanitários são muito elevados quando comparados com os dos maciços de solos. Alguns valores relatados de recalques em relação à espessura total inicial dos aterros sanitários são apresentados no Quadro 2.8.

Quadro 2.8 RECALQUES EM MACIÇOS SANITÁRIOS

AUTOR	RECALQUE RELATIVO À ESPESSURA INICIAL
Sowers (1973)	Da ordem de 30%
Wall e Zeiss (1995)	Entre 25% e 50%
Van Meerten et al. (1995)	Entre 10% e 25%
Coumoulos e Koryalos (1997)	Entre 20% e 25%
Abreu (2000)	Entre 10% e 30%

A estimativa dos recalques e das velocidades dos recalques dos maciços sanitários é importante para determinar a vida útil do aterro sanitário, o reaproveitamento das áreas após o encerramento da disposição, o projeto e a implantação dos sistemas de drenagem superficial e de efluentes, o monitoramento geotécnico do aterro sanitário e o desempenho do sistema de cobertura final.

A compressão de maciços sanitários resulta do carregamento e de alterações dos materiais componentes dos RSU. Os principais mecanismos de compressão dos maciços sanitários são:

* solicitação mecânica: distorção, dobra, esmagamento, quebra e rearranjo dos materiais;
* ravinamento interno: erosão e migração de materiais finos para os vazios entre partículas maiores;
* alterações físico-químicas: corrosão, oxidação e combustão dos materiais;
* biodegradação: degradação causada por microrganismos, transferindo massa da fase sólida para as fases líquida e gasosa;
* dissipação das pressões neutras de líquidos e gases: semelhante ao adensamento de solos, ocorre com a expulsão de líquidos e gases do interior do maciço e demanda certo tempo;
* *creep*: deformação lenta sob carga constante em razão de fenômenos viscosos; e
* interação dos mecanismos.

Desses mecanismos, somente a solicitação mecânica e a dissipação das pressões neutras estão diretamente relacionadas ao carregamento imposto; os demais dependem do ambiente em que se encontram os resíduos (ar, umidade, temperatura, entre outros) e das transformações bioquímicas no interior do aterro.

Os fatores de maior influência sobre os processos descritos são: composição dos RSU, tamanho e operação do aterro sanitário, velocidade de disposição, pré-tratamento, peso específico inicial, compactação, saturação, eficiência dos sistemas de drenagem superficial e de efluentes, flutuação do nível de chorume, restrições biológicas (acidez, temperatura e umidade) e idade do aterro.

A Fig. 2.11 mostra os resultados obtidos por Vilar et al. (2006) em ensaios de adensamento edométrico de grandes dimensões. Como não se atingiu um índice de vazios de equilíbrio nos estágios de carregamento (Fig. 2.11a), foram construídas curvas de recalque para diferentes tempos, as quais são praticamente paralelas, embora não lineares (Fig. 2.11b).

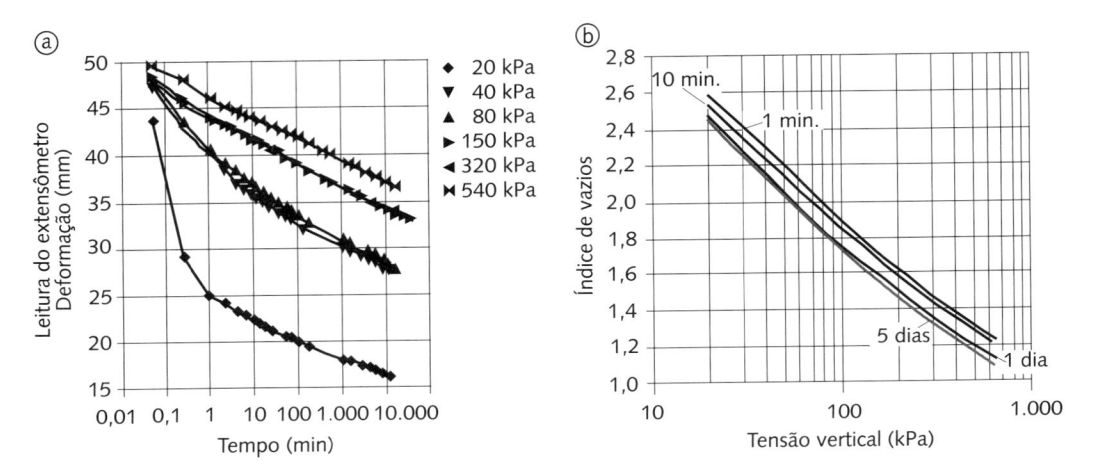

Fig. 2.11 Ensaios de adensamento em amostras de RSU: (a) resultados dos estágios de carregamento; (b) curvas de adensamento para diversos tempos
Fonte: Vilar et al., 2006.

Compare-se, a seguir, a evolução dos recalques no tempo, ensaio, com o comportamento medido *in situ* em diversos aterros sanitários, apresentado nas Figs. 2.12 e 2.13. Diferentes formas da curva de recalques em função do logaritmo do tempo para RSU têm sido apresentadas sistematicamente na bibliografia, como se verifica pela comparação destas figuras.

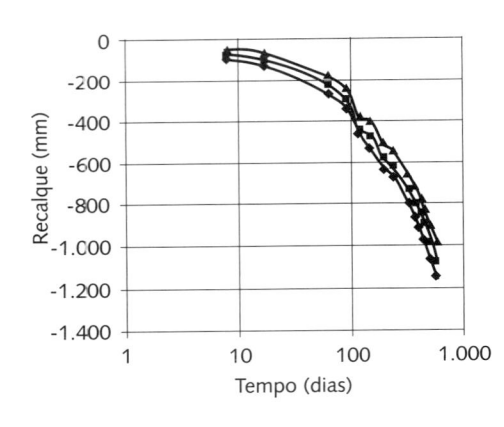

Fig. 2.12 Recalques de RSU medidos no aterro sanitário UTG-4 de Madri, Espanha
Fonte: Pereira, 2000.

A previsão de recalques de maciços sanitários deveria ser baseada nos mecanismos atuantes, mas alguns são muito complexos e de difícil quantificação. O ravinamento interno, por exemplo, é ignorado ou agregado aos demais processos, embora seja significativa a migração de grãos do solo de cobertura diária para os vazios da massa de resíduos: as camadas de solo ocupam inicialmente cerca de 20% do volume total de um aterro sanitário e apenas 5% após o carregamento das camadas superiores (Morris e Woods, 1990). O ravinamento também é desencadeado após eventos imprevisíveis que favorecem a degradação dos RSU, tais como variações repentinas dos níveis de chorume e inundações causadas por chuvas torrenciais ou pelo rompimento de tubulações (Abreu, 2000).

O estudo sistemático dos recalques de maciços sanitários teve início com Sowers em 1973, que adaptou a teoria de adensamento de Terzaghi para RSU e utilizou parâmetros obtidos por ensaios de laboratório e monitoramento de campo. Segundo essa adaptação, que passou a ser denominada Modelo Clássico de compressão de RSU, o recalque de maciços sanitários, independentemente dos mecanismos que o causam, é dividido em três fases ao longo do tempo, à semelhança de solos:

* compressão inicial: corresponde ao recalque que ocorre quando uma carga externa é aplicada ao maciço sanitário, e provoca imediata redução dos vazios entre partículas e das próprias partículas;

* compressão primária: corresponde ao recalque causado pela dissipação das pressões neutras ou poropressões nos vazios, geralmente dentro de 30 dias após a aplicação de carga;

* compressão secundária: correspondente ao *creep* e à degradação biológica, pode durar décadas e é responsável pela maior parcela dos recalques dos aterros sanitários.

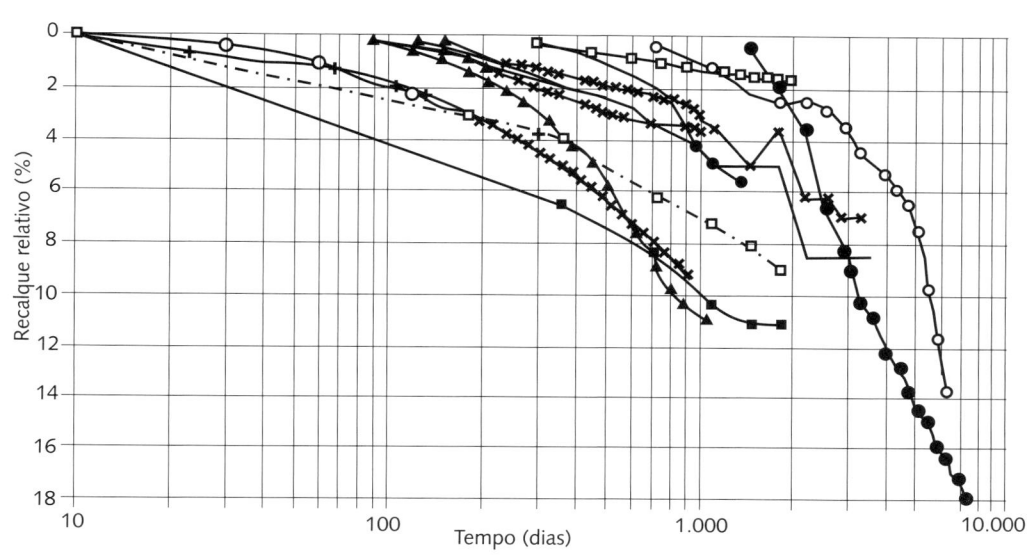

Fig. 2.13 *Monitoramento da superfície de diversos aterros sanitários*
Fonte: Kockel et al., 1997.

Legenda	Pesquisador	Notas
a	Coduto e Huitric (1990)	Instrumento 1
b	Keene (1977)	
c	Nell (1987)	
d	Melener e Ringleb (1987)	
e	Walts e Charles (1990)	Celveri
f	Walts e Charles (1990)	Brogborough
g	Coduto e Hultric (1990)	Marco 113
h	Coduto e Huitric (1990)	Marco 314
i	Sanches Alcitum (1993)	Ponto 26
j	Sanches Alcitum (1993)	Ponto 28
k	Gertioff (1993)	
l	Reuler (1991)	C
m	Reuler (1991)	D
n	Reuler (1991)	A
o	Reuler (1991)	B

A seguir, são apresentadas as equações relativas a cada uma das fases do Modelo Clássico.

$$\frac{\Delta h_i}{H_0} = \frac{\Delta \sigma}{E} = \Delta h_i$$

em que:
Δh_i – recalque correspondente à fase de compressão inicial
H_0 – espessura inicial do maciço sanitário
$\Delta \sigma$ – acréscimo de tensão vertical aplicada ao maciço
E – módulo de elasticidade do maciço

$$\frac{\Delta h_p}{H_0} = \frac{C_c}{1+e_0} \cdot \log\left(\frac{\sigma'_0 + \Delta\sigma}{\sigma'_0}\right) = C'_c \cdot \log\left(\frac{\sigma'_0 + \Delta\sigma}{\sigma'_0}\right)$$

em que:

Δh_p – recalque correspondente à fase de compressão primária
H_0 – espessura inicial do maciço sanitário
C_c – índice de compressão primária
e_0 – índice de vazios inicial
$\Delta\sigma$ – acréscimo de tensão vertical aplicada ao maciço
σ'_0 – tensão efetiva vertical inicial
C_c' – coeficiente de compressão primária

$$\frac{\Delta h_s}{H_0} = \frac{C_\alpha}{1+e_0} \cdot \log\left(\frac{t_f}{t_i}\right) = C'_\alpha \cdot \log\left(\frac{t_f}{t_i}\right)$$

em que:

Δh_s – recalque correspondente à fase de compressão secundária
H_0 – espessura inicial do maciço sanitário
C_α – índice de compressão secundária
t_f – instante no qual se quer conhecer o recalque
t_i – instante no qual termina a compressão primária
C_α' – coeficiente de compressão secundária

A compressão inicial é geralmente acrescida à compressão primária pois ocorre imediatamente; o módulo de elasticidade é de difícil obtenção, e ambos os tipos de compressão resultam da aplicação do carregamento.

Portanto, para a estimativa do desenvolvimento dos recalques ao longo do tempo, empregam-se as equações correspondentes às fases de compressão primária e secundária. Nessas equações, dá-se preferência à utilização dos coeficientes de compressão primária C_c' e secundária C_α' em vez de C_c e C_α, em razão da dificuldade de estimar o índice de vazios dos maciços sanitários.

A faixa de valores do coeficiente de compressão primária C_c' obtidos por meio de ensaios de laboratório ou monitoramento de campo é de 0,05 a 0,47. O coeficiente de compressão secundária C_α' apresenta ainda maior amplitude: os valores relatados variam de 0,002 a 0,89. Para RSU nacionais, foram obtidos valores de C_α' por monitoramento em campo de 0,06 a 0,89 (Mariano, 1999), de 0,07 a 0,19 para resíduos recentes e de 0,13 a 0,43 para resíduos antigos (Abreu, 2000).

A Fig. 2.14 mostra como a velocidade dos recalques nos maciços sanitários tende a diminuir com o tempo. Dados de recalques de RSU de diversos locais são apresentados com curvas de C_α' igual a 0,02, 0,07 e a 0,25.

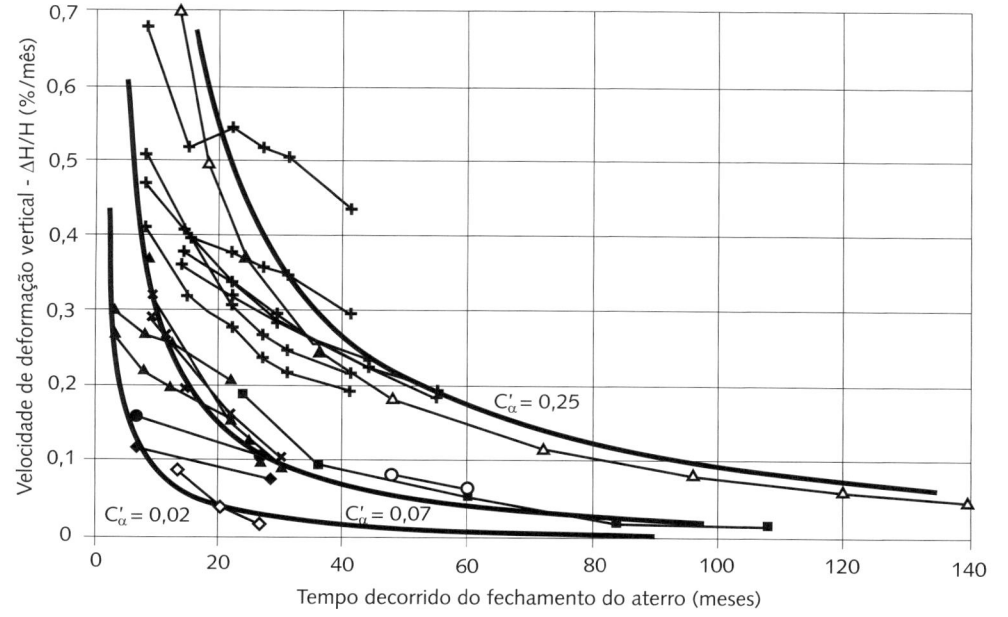

Fig. 2.14 *Velocidade de recalques em função do tempo*
Fonte: Coumoulos e Koryalos, 1997.

O Modelo Clássico é o mais utilizado para estimativa e previsão de recalques de RSU, por causa de sua simplicidade e do número de dados já armazenados na literatura especializada. Contudo, as hipóteses simplificadoras da teoria de adensamento de Terzaghi são pouco adequadas para os RSU: validade da lei de Darcy, completa saturação do meio, partículas sólidas homogêneas, compressibilidade insignificante das partículas sólidas e do fluido intersticial, independência de algumas propriedades com a variação da tensão efetiva, compressão unidimensional, fluxo unidimensional e relação da tensão com o índice de vazios linear. Ademais, a divisão do desenvolvimento dos recalques em iniciais, primários e secundários é muito questionável no caso dos RSU, pois não representa todos os mecanismos importantes de compressão no maciço sanitário, e essas fases não são independentes no tempo, podendo ocorrer simultaneamente.

O parâmetro C'_c depende da tensão aplicada e é não linear em função do logaritmo da tensão. Tampouco o parâmetro C'_α é constante em função do logaritmo do tempo. Ademais, é muito difícil estabelecer a espessura inicial do maciço, necessária à formulação, principalmente em aterros mais antigos.

Como C'_α se relaciona à degradação biológica, era de se esperar que houvesse uma correlação entre valores desse parâmetro e o teor de material putrescível. Porém, um aterro pode possuir C'_α mais elevado que outro e ter ambiente mais desfavorável à degradação.

Alguns autores sugerem que a curva de recalque em função do logaritmo do tempo seja aproximada por duas retas com coeficientes iguais a $C'_{\alpha 1}$ e $C'_{\alpha 2}$, pois existiriam duas fases distintas exibindo comportamento linear em função do logaritmo do tempo. Não há evidências, porém, de que diferentes fenômenos estejam associados a esses dois coeficientes. O que ocorre é que funções que não seguem uma lei logarítmica, tais como as funções lineares, exponenciais e polinomiais, apresentam distorção quando apresentadas em gráficos semilogarítmicos, formando dois ou mais ramos bem distintos, que podem ser aproximados por segmentos de retas; mas não há significado físico associado a esse efeito, que é puramente matemático.

A proposta de Sowers deve ser entendida como um modelo de ajuste empírico, em que se expressa o recalque de resíduos novos (até um mês de deposição) em função do logaritmo da tensão aplicada por uma relação linear para uma determinada faixa de tensões, e o recalque em função do logaritmo do tempo, por uma relação linear para um determinado intervalo de tempo.

Um bom modelo de previsão de recalques para os maciços sanitários deve, de forma obrigatória: ser dimensionalmente correto; ser definido a partir de um pequeno número de parâmetros com significado físico ou ao menos relacionados à propriedades conhecidas; ser capaz de destacar a influência dos fatores relevantes na análise; e, principalmente, fornecer previsões realistas e precisas, tanto quanto possível, em longo prazo (ISSMGE, 1997).

Vários são os modelos já existentes para a previsão de recalques em aterros sanitários, e novos modelos vêm sendo propostos, desde os puramente teóricos, até aqueles que se resumem ao ajuste de curvas quando já existe algum histórico de recalques. Entretanto, também são vários os problemas associados à interpretação e à utilização de modelos. A concepção de um modelo que considere todos os mecanismos relevantes, cujos parâmetros possam ser obtidos por ensaios de laboratório e observações de campo, não é tarefa simples.

As principais vertentes da modelagem de desenvolvimento de recalques em maciços sanitários são: aplicar modelos de previsão de recalques de solos, com as devidas adaptações; elaborar modelos que tentem reproduzir os mecanismos relevantes para os RSU; e formular modelos empíricos, que são ajustes de curvas com equações conhecidas a séries históricas de dados.

Vários modelos de previsão de recalques de solos têm sido adaptados a RSU, desde derivados do Modelo Clássico até modelos baseados em teorias de adensamento com deformações finitas em meios não saturados ou do estado crítico.

Quanto aos modelos teóricos que tentam representar os mecanismos de recalque relevantes para os RSU, talvez o Modelo Matemático de Zimmerman *et al.* (1977) seja o que mais fielmente expressa todos os mecanismos envolvidos; possui, entretanto, um grande número de parâmetros, alguns de difícil obtenção, o que limita sua aplicação na prática.

O modelo de Meruelo, desenvolvido em 1994 e 1995 pelas Universidades da Cantábria (Espanha) e Católica de Valparaíso (Chile), considera apenas a biodegradação anaeróbica (Espinace et al., 1999), fundamental nos recalques de longo prazo, por meio de parâmetros com significado físico. Esse modelo se aplica melhor a aterros antigos, nos quais os mecanismos de solicitação mecânica e de dissipação das pressões neutras possuem pouca ou nenhuma influência. O modelo, contudo, não considera o mecanismo de *creep*, também importante para as deformações de longo prazo.

Alguns modelos foram desenvolvidos no Brasil visando modelar o comportamento reológico dos RSU, como os de Simões e Campos (2003) e de Marques et al. (2002).

Dos modelos empíricos, podem ser citados os Modelos Logarítmico de Yen e Scanlon (1975), de Gandolla et al. (1994), das Isotacas ou ABC (Van Meerten et al., 1995), de Atenuação (Coumoulos e Koryalos, 1997), Hiperbólico de Ling et al. (1998), entre outros. A vantagem principal dos modelos empíricos é a simplicidade, e a desvantagem principal, a impossibilidade de previsão de recalques em projeto, pois é necessária uma boa quantidade inicial de dados de recalque para ajustar o modelo. Esses modelos só possuem uma boa acurácia para uma grande quantidade de dados e um tempo de recalque relativamente longo, para que os mecanismos relevantes estejam representados.

Boscov e Abreu (2000) compararam recalques medidos com os previstos por três modelos para alguns marcos superficiais de dois subaterros do Aterro Sanitário Bandeirantes, que haviam sido previamente ajustados a séries históricas de dados. O Subaterro AS-5 é mais recente (iniciado em dezembro de 1996), estava ativo na época do estudo, possui drenagem interna de efluentes e foi construído de acordo com os critérios atuais para aterros sanitários. O Subaterro AS-2 é mais antigo (iniciado em 1981), já estava desativado e a drenagem interna de efluentes é restrita. A Fig. 2.15 mostra, para dois marcos, a série histórica de dados medidos, os modelos ajustados, a previsão de recalques com base nesses modelos e o valor medido *a posteriori*.

As previsões para os marcos do subaterro AS-2 foram muito melhores do que as relativas ao AS-5, por causa do tempo de instrumentação mais longo, permitindo melhor ajuste dos modelos. Ademais, o subaterro AS-5 ainda estava ativo na época do

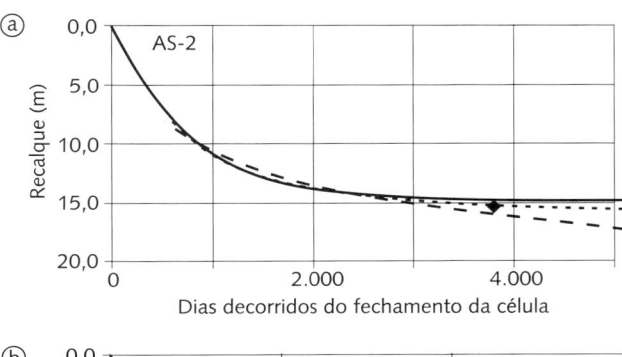

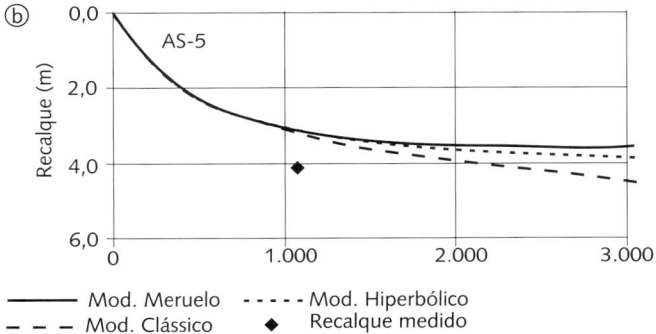

Fig. 2.15 *Comparação entre recalque real e previsto: (a) marco MS-20; (b) marco MS-502*
Fonte: Boscov e Abreu, 2000.

estudo, o que certamente influenciou o desenvolvimento dos recalques. O Modelo Hiperbólico proporcionou o melhor ajuste aos dados históricos e forneceu as previsões mais próximas dos recalques reais para os marcos do subaterro AS-2. As previsões dos três modelos para o subaterro AS-5 subestimaram os recalques reais. O Modelo Clássico estimou os valores mais elevados de recalque entre os modelos, e o de Meruelo, os mais baixos.

Compactação

A compactação dos resíduos sólidos urbanos no Brasil é geralmente feita por tratores de esteiras, embora existam rolos compactadores específicos para aterros sanitários.

Na literatura, pode-se encontrar menção ao fato de que os resíduos sólidos urbanos têm comportamento à compactação semelhante ao dos solos, como mostra a Fig. 2.16.

No entanto, a curva de compactação dos RSU do Aterro Sanitário Bandeirantes na cidade de São Paulo, obtida *in situ* por Marques (2001) e exposta na Fig. 2.17, tem forma muito diferente da curva de compactação de solos: o peso específico seco decresce com o teor de umidade, sem apresentar um valor máximo. Não se definem, assim, o peso específico seco máximo e o teor de umidade ótimo. São dignos de nota também os elevados teores de umidade obtidos no campo.

A provável explicação para o diferente comportamento à compactação dos RSU nacionais, quando comparados aos dados da Espanha e do Japão, seria o elevado teor de material putrescível, o que justifica também os altos teores de umidade observados.

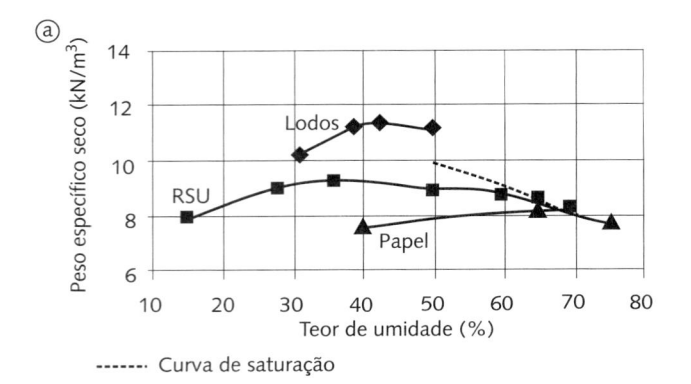

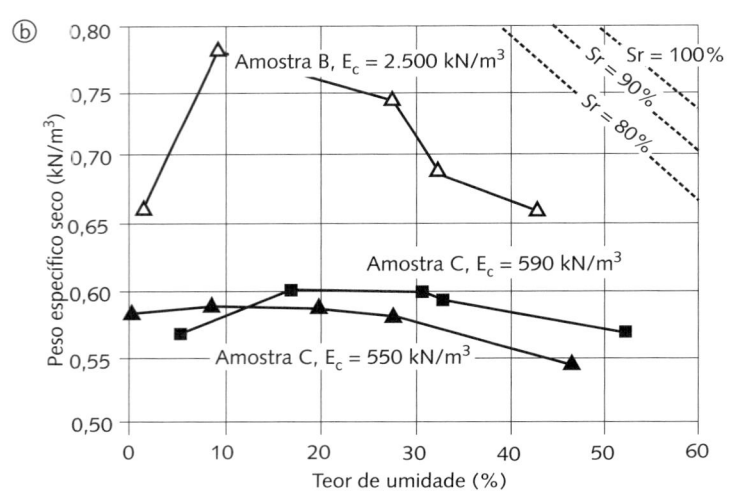

Fig. 2.16 *Curvas de compactação de RSU: (a) Gabr e Valero, 1995; (b) Itoh et al., 2005.*

2.4 Ensaios *in situ* em maciços sanitários

Neste item, serão mencionados alguns ensaios *in situ*, realizados para avaliação das condições do maciço sanitário, geralmente para recuperação de antigos lixões e aterros controlados ou para prolongamento da vida útil de aterros sanitários. Ensaios de campo com a finalidade de monitoramento geotécnico e ambiental serão mencionados no Cap. 8 – Investigação e Monitoramento Geoambiental.

SPT

Nos ensaios SPT em maciços sanitários, observa-se uma tendência a aumento da resistência à penetração com a profundidade, mas com uma dispersão muito grande de valores.

As principais dificuldades associadas à realização desse ensaio são: baixo rendimento da perfuração; dificuldade de extração dos tubos de revestimento, com eventual perda de trechos de tubo; eventual necessidade de relocação de sondagem em virtude de materiais mais resistentes, como o sistema de drenagem interna; utilização de trado espiral com dentes para melhorar a remoção de material, principalmente plásticos e trapos; e necessidade de limpeza do furo.

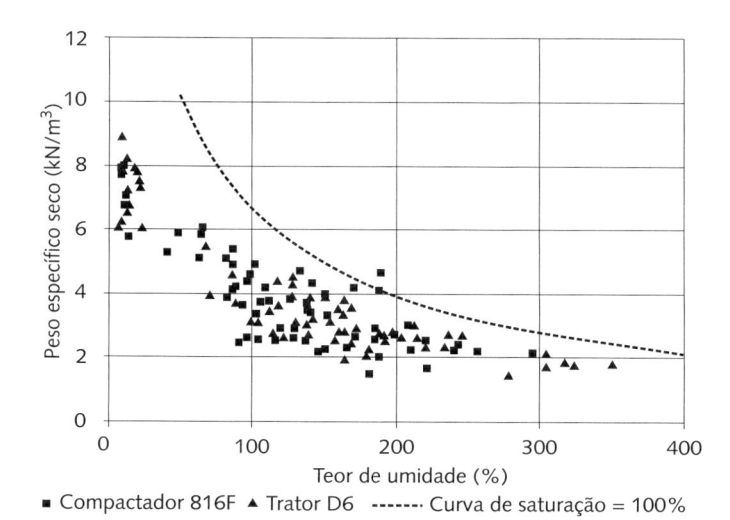

Fig. 2.17 Curva de compactação de RSU do Aterro Sanitário Bandeirantes Fonte: Marques, 2001.

A Fig. 2.18 mostra um perfil de sondagem SPT do Aterro Sanitário Bandeirantes.

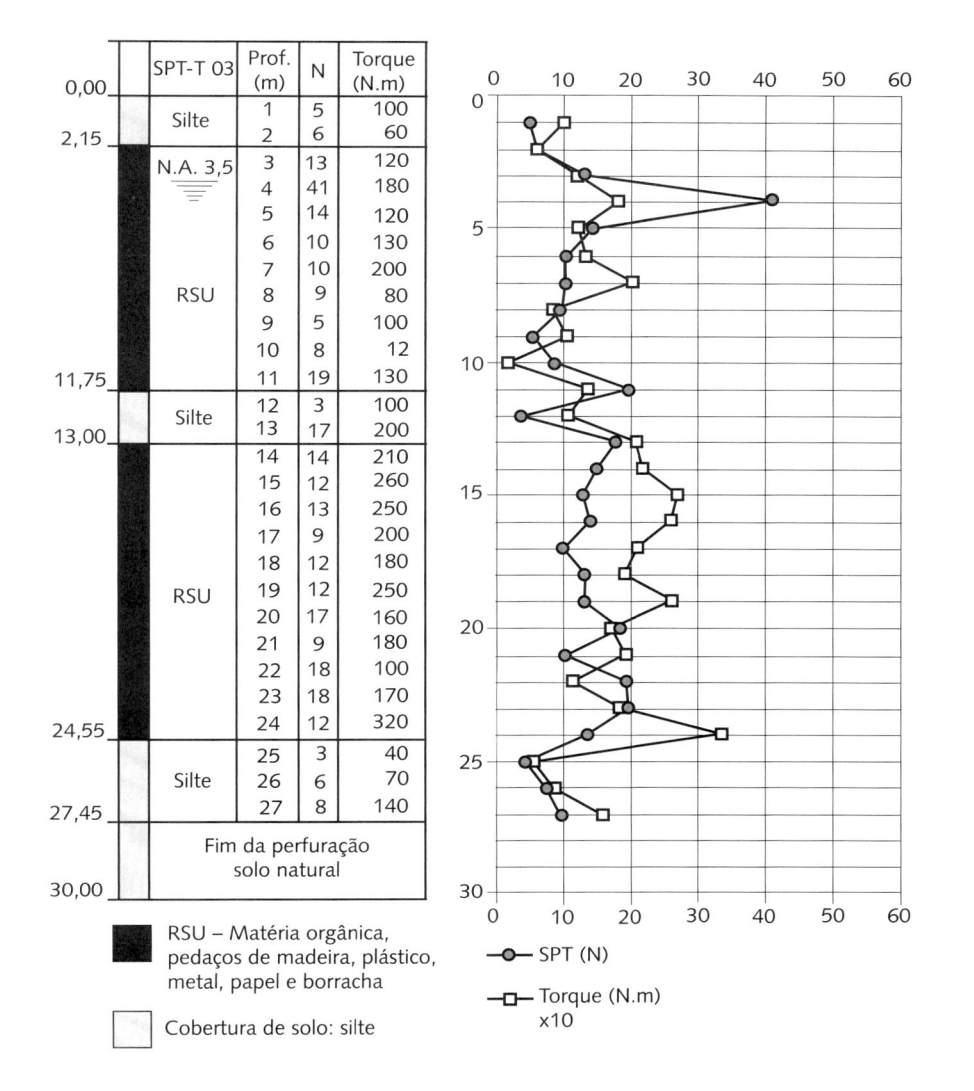

Fig. 2.18 Perfil de sondagem do Subaterro AS-2 do Aterro Sanitário Bandeirantes

Profundidade	SPT-T 03	Prof. (m)	N	Torque (N.m)
0,00	Silte	1	5	100
2,15		2	6	60
	N.A. 3,5	3	13	120
		4	41	180
		5	14	120
		6	10	130
		7	10	200
	RSU	8	9	80
		9	5	100
		10	8	12
11,75		11	19	130
	Silte	12	3	100
13,00		13	17	200
		14	14	210
		15	12	260
		16	13	250
		17	9	200
		18	12	180
	RSU	19	12	250
		20	17	160
		21	9	180
		22	18	100
		23	18	170
24,55		24	12	320
		25	3	40
	Silte	26	6	70
27,45		27	8	140
30,00	Fim da perfuração solo natural			

■ RSU – Matéria orgânica, pedaços de madeira, plástico, metal, papel e borracha

□ Cobertura de solo: silte

—●— SPT (N)
—□— Torque (N.m) x10

61
2 Geomecânica dos resíduos sólidos urbanos (RSU)

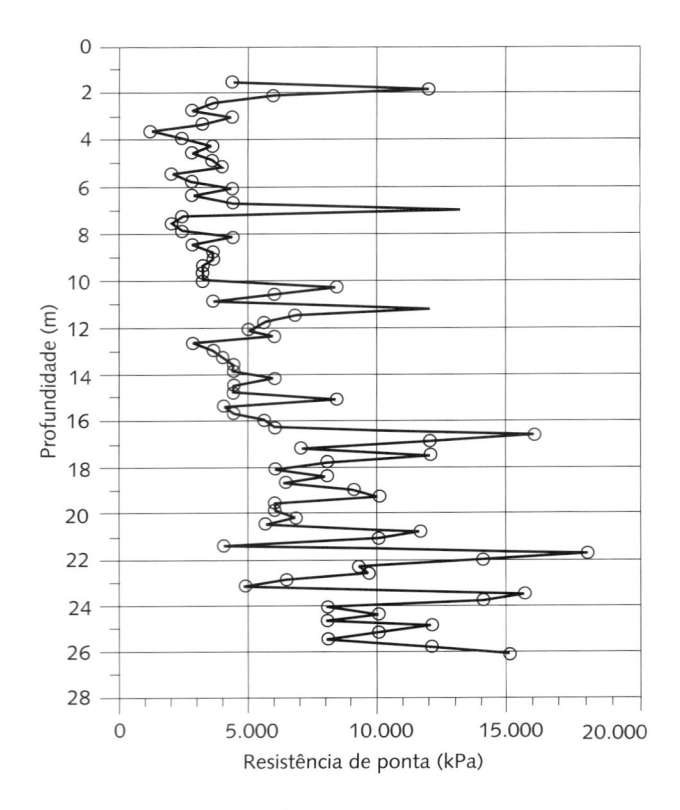

Fig. 2.19 *Resistência de ponta do ensaio CPT no Subaterro AS-2 do Aterro Sanitário Bandeirantes*

CPT

Nos ensaios CPT em aterros sanitários, tem-se observado a tendência a aumento das resistências de ponta e lateral com a profundidade, como mostra a Fig. 2.19.

As dificuldades principais para a realização dos ensaios CPT em aterros sanitários são: o cone frequentemente encontra objetos resistentes que produzem picos na resistência medida; deflexões das hastes e reações superiores à capacidade do equipamento.

Ensaio de infiltração em furos de sondagem

Os ensaios de infiltração em furos de sondagem dão resultados muito variáveis, em razão da heterogeneidade do maciço sanitário. Obtém-se geralmente uma faixa ampla de valores de coeficiente de permeabilidade, com variação de mais de 100 vezes entre os valores máximo e mínimo. Não há tampouco uma tendência nítida de comportamento da permeabilidade em função da profundidade, como se pode observar na Fig. 2.20.

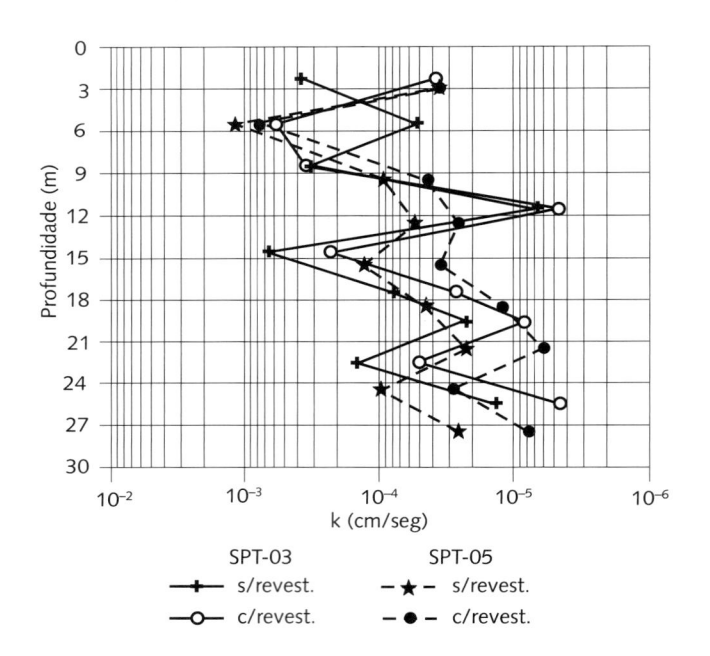

Fig. 2.20 *Coeficiente de permeabilidade medido no Subaterro AS-2 do Aterro Sanitário Bandeirantes por meio de ensaios de infiltração em furos de sondagem*

3 Transporte de poluentes em solos

Com o crescimento da demanda de água no Planeta e com a deterioração crescente do meio ambiente como resultado da poluição, a qualidade da água tem se tornado um fator limitante para o aproveitamento dos recursos hídricos.

As águas superficiais são menos protegidas contra a poluição que as subterrâneas, porém os aquíferos alterados têm maior dificuldade em retornar a seu estado original, dada a baixa velocidade de fluxo que os caracteriza. A detecção da deterioração é também mais difícil, principalmente por causa das heterogeneidades inerentes aos sistemas subsuperficiais. Geralmente, a contaminação de aquíferos só é detectada após algum poço de abastecimento de água ter sido afetado.

A contaminação do solo é a principal causa da deterioração das águas subterrâneas. Ele pode ser contaminado diretamente por aplicação de fertilizantes, pesticidas, lodo de estação de tratamento de esgoto, esterco etc., ou indiretamente, por aerossóis de automóveis e indústrias, pela combustão do carvão, por disposição de resíduos e por incineração de lixo. Os depósitos de resíduos industriais ou domésticos, de rejeitos ou estéreis de mineração ou, ainda, de sedimentos marinhos ou fluviais estão entre as principais fontes de poluição do solo e das águas subterrâneas.

Os processos de contaminação no solo ocorrem de modo lento e geralmente sem consequências imediatas trágicas, porém a longo prazo podem ter efeitos sérios. Como o movimento dos poluentes por solos ou rochas pouco permeáveis é muito lento, o tempo necessário para a contaminação da água subterrânea pode variar de alguns anos a séculos.

Os solos têm sido também frequentemente utilizados como parte de sistemas de armazenamento na disposição de resíduos, com a finalidade de inibir o fluxo de contaminantes líquidos para o meio ambiente. Os contaminantes podem ter sido produzidos no estado líquido (efluentes) ou resultar da degradação ou percolação de águas pluviais por resíduos sólidos (chorume ou percolado). Nesses sistemas, geralmente se utiliza uma camada impermeável de base para reduzir a percolação da região de deposição para o meio exterior, ou seja, para formar uma barreira entre os contaminantes e o nível freático e camadas inferiores do subsolo.

A barreira impermeável pode ser o próprio solo natural, ou ser composta de camadas de solo compactadas ou de misturas de areia e bentonita, eventualmente ainda acrescidas de mantas sintéticas impermeáveis ou de geocompostos. É utilizada também uma cobertura sobre a massa de resíduos com a finalidade de evitar a entrada de água na área de deposição, diminuindo assim a formação de percolado, ou a saída de gases formados na massa de resíduos.

Por outro lado, áreas já contaminadas devem ser recuperadas, procurando-se retirar ou encapsular os poluentes do solo e das águas subterrâneas. O projeto de remediação deve ser baseado em um diagnóstico da contaminação, com estimativa acurada da distribuição espacial e temporal das concentrações do poluente, e na avaliação da retenção do poluente no solo.

O conhecimento sobre os mecanismos fundamentais do transporte de poluentes em solos torna-se cada vez mais importante para o aperfeiçoamento do projeto de disposição de resíduos, do diagnóstico de contaminação, do projeto de remediação de áreas contaminadas e da avaliação do monitoramento das obras realizadas.

3.1 Aquíferos

Conceituação

Aquífero é um estrato ou formação geológica que permite a circulação de água por seus poros ou fraturas e de onde a água subterrânea pode ser extraída em quantidades economicamente viáveis por meio de poços. Pode ser considerado um reservatório de água subterrânea.

O conceito de aproveitamento economicamente viável é relativo e depende do uso. Por exemplo, um aquífero que fornece água em quantidade suficiente para uso doméstico local em uma área rural pode ser inadequado para a operação de uma indústria, a exploração de uma mina ou mesmo para o abastecimento de uma cidade.

Os aquíferos podem ser constituídos de camadas de solo ou rocha. A água subterrânea se move por poros dos solos e fraturas das rochas, como em uma esponja. Apenas em regiões cársticas, de calcário erodido, a água pode correr livremente em cavernas, como um rio subterrâneo.

Na Fig. 3.1 está representado um aquífero. Observa-se a zona saturada de água, limitada superiormente pela superfície freática, também denominada nível d'água subterrâneo (N.A.). A zona acima do nível d'água ainda contém água, mas não está totalmente saturada. Nela, a água está retida por capilaridade, sob pressão mais baixa do que a atmosférica. A espessura da franja capilar varia com a distribuição granulométrica do solo ou com a espessura das fraturas da rocha.

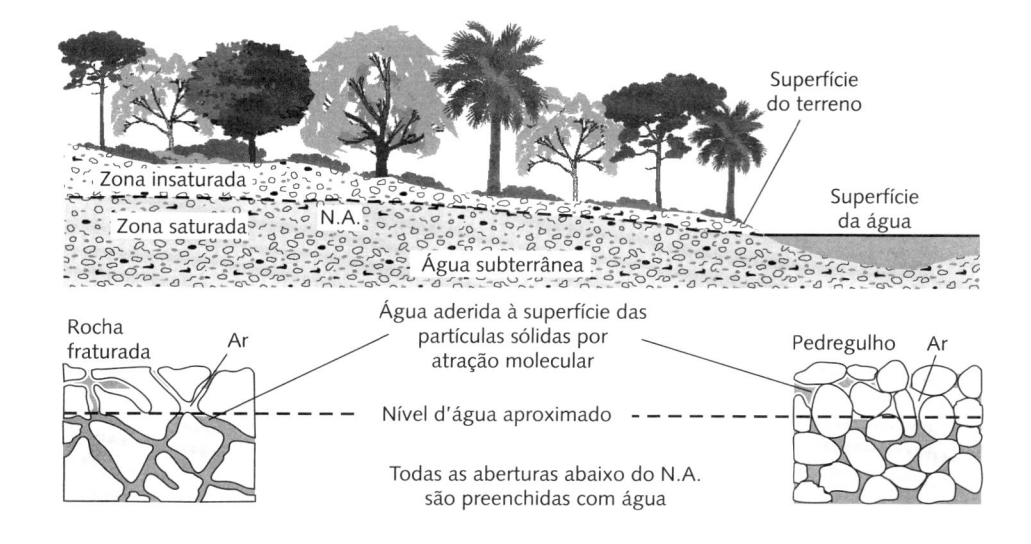

Fig. 3.1 *Seção transversal ilustrativa de um aquífero*

A recarga de um aquífero é o processo natural ou artificial pelo qual um aquífero recebe água, ou seja, é a alimentação do aquífero. Na recarga natural, a água é proveniente diretamente da precipitação ou é recebida indiretamente por meio de outra formação, lago ou rio.

A recarga natural resulta do equilíbrio que se estabelece entre a infiltração, o escoamento e a evaporação, sendo variáveis fundamentais no processo o regime pluviométrico, a natureza do solo e a cobertura vegetal. A velocidade de recarga, portanto, não é a mesma para todos os aquíferos. Isso deve ser considerado ao se bombear água de um poço: a captação excessiva, acima dos recursos renováveis, abaixa o nível d'água do aquífero; o poço fornece cada vez menos água e pode eventualmente secar.

A recarga artificial ou induzida é a alimentação do aquífero pela ação do homem, consistindo na transferência de água de outras fontes, por condução direta por poços ou furos, por infiltração favorecida artificialmente, por inundação ou alteração das condições naturais.

O estudo do fluxo de água em aquíferos e a classificação destes são objeto da hidrogeologia. Alguns conceitos hidrogeológicos importantes são: aquitardo, aquífugo e aquicludo.

Aquitardo ou aquicludo é uma formação geológica que, embora capaz de armazenar água, transmite-a muito lentamente, não sendo viável o seu aproveitamento econômico. Os aquitardos restringem o fluxo de água entre aquíferos, mas em condições especiais podem permitir a recarga vertical de aquíferos. Compreendem camadas de argila ou rocha de baixa condutividade hidráulica. Um aquitardo pode ser completamente impermeável, passando a ser denominado aquífugo.

Aquífugo é uma formação geológica que não apresenta poros ou interstícios interconectados; é, portanto, incapaz de absorver ou transmitir água, como é o caso por exemplo de um maciço granítico são.

Classificação

De acordo com a pressão da água, os aquíferos podem ser de dois tipos: livres ou freáticos, e artesianos ou confinados.

Aquífero freático, livre ou não confinado é aquele cuja superfície livre da água está em contato direto com o ar, ou seja, com pressão igual à atmosférica. Esses aquíferos são superficiais ou subsuperficiais, o que facilita a sua exploração, recarga e contaminação. Em um furo que atravesse total ou parcialmente um aquífero livre, o nível da água coincidirá com o limite superior do aquífero.

Aquífero artesiano, confinado ou cativo é delimitado, superior e inferiormente, por formações impermeáveis ou praticamente impermeáveis. Todos os poros se encontram saturados, e a água fica submetida a uma pressão superior à atmosférica.

A Fig. 3.2 ilustra uma situação usual: um aquífero não confinado superficial e um aquífero confinado subjacente, separados por um aquitardo. Geralmente, o aquífero superficial de um determinado local é livre, significando que não há uma camada confinante (aquitardo) entre ele e a superfície. A água de recarga do aquífero livre é recebida diretamente a partir da superfície, de precipitação ou de um corpo d'água com o qual esteja conectado. Aquíferos confinados geralmente se localizam sob os não confinados e têm o nível d'água acima de sua fronteira superior (aquitardo).

Nos poços em um aquífero confinado, a água sobe até estabilizar em um nível correspondente ao peso das camadas confinantes sobrejacentes, fenômeno conhecido por artesianismo. Em alguns aquíferos artesianos, a água tem pressão suficiente para atingir a superfície e jorrar. Aquífero artesiano

Fig. 3.2 *Sistema de aquíferos*

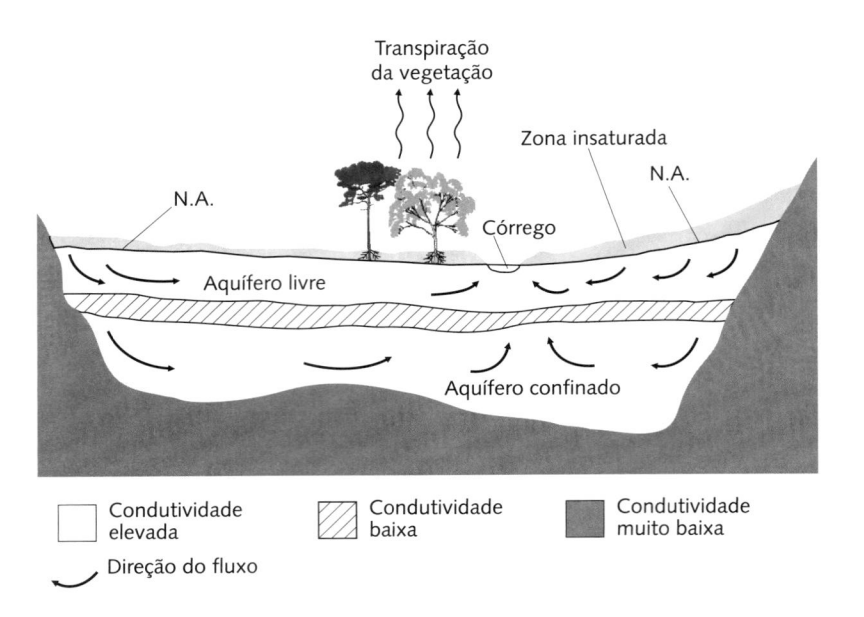

repuxante ou surgente é aquele cujo nível piezométrico ultrapassa a superfície do terreno.

Na Fig. 3.3, observa-se que, dependendo do local onde é perfurado no aquífero confinado, o poço artesiano pode ser ou não surgente. Já no aquífero livre, o nível d'água dentro do poço se estabiliza na cota da superfície freática.

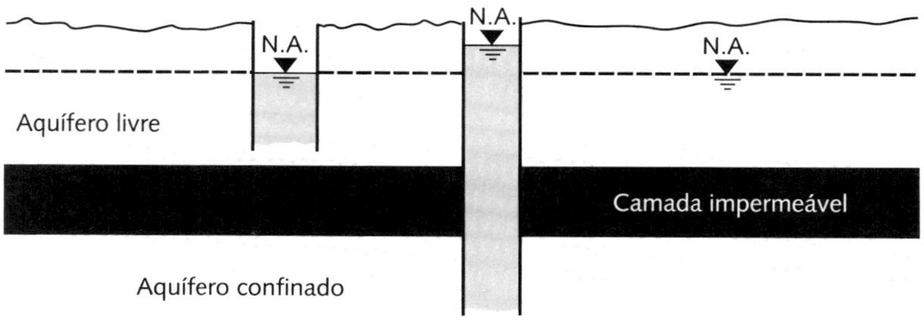

Um caso particular dos aquíferos livres, os aquíferos suspensos ou níveis empoleirados ocorrem quando a água subterrânea é acumulada sobre uma camada de baixa permeabilidade acima do nível freático da região. Trata-se de área pequena de ocorrência de água subterrânea acumulada em uma elevação maior que a do aquífero regional. Geralmente esse tipo de nível d'água é transitório, pois a água escoa pela camada pouco permeável, abastecendo o aquífero inferior.

Fig. 3.3 N.A. dos poços em aquíferos livre e artesiano

Os aquíferos confinados, em relação à capacidade de transmissão de água, podem ser classificados em drenantes ou não drenantes. Nos aquíferos confinados drenantes, as camadas confinantes apresentam características semipermeáveis, podendo transmitir ou receber água de camadas adjacentes; os não drenantes são aqueles cujas camadas confinantes são praticamente impermeáveis, não permitindo a passagem da água.

De acordo com a geologia da zona saturada, os aquíferos podem ser porosos, fraturados ou fissurados, e cársticos. Aquífero poroso é aquele no qual a água circula por poros de grandeza milimétrica; ocorre em rochas sedimentares, sedimentos não consolidados e solos arenosos residuais. Os aquíferos porosos geralmente são os mais importantes, pelo grande volume de água que armazenam e também por abrangerem grandes áreas.

O aquífero fraturado ou fissurado está geralmente associado a rochas ígneas e metamórficas; nesse tipo de aquíferos, a água se encontra nas fissuras ou fraturas, juntas ou ainda em falhas e, em casos particulares, em vesículas, aberturas de dissolução, zonas de decomposição etc. A capacidade de armazenamento de água das rochas resulta da sua porosidade e permeabilidade, que, por sua vez, dependem da existência, quantidade, abertura e intercomunicação de fissuras ou fraturas. Geralmente, esses aquíferos não fornecem vazões muito elevadas, permitindo apenas pequenas extrações locais.

O aquífero cárstico ocorre em rochas solúveis, geralmente zonas calcárias e dolomíticas, onde ações mecânicas e químicas originam cavidades de dissolução do carbonato da rocha pela água, as quais podem atingir grandes dimensões. Quando há conexão hidráulica entre as cavidades de dissolução, podem constituir verdadeiros cursos de água subterrânea, que permitem a circulação rápida da água. Os aquíferos cársicos são extremamente vulneráveis à contaminação.

Os aquíferos porosos são também denominados contínuos, e os fraturados ou fissurados e cársticos, de descontínuos.

Os aquíferos, de acordo com sua localização geográfica, podem ser interiores ou continentais, isto é, sem conexão hidráulica direta com o mar, ou costeiros, com conexão hidráulica com o mar. Aquíferos costeiros apresentam uma lente de água doce superficial sobre a água salgada, que resulta da penetração da água marinha no aquífero a partir do oceano e da separação entre as águas doce e salgada por diferença de densidade. A exploração da água subterrânea deve evitar a intrusão marinha. Quando a água subterrânea é bombeada excessivamente perto da costa, a água marinha pode entrar no aquífero de água doce, causando contaminação das reservas de água potável.

Propriedades dos aquíferos

Algumas das propriedades dos aquíferos são a transmissividade (T), o coeficiente de armazenamento (S), o coeficiente de armazenamento específico (Ss), a produção específica (Sy) e a capacidade específica (Sc).

Transmissividade (T) é definida como o volume de água que escoa em um determinado tempo por uma área vertical de largura unitária e altura igual à espessura do aquífero sob um gradiente unitário, ou seja, a vazão por unidade de largura do aquífero para um gradiente unitário. Na Fig. 3.4, ilustra-se o conceito de transmissividade, comparando-o com o de condutividade hidráulica. A partir da Lei de Darcy, a transmissividade pode ser calculada como o produto da condutividade hidráulica horizontal pela espessura saturada do aquífero, com dimensão L^2T^{-1}, por exemplo, m^2/dia.

O coeficiente de armazenamento (S) expressa o volume de água que um aquífero é capaz de receber ou liberar por área unitária de seção transversal ao fluxo em função de uma variação unitária da carga hidráulica. É um parâmetro adimensional.

O coeficiente de armazenamento específico (Ss) é o volume de água que um volume unitário de aquífero é capaz de receber ou liberar para uma variação unitária da carga hidráulica. Tem dimensão L^{-1}, por exemplo, 1/m. Como os materiais finos geralmente têm porosidades mais elevadas do que os materiais granulares, supostamente apresentariam maior facilidade de suprir água para poços. Contudo, a água fica retida nesses solos por capilaridade em poros muito pequenos ou como camada dupla em torno dos argilominerais.

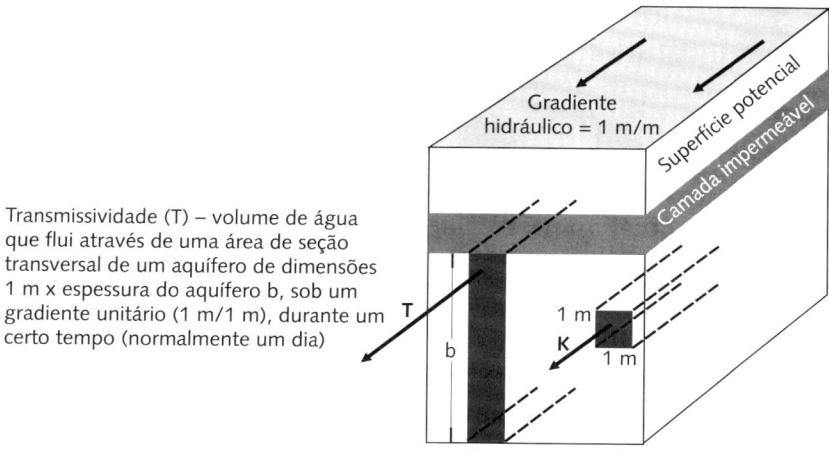

Fig. 3.4 *Transmissividade e condutividade de um aquífero Fonte: modificada de Driscoll, 1989.*

Transmissividade (T) – volume de água que flui através de uma área de seção transversal de um aquífero de dimensões 1 m x espessura do aquífero b, sob um gradiente unitário (1 m/1 m), durante um certo tempo (normalmente um dia)

Condutividade hidráulica (K) – volume que flui através de uma área de seção transversal de um aquífero de dimensões 1 m x 1 m, sob um gradiente unitário (1 m/1 m), durante um certo tempo (normalmente um dia)

A água armazenada em um aquífero que drena sob a influência da gravidade é denominada produção específica. A produção específica (Sy) é o parâmetro que indica a fração do volume total do aquífero que libera água por drenagem sob a força da gravidade, isto é, sob gradiente unitário.

A capacidade específica é a relação entre a vazão extraída de um poço e o respectivo rebaixamento do aquífero. Sua dimensão é L^2T^{-1}.

Teste de aquífero é um ensaio realizado no âmbito da investigação hidrogeológica, consistindo basicamente em submeter um sistema aquífero a determinadas condições, de forma controlada, e monitorar a sua resposta. O objetivo principal do ensaio é a determinação das propriedades hidráulicas do aquífero, como a transmissividade e a condutividade hidráulica.

A título de exemplo, citam-se alguns valores de aquíferos nacionais. O Aquífero Botucatu (SP) tem porosidade média da ordem de 17%, coeficiente de permeabilidade de 0,02 m/dia a 4,6 m/dia, transmissividade entre 350 e 700 m^2/dia e coeficiente de armazenamento entre 10^{-4} e 10^{-6} (Daee, 1976). O Aquífero Urucaia (BA) tem transmissividade de 10^{-4} a 10^{-6} m^2/s, coeficiente de permeabilidade de 10^{-5} a 10^{-7} m/s, porosidade efetiva de 1 a 5.10^{-2} (aquífero livre) e coeficiente de armazenamento de 10^{-4} (aquífero confinado) (Pedrosa e Caetano, 2002). O Aquífero Bauru, em Araguari (MG), apresenta transmissividade de 126 m^2/dia, coeficiente de permeabilidade de $3,8 \times 10^{-5}$ m/s e porosidade efetiva de 0,011 (Fiumari, 2004). O Aquífero Emboré (RJ) apresenta transmissividade média de 190 m^2/dia e coeficiente de permeabilidade de 0,86 m/dia (CRPM, 2000).

Aquífero Guarani

Um dos maiores aquíferos do mundo, o Aquífero Guarani é também considerado o maior manancial de água doce subterrânea transfronteiriço.

Está localizado na região centro-leste da América do Sul, com 1,2 milhão de km² de área, sob a superfície de quatro países: Argentina, Brasil, Paraguai e Uruguai. Sua maior ocorrência se dá em território brasileiro (2/3 da área total), abrangendo os Estados de Goiás, Mato Grosso do Sul, Minas Gerais, São Paulo, Paraná, Santa Catarina e Rio Grande do Sul. A Fig. 3.5 ilustra a localização do Aquífero Guarani, que tem um volume de cerca de 40.000 km³, uma espessura entre 50 m e 800 m e uma profundidade máxima de 1.800 m. Estima-se que contenha cerca de 37.000 km³ de água, o que o torna o maior corpo individual de água subterrânea do mundo, com uma recarga total de cerca de 166 km³/ano de precipitação. Tem coeficiente de permeabilidade da ordem de 3 m/dia, coeficiente de armazenamento entre 10^{-3} e 10^{-6}, porosidade estimada em 15% a 20% e transmissividade entre 150 e 800 m²/dia.

O Aquífero Guarani é do tipo regional confinado, com 90% de sua área recoberta por espessos derrames de lavas basálticas. Consiste principalmente em arenitos depositados por processos fluviais e eólicos durante os períodos Triássico e Jurássico (200 a 130 milhões de anos atrás), sobrepostos por basalto de baixa permeabilidade depositado durante o período Cretáceo, agindo como um aquitardo e fornecendo um alto grau de confinamento. Isso reduz significativamente a taxa de infiltração e recarga e também isola o aquífero das perdas por evapotranspiração.

Segundo a Embrapa (2007), as áreas de recarga localizam-se nas bordas da bacia, em faixas alongadas de rochas sedimentares que afloram à superfície. A alimentação do aquífero se dá pela infiltração direta das águas de chuva nas áreas de recarga e pela infiltração vertical ao longo de descontinuidades no confinamento, em um processo mais lento. Como as áreas de recarga são as regiões onde o aquífero se encontra mais vulnerável, para não comprometer a qualidade da água, nelas devem ser controladas a aplicação de agrotóxicos no solo e a deposição de produtos tóxicos e de resíduos urbanos e industriais. A gestão sustentável do Aquífero Guarani depende da identificação e do controle das fontes de poluição em toda sua extensão, não só nas áreas confinadas, mas também, e principalmente, nas áreas de recarga.

Fig. 3.5 *Localização do Aquífero Guarani*
Fonte: Coalizão Rios Vivos, 2007.

3.2 Mecanismos de transporte de poluentes em solos

O transporte de solutos na água do subsolo é estudado como transporte de massa em meios porosos, em que a massa considerada é a de algum soluto (poluente) que se move com o solvente (água) nos interstícios de um meio poroso (solo), tanto na zona saturada como na insaturada.

Os principais mecanismos envolvidos no transporte de um soluto em um meio poroso são: a advecção, a dispersão mecânica, a difusão, as reações químicas entre o soluto e os sólidos e as reações químicas do próprio soluto.

Advecção

Advecção é o processo pelo qual o soluto é carregado pela água em movimento, mantendo-se constante a concentração da solução. Solutos não reativos são transportados a uma velocidade média igual à velocidade específica ou de fluxo da água, $u = v/n$, sendo v a velocidade de percolação, aproximação ou descarga (ou ainda, velocidade de Darcy) e n a porosidade do solo, conforme esquematizado na Fig. 3.6.

A advecção pode ser considerada um fluxo químico causado por um gradiente hidráulico: a água dos vazios contendo soluto escoa sob a ação de um gradiente hidráulico e carrega consigo partículas de soluto.

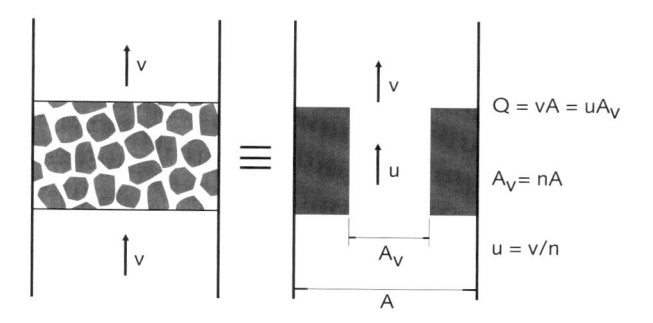

Fig. 3.6 *Velocidade de advecção de um soluto através de um volume de solo*
Fonte: Pinto, 2000.

Dispersão mecânica ou hidráulica

Dispersão mecânica ou hidráulica é a mistura mecânica que ocorre durante a advecção; é causada inteiramente pelo movimento do fluido. Deve ser explicada na escala microscópica, dentro do volume de vazios. A velocidade da água varia tanto em magnitude como em direção a qualquer seção transversal de um vazio, conforme ilustrado na Fig. 3.7; é nula na superfície dos grãos e máxima em algum ponto interno, à semelhança da distribuição parabólica de velocidades em um tubo capilar reto.

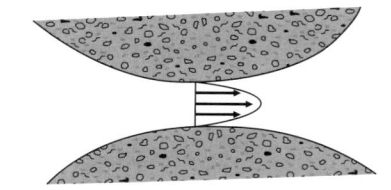

Fig. 3.7 *Variação da velocidade em direção e magnitude dentro de um vazio*

As velocidades também são diferentes em diferentes vazios ou em diferentes segmentos longitudinais de um vazio: o diâmetro dos vazios varia ao longo das linhas de fluxo, e a velocidade média de fluxo em um vazio depende da razão entre a área superficial e rugosidade relativas ao volume de água no vazio. Além disso, por causa da tortuosidade, ramificação e interpenetração de vazios, as linhas de fluxo microscópicas variam espacialmente em relação à direção média do fluxo, conforme mostra a Fig. 3.8.

A dispersão mecânica é, portanto, um espalhamento em relação à direção do fluxo médio em razão da variação de velocidade em magnitude e direção no espaço dos vazios. É um processo de mistura com efeito qualitativo similar à turbulência em regimes de águas superficiais. Um grupo de partículas de soluto inicialmente próximas ocupará paulatinamente um volume cada vez maior do domínio de fluxo, como representado na Fig. 3.9. O espalhamento ocorre tanto na direção longitudinal como em

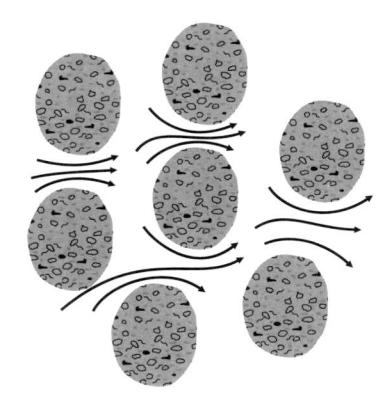

Fig. 3.8 *Variação espacial das linhas de fluxo em relação à direção do fluxo médio*

direções perpendiculares à direção do fluxo médio, sendo denominado, respectivamente, de dispersão longitudinal e dispersão transversal. A concentração de soluto diminui à medida que o espalhamento envolve volumes crescentes, ou seja, a dispersão causa a diluição do soluto.

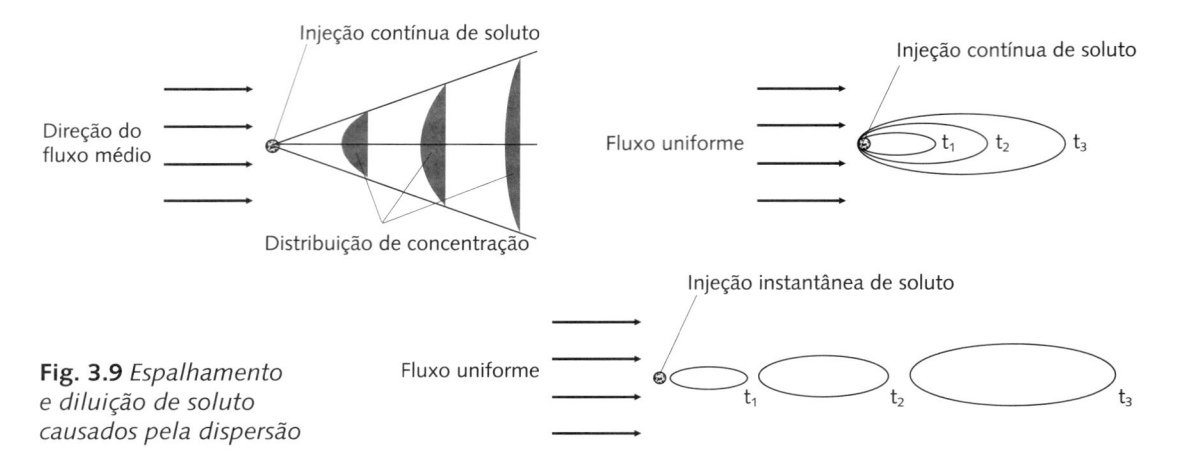

Fig. 3.9 *Espalhamento e diluição de soluto causados pela dispersão*

Para meios porosos, os conceitos de velocidade de fluxo e dispersão longitudinal estão estreitamente relacionados. Pode-se considerar a dispersão longitudinal como o processo pelo qual algumas moléculas de água e soluto se movem mais rapidamente e outras mais devagar que a velocidade média de fluxo.

Considere-se o fluxo permanente vertical de água pura com velocidade v pela coluna de solo granular homogêneo apresentada na Fig. 3.10a. A partir de um tempo t_0, passa-se a alimentar a coluna com uma solução de concentração c_0 (Fig. 3.10b). Se houvesse apenas advecção, as partículas de soluto atingiriam a base da coluna após um intervalo de tempo igual a L/u; observa-se, no entanto, que a concentração da solução na base da amostra de solo em função do tempo segue a curva indicada na Fig. 3.10c, denominada curva de eluição ou *breakthrough curve*. Algumas partículas caminham mais rapidamente e outras mais lentamente que a velocidade média de fluxo u, graças ao fenômeno da dispersão mecânica.

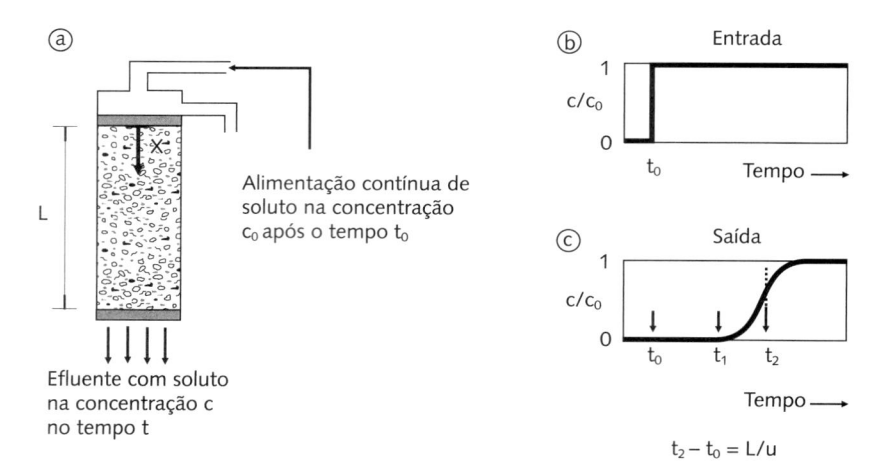

Fig. 3.10 *Evidência experimental da dispersão mecânica: a) ensaio de coluna; b) alimentação contínua de soluto na concentração c_0 após o tempo t_0; c) curva de eluição real*

$t_2 - t_0 = L/u$

Quando um ensaio é realizado em laboratório, a única dispersão que pode ser medida é aquela observável em escala macroscópica. Entende-se que o efeito macroscópico resulta dos processos microscópicos descritos anteriormente. Além da não homogeneidade na escala microscópica, podem ocorrer também heterogeneidades na escala macroscópica, que causam dispersão adicional à causada pelos processos microscópicos.

Difusão

Um fenômeno de transporte de massa simultâneo à dispersão mecânica é a difusão, que resulta de variações na concentração de soluto na fase líquida. É o processo pelo qual constituintes iônicos ou moleculares se movem em razão da sua energia térmico-cinética na direção do gradiente de concentração e em sentido oposto a este. A difusão causa um fluxo de partículas de soluto no nível microscópico das regiões de maior para as de menor concentração.

A difusão ocorre mesmo na ausência de qualquer movimento hidráulico da solução. Se a solução estiver escoando, difusão é o mecanismo, com a dispersão mecânica, que causa a mistura de constituintes iônicos ou moleculares. A difusão cessa apenas quando os gradientes de concentração deixam de existir.

Dispersão hidrodinâmica

Denomina-se hidrodinâmica o espalhamento no nível macroscópico resultante tanto da dispersão mecânica como da difusão.

Alguns autores consideram artificial a separação entre os dois processos, já que a dispersão mecânica induz gradientes de concentração que provocam a difusão. À medida que um soluto é espalhado ao longo de um vazio capilar, como resultado da dispersão mecânica, é criado um gradiente de concentrações na direção longitudinal, e a difusão tenderá a equalizar as concentrações ao longo do vazio; ao mesmo tempo, um gradiente de concentrações de soluto será produzido entre linhas de fluxo adjacentes em virtude da variação de velocidades na seção transversal do vazio (Fig. 3.7), provocando a difusão molecular lateral entre linhas de fluxo. Os dois fenômenos, portanto, são concorrentes; porém, a difusão ocorre também na ausência de fluxo. Como a difusão é muito lenta, seu efeito relativo na dispersão é mais significativo para baixas velocidades de fluxo. A importância relativa da difusão molecular e da dispersão mecânica na dispersão hidrodinâmica é discutida no item 3.5 e pode ser mais bem visualizada na Fig. 3.15.

A dispersão hidrodinâmica pode também ser definida como o fenômeno pelo qual o soluto tende a se espalhar para fora do caminho que era esperado que seguisse, de acordo com a hidráulica advectiva do sistema de escoamento. O líquido com soluto inicialmente ocupa uma região determinada com uma interface abrupta, separando-a da região sem soluto. Por causa da dispersão hidrodinâmica, uma zona de transição cada vez mais larga vai sendo criada, por meio da qual a concentração de soluto varia do valor inicial para a do líquido ao redor.

O processo de dispersão mecânica é anisotrópico, ou seja, depende da direção. Mesmo que o meio poroso seja isotrópico com respeito à textura e condutividade hidráulica, a dispersão é mais forte na direção do fluxo (dispersão longitudinal) do que nas direções normais ao fluxo (dispersão transversal). A baixas velocidades, no entanto, em que a difusão molecular é o mecanismo dispersivo dominante, a dispersão longitudinal e a transversal são aproximadamente iguais.

Reações químicas

Outros fenômenos a serem considerados no transporte de poluentes em meios porosos são as reações químicas. Mudanças de concentração podem ocorrer unicamente na fase líquida, ou em virtude da transferência do soluto para outras fases, como a matriz sólida ou a fase gasosa da zona insaturada. As reações químicas e bioquímicas que podem alterar a concentração de contaminantes são: adsorção-desadsorção, ácido-base, dissolução-precipitação, oxidação-redução, complexação, degradação ou síntese microbiana e decaimento radiativo, entre outras. As reações químicas mais estudadas nos problemas geotécnicos relativos à disposição de resíduos são as de adsorção e desadsorção de íons e moléculas na superfície das partículas de solo.

3.3 Adsorção

Conceituação

Adsorção é um processo físico-químico no qual uma substância é acumulada em uma interface entre fases. Quando substâncias contidas em um líquido se acumulam em uma interface sólido-líquido, denomina-se adsorvato à substância que está sendo removida da fase líquida e adsorvente à fase sólida na qual a acumulação ocorre.

A adsorção é um dos processos mais importantes no controle da qualidade da água, sendo utilizada tradicionalmente no tratamento de água de abastecimento e, atualmente, também na recuperação de águas contaminadas. A purificação da água de abastecimento por adsorção de contaminantes indesejados em adsorventes sólidos remonta à segunda metade do século XIX, quando filtros de carvão não ativado começaram a ser usados em estações de tratamento de água nos Estados Unidos. Atualmente, o carvão ativado granular é o principal adsorvente aplicado no tratamento de água, mas outros materiais, tais como resinas carbônicas sintéticas, resinas de troca iônica, adsorventes poliméricos, alumina ativada e montmorilonita, constituem alternativas viáveis.

A adsorção ocorre porque há forças que atraem o adsorvato da solução para a superfície do adsorvente; essas forças de atração podem ser físicas ou químicas.

A adsorção física ocorre principalmente em razão de forças eletrostáticas: atração e repulsão eletrostática segundo a Lei de Coulomb, interações dipolo-dipolo, interações de dispersão (ou forças de London van der Waals) e pontes de hidrogênio. A adsorção química é uma ligação química real, geralmente covalente, entre uma molécula e átomos superficiais, formando novos compostos. A adsorção física envolve energias de ligação mais fracas e é mais reversível do que a adsorção química.

A adsorção também pode ser explicada termodinamicamente, pelo fato de que o adsorvato tem menor energia livre na superfície sólida do que na solução.

A desadsorção ou dessorção é a liberação de espécies químicas previamente adsorvidas. Ocorre quando a concentração afluente da substância diminui, ou pelo deslocamento provocado pela competição com outra substância mais fortemente adsorvida.

A capacidade dos solos de atenuar a poluição por adsorção tem sido estudada mais intensivamente nos últimos 30 anos e está geralmente associada aos argilominerais, que são minerais classificados como aluminossilicatos com estrutura cristalina formada por pacotes de folhas ou camadas sobrepostas.

Os argilominerais são os principais coloides presentes nos solos. Coloide é a partícula cujo comportamento é controlado por forças de superfície, ou seja, estas preponderam sobre as forças de massa. As partículas coloidais têm dimensão entre 1 nm e 1 mm e superfície específica maior ou igual a 25 m^2/g; são maiores do que átomos e moléculas, mas suficientemente pequenas para que as forças de superfície sejam significativas para controlar seu comportamento. Partículas com diâmetro maior do que 1 mm já têm influência predominante das forças de massa.

As partículas coloidais têm carga elétrica elevada relativamente à área superficial, em virtude de imperfeições ou substituições iônicas no retículo cristalino. O desbalanceamento de cargas elétricas no retículo cristalino é compensado por um acúmulo de íons de carga oposta, na superfície. Os íons formam uma camada adsorvida de composição variável e podem ser trocados por outros íons, desde que o desbalanceamento elétrico do retículo continue equilibrado.

Uma partícula de argilomineral é um coloide por causa de seu tamanho e de sua forma. A superfície da partícula de argilominerais tem carga elétrica negativa, atraindo íons carregados positivamente e moléculas polares (como as de água). Forma-se, assim, a chamada camada dupla difusa, composta pela superfície da partícula de argila, os íons ao redor e as moléculas de água orientadas e atraídas pela superfície negativa. A camada dupla compreende a região em torno da partícula na qual há um campo elétrico negativo. A Fig. 3.11 ilustra a camada dupla dos argilominerais.

Frequentemente, ocorrem também coloides inorgânicos amorfos no solo (não cristalizados ou parcialmente cristalizados), recobrindo as superfícies dos grãos; assim, mesmo um depósito de areia ou pedregulho aparentemente limpos podem apresentar um teor coloidal significativo.

A adsorção iônica é reversível, isto é, os íons são trocáveis. A troca ocorre em quantidades equivalentes, com preferência para cátions de maior valência. Alguns fatores que influem na adsorção de íons na superfície dos argilominerais são:

* Valência: quanto maior a valência, mais fácil a troca na superfície do argilomineral. Por exemplo, o íon Ca^{++} é mais facilmente adsorvido e mais dificilmente dessorvido que o íon Na^+.
* Raio do íon hidratado: na troca de íons de igual valência, um íon com menor dimensão espacial é preferencialmente adsorvido e mais dificilmente dessorvido. Assim, a adsorção preferencial de íons monovalentes segue a ordem decrescente Li^+, Na^+, K^+, Rb^+, Cs^+; e a de íons divalentes, Mg^{2+}, Ca^{2+}, Sr^{2+}, Ba^{2+}. Os íons de hidrogênio são uma exceção, pois podem ser mais facilmente adsorvidos que Ca^{2+} e Mg^{2+}.
* Concentração: a troca é facilitada se houver excesso de íons de outra natureza em relação aos íons adsorvidos na superfície do mineral; esse fato é que torna possível a adsorção de H^+ contra íons divalentes.
* Tipo do argilomineral: ilita, caulinita e clorita podem adsorver somente na superfície externa; ilita fortemente decomposta possui superfícies de adsorção adicionais nas bordas; esmectita e vermiculita também acumulam íons entre camadas.
* Afinidade: alguns íons e moléculas são adsorvidos especificamente e não seguem as observações citadas anteriormente; os íons de hidrogênio, por exemplo, têm comportamento peculiar. A adsorção específica é de suma importância para solos lateríticos.

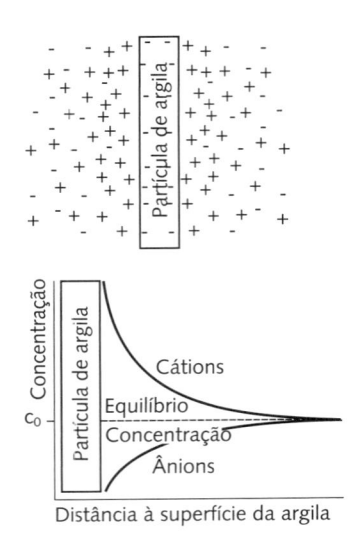

Fig. 3.11 *Camada dupla de argilominerais: (a) Micela (partícula de argilomineral + camada dupla); (b) distribuição de cátions na camada dupla (Lamb e Whitman, 1979)*

Levando-se em conta a valência e o raio do íon hidratado, a adsorção preferencial para os íons mais comuns nos solos segue a ordem decrescente Al^{3+}, Mg^{2+}, Ca^{2+}, Na^+, K^+.

A retenção de íons e moléculas nos solos se deve não só à adsorção, mas também à precipitação e ao efeito de filtro resultante da diminuição do tamanho dos vazios por produtos de precipitação e partículas coloidais armazenadas. Um exemplo de precipitação é a combinação de cátions CO_3^{-2} liberados de carbonatos dissolvidos em água com íons de metais pesados, Zn^{2+} por exemplo, formando carbonatos de metais pesados pouco solúveis, no caso, $ZnCO_3$. Essa neoformação de minerais só pode ocorrer quando há presença de íons de metais pesados em altas concentrações, de modo que a capacidade de dissolução seja ultrapassada. Também é possível a neoformação de minerais na presença de sulfatos e fosfatos.

Há uma tendência entre vários autores de denominar sorção a partição dos solutos entre a fase líquida e as partículas sólidas, independentemente de qual processo esteja atuando. A sorção incluiria os processos de adsorção, absorção, sorção química e troca iônica. Adsorção, neste caso, é definida como o processo pelo qual o soluto adere à superfície sólida da partícula de solo. Absorção se refere à entrada do soluto nas partículas do aquífero, quando essas são porosas. Sorção química ocorre quando o soluto é incorporado ao solo, sedimento ou superfície de rocha por uma reação química. Dessorção é a liberação de soluto das partículas de solo para o fluido intersticial.

Muitos autores utilizam as palavras adsorção e sorção como sinônimos. Aqui, definiu-se adsorção como o resultado de forças físicas e químicas que seguram um soluto na superfície das partículas de solo. Retenção seria um termo ainda mais geral, pois compreenderia também a precipitação e o efeito de filtro. Quando água contaminada atravessa uma camada de solo, é fácil verificar quanto poluente ficou retido no solo pela comparação entre a qualidade da água que entra e a da água que sai. A forma como se processa a retenção já é mais difícil de avaliar, necessitando de ensaios complementares e mais complexos.

Essa falta de consenso na terminologia das interações dos solos e poluentes é muito grande na literatura especializada. O aluno deverá estar atento a cada novo texto para interpretar corretamente os termos (adsorção, sorção, retenção) adotados pelos autores.

Isotermas

A adsorção em um sistema sólido-líquido é a remoção de solutos da solução e sua concentração na superfície do sólido. Quando a concentração do soluto remanescente na solução entra em equilíbrio dinâmico com a concentração deste na superfície sólida, há uma distribuição definida de soluto entre a fase líquida e a sólida.

A expressão matemática que descreve a quantidade de soluto adsorvido por unidade de massa de adsorvente sólido (S) em função da concentração de soluto remanescente na solução (C) em equilíbrio, a uma dada temperatura, é denominada isoterma de adsorção. Indica, portanto, a variação da adsorção com a concentração de adsorvato na solução à temperatura constante.

A primeira isoterma de adsorção, apresentada por Freundlich e Kuster em 1894, era uma fórmula empírica para representar a adsorção de gases em superfícies sólidas. Nas aplicações da Geotecnia Ambiental, os estudos de adsorção geralmente se referem a sistemas sólido-líquido, mas genericamente a adsorção pode ocorrer em outros tipos de interfaces. As isotermas de adsorção, em uma definição mais ampla, relacionam a quantidade de adsorvato no adsorvente com a concentração, no caso de líquidos, ou com a pressão, no caso de gases. Como historicamente os estudos de adsorção se iniciaram com gases, destaca-se a importância da temperatura, a ponto de o nome da curva ser isoterma, enfatizando que o processo ocorre a temperatura constante.

A quantidade de material adsorvido por massa unitária de adsorvente cresce com o aumento da concentração, mas geralmente não em proporção direta. A capacidade de adsorção das partículas de argila tende a diminuir com o aumento de quantidade de soluto adsorvido, até que um limite máximo de soluto adsorvido seja atingido. Existem outros tipos de comportamento, dependendo do adsorvato e do adsorvente, que resultaram no desenvolvimento de um grande número de tipos de isotermas.

Para solos, as isotermas mais utilizadas são a linear, a de Freundlich e a de Langmuir.

O modelo mais simples de adsorção é a isoterma linear, admitindo proporcionalidade direta:

$$S = K_d C$$

em que:
S – o grau de adsorção ou concentração de soluto na parte sólida (massa de soluto adsorvida por unidade de massa de adsorvente)
K_d – o coeficiente de distribuição ou adsorção
C – a concentração de equilíbrio (massa de soluto por volume de solução)

A isoterma linear está apresentada nas Figs. 3.12 e 3.13.

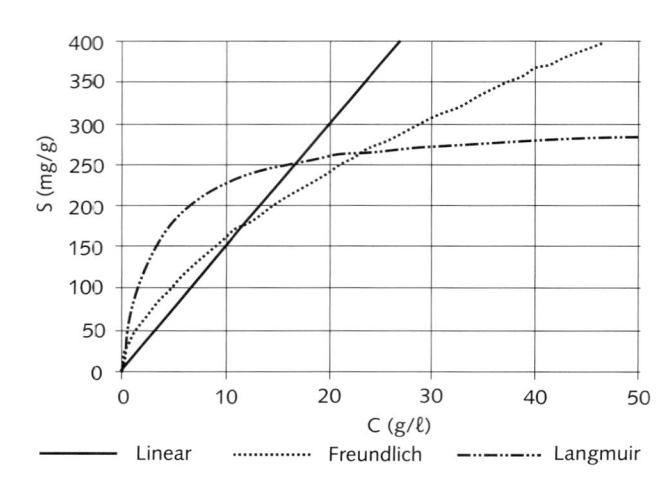

Fig. 3.12 *Alguns modelos de equilíbrio isotérmico de adsorção*

Outro modelo muito utilizado para adsorção em solos é o de Freundlich ou de van Bemmelen, basicamente empírico, de 1926, representado na Fig. 3.12, que pode ser expresso por:

$$S = K_f C^\varepsilon$$

ou

$$\log S = \log K_f + \varepsilon \log C$$

em que:

K_f e ε – coeficientes empíricos da isoterma de Freundlich

A forma logarítmica resulta em uma reta com declividade ε e intercepto igual a $\log K_f$ para $C = 1$ ($\log C = 0$), conforme representado na Fig. 3.13; o valor do intercepto é um indicador da capacidade de adsorção, e a declividade, da intensidade de adsorção.

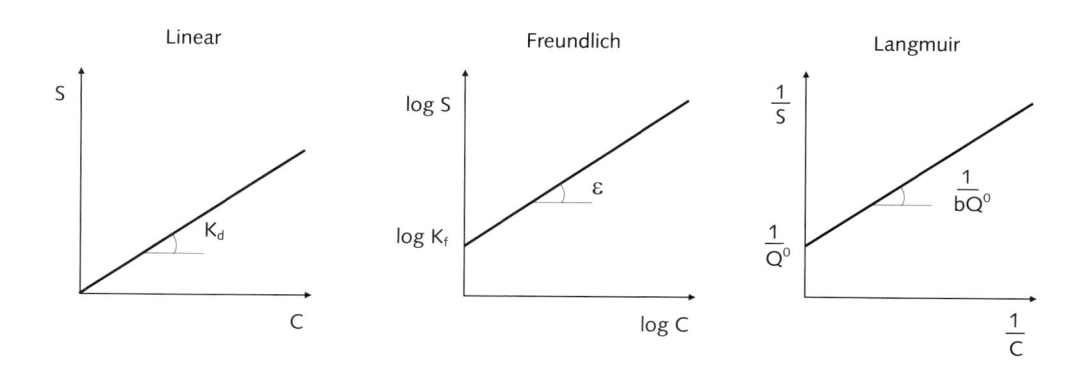

Fig. 3.13 *Parâmetros de algumas isotermas*

Finalmente, o modelo de Langmuir, de 1915, foi deduzido a partir da termodinâmica da adsorção. A isoterma de Langmuir, representada na Fig. 3.12, pode ser expressa por:

$$S = \frac{Q^0 bC}{1+bC}$$

ou

$$\frac{1}{S} = \frac{1}{Q^0} + \frac{1}{bQ^0}\frac{1}{C}$$

em que:

Q^0 é o número de moles de soluto adsorvido por unidade de peso do adsorvente ao formar uma monocamada completa na superfície, e b é uma constante relacionada à energia ou à entalpia líquida da adsorção.

A curva $1/S$ em função de $1/C$ é uma reta de declividade $1/(bQ^0)$ e intercepto $1/Q^0$, como mostra a Fig. 3.13. Para adsorção de quantidades muito pequenas de soluto, isto é, quando $bC \ll 1$, a adsorção é proporcional à concentração de adsorvato na solução, o que pode ser expresso por:

$$S = Q^0 bC$$

Para grandes quantidades adsorvidas de soluto, isto é, quando bC>>1, tem-se que:

$$S = Q^0$$

A equação de Freundlich geralmente se ajusta bem à de Langmuir para variações moderadas de concentração. Porém, não se reduz a uma expressão linear como a de Langmuir para concentrações muito baixas e não se ajusta bem a dados reais para altas concentrações, uma vez que não define um limite máximo de adsorção.

Uma outra possibilidade é utilizar um modelo geral para adsorção não linear, expresso por:

$$S = \frac{kC^\beta}{1 + \eta C^\beta}$$

em que:
k, β e η são coeficientes empíricos da isoterma geral de adsorção não linear.

Assim, para $\beta = 1$, a equação equivaleria à de Langmuir, e para $\eta = 0$, à de Freundlich.

A adsorção geralmente é considerada nos modelos matemáticos de transporte de poluentes como instantânea e reversível. Contudo, o processo de adsorção requer algum tempo para alcançar o equilíbrio, e sua velocidade diminui ao longo do tempo.

O equilíbrio de adsorção isotérmico linear com coeficiente de distribuição constante não é fisicamente válido, em razão tanto da cinética como da não linearidade e do fato de que geralmente há um limite máximo para a adsorção em partículas de argila. Mesmo assim, a hipótese de adsorção imediata e reversível, com equilíbrio linear entre as fases sólida e líquida, é geralmente utilizada, dada a simplicidade do tratamento matemático correspondente.

Na literatura podem ser encontrados valores de K_d para diversos poluentes e solos. Para a utilização desses valores, deve-se lembrar que K_d resulta da linearização de uma curva não linear, portanto deve-se referir à faixa de valores de concentração para a qual foi estimado, para a qual tem validade.

3.4 COMPATIBILIDADE

A percolação de uma solução pelo solo pode alterar suas características e propriedades, aumentando ou diminuindo sua plasticidade, permeabilidade, compressibilidade ou resistência. O termo compatibilidade entre solo e poluente engloba as reações químicas cujos efeitos se relacionam à constância das propriedades geotécnicas.

Os produtos químicos podem atacar os minerais do solo ou modificar a estrutura do solo. Os minerais do solo normalmente não são dissolvidos pelo ataque de poluentes, salvo sob acentuadas variações de pH. Já a estrutura do solo está bastante sujeita a alterações causadas pelas características da solução que percola no solo.

A Fig. 3.14 ilustra a influência da composição do fluido que percola na permeabilidade do solo.

As alterações na permeabilidade causadas pela percolação de substâncias químicas podem ser compreendidas à luz de seus efeitos na estrutura do solo. Esta é fortemente influenciada pelas forças de repulsão entre partículas de argila. As forças repulsivas controlam os comportamentos de floculação, dispersão, contração e expansão.

A espessura da camada dupla que envolve as partículas de argila e a consequente magnitude das forças entre partículas dependem da constante dielétrica do fluido, da temperatura, da concentração eletrolítica na água intersticial e da valência do cátion; secundariamente, dependem também do tamanho do cátion, do pH do fluido e da adsorção de ânions na superfície das partículas de argila.

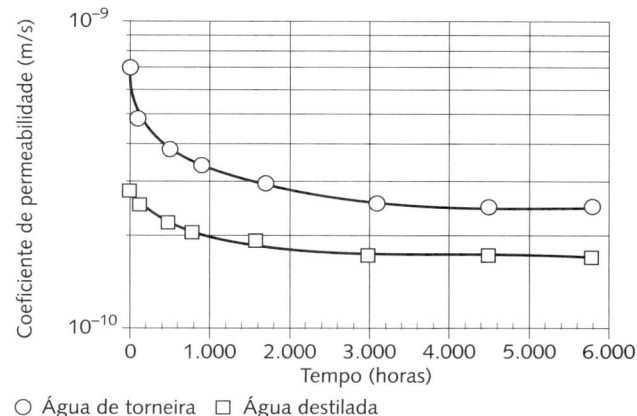

Fig. 3.14 *Ensaios de permeabilidade com água destilada e água de torneira Fonte: Madsen, 1994.*

A espessura da camada dupla varia diretamente com a raiz quadrada da constante dielétrica e da temperatura, e inversamente com a valência e com a raiz quadrada da concentração eletrolítica. Percebe-se assim a influência do fluido intersticial na permeabilidade do solo; por exemplo, quanto maior a concentração eletrolítica, menos espessas as camadas duplas e menores as forças de repulsão, mais floculada a estrutura e, finalmente, maior a permeabilidade.

Os efeitos de substâncias químicas orgânicas estão associados principalmente à solubilidade na água, à constante dielétrica, à polaridade e à concentração da solução. Muitos líquidos orgânicos puros causam contração e trincamento das argilas, aumentando a permeabilidade; porém, o aumento pode não ser significativo no caso de argilas muito densas, sem argilominerais expansivos, e confinadas. Soluções diluídas de compostos orgânicos não têm praticamente efeito sobre a permeabilidade das argilas.

Madsen e Mitchell (1989) realizaram uma abrangente pesquisa bibliográfica sobre os efeitos de produtos químicos na permeabilidade das argilas.

A essa bibliografia básica somam-se os resultados das pesquisas que vêm sendo realizadas nos últimos anos em instituições nacionais e estrangeiras, envolvendo diversos tipos de solos e de poluentes.

Apesar de já haver conhecimento acumulado sobre fatores relevantes na compatibilidade, deve-se lembrar que os solos são geralmente constituídos de muitos minerais, e os percolados e os efluentes muitas vezes também são compostos por várias espécies químicas. A previsão da compatibilidade é muito complexa, sendo recomendável realizar os ensaios de propriedades geotécnicas antes e após o contato com o poluente para verificar a constância das propriedades.

3.5 Formulação teórica do transporte de poluentes em solos

A formulação teórica a seguir se refere ao transporte de poluentes em solo saturado em fluxo unidimensional. Considera um fluxo uniforme e permanente de um soluto ideal dissolvido em água por um meio poroso saturado, homogêneo e isotrópico.

Variações na concentração de soluto podem modificar a densidade e a viscosidade do líquido, afetando consequentemente o regime de fluxo. Define-se soluto ideal como uma substância química inerte e que não afete as propriedades do líquido. Essa idealização pode ser considerada razoável para soluções de baixa concentração.

Delimitando-se um certo domínio dentro da região de fluxo, define-se fluxo de massa como a variação de massa por unidade de área da seção transversal ao fluxo por unidade de tempo, ou seja:

$$J = \frac{\Delta m}{A \Delta t}$$

em que:
J – o fluxo de massa $[ML^{-2}T^{-1}]$
Δm – variação de massa dentro do domínio no intervalo de tempo Δt
A – área da seção transversal ao fluxo do domínio
Δt – intervalo de tempo

Define-se concentração como a quantidade de massa do soluto por unidade de volume de poros, ou seja:

$$c = \frac{m}{V_{solução}} = \frac{m}{nV}$$

em que:
c – concentração $[ML^{-3}]$

m – massa de soluto no domínio
$V_{solução}$ – volume de solução (= nV, pois, por hipótese, o meio está saturado)
n – porosidade
V – volume do domínio

O fluxo por advecção, que corresponde ao transporte de soluto de um ponto a outro do domínio pela percolação de água, pode ser expresso por:
em que:

$$J_{advecção} = cv = cnu$$

$J_{advecção}$ – fluxo de massa por advecção
v – velocidade de percolação, aproximação ou descarga, ou, ainda, de Darcy
u – v/n é a velocidade específica ou de fluxo

A difusão é considerada um fenômeno regido pela Primeira Lei de Fick, ou seja, considera-se que a massa de substância em difusão que passa por uma dada seção transversal por unidade de tempo é proporcional ao gradiente de concentração. A Primeira Lei de Fick foi desenvolvida em 1855 por Adolf Fick para descrever o fluxo químico de sais dissolvidos através de membranas que separam soluções com diferentes concentrações de sal, porém também é válida para a difusão nas argilas. Pode ser expressa, no caso de difusão em solos, por:

$$J_{difusão} = -nD_d \frac{\partial c}{\partial z}$$

em que:
$J_{difusão}$ – fluxo de massa por difusão
D_d – coeficiente de difusão do poluente no solo
z – direção do fluxo

Nos meios porosos, os coeficientes de difusão são muito menores do que na água, em virtude das colisões das moléculas de soluto com as partículas da matriz sólida, ao maior caminho a ser percorrido em decorrência da tortuosidade dos vazios e à adsorção nos sólidos. A relação entre o coeficiente de difusão de um soluto no solo e na água é dada pelo fator tortuosidade, que é um coeficiente empírico sempre menor que 1.

$$D_d = D_{d,w} T'$$

em que:
D_d – coeficiente de difusão do poluente no solo
$D_{d,w}$ – coeficiente de difusão do poluente na água
T' – fator tortuosidade

O coeficiente de difusão em solução, $D_{d,w}$ é uma função complexa da massa e raio molecular da espécie química, da valência e do raio iônico no caso de migração de íons, da composição química, viscosidade e constante dielétrica da solução, da concentração da espécie na solução e das condições ambientais de temperatura e pressão. Já a tortuosidade é função da porosidade do solo (n), e da razão entre raio molecular ou iônico da espécie (r) e dimensão média dos poros (r_p). Quando a razão r/r_p tende a zero, o fluxo químico através do solo se aproxima da condição de fluxo químico em solução aquosa livre; por outro lado, quanto mais fino o solo, maior a razão r/r_p, e mais relevante o efeito da tortuosidade.

Outro fenômeno fundamental de transporte de massa é a dispersão mecânica. Embora não haja evidência de que ele também seja proporcional ao gradiente de concentrações, costuma-se agrupar esse fenômeno ao da difusão, denominando-os conjuntamente de dispersão hidrodinâmica. O fluxo em decorrência da dispersão hidrodinâmica, portanto, é:

$$J_{dispersão} = -nD_{dh}\frac{\partial c}{\partial z}$$

$$D_{dh} = D_d + D_{dm} = D_d + \alpha u = D_d + \alpha n v$$

em que:
$J_{dispersão}$ – fluxo de massa por dispersão
D_{dh} – coeficiente de dispersão hidrodinâmica
D_d – coeficiente de difusão
D_{dm} – coeficiente de dispersão mecânica
α é a dispersividade dinâmica ou dispersividade (característica do meio poroso) [L]
u – velocidade de fluxo
n – porosidade
v – velocidade de Darcy

A dispersividade, determinada por meio de ensaios, é o parâmetro mais difícil de medir. Acredita-se que os valores de dispersividade longitudinal e transversal determinados em laboratório subestimem os valores de campo. Ensaios de campo vêm sendo desenvolvidos, porém não há ainda consenso sobre qual seria mais adequado, além de que poucos têm sido executados e relatados na literatura. Tem-se observado que a dispersividade é igual a cerca de 10% da distância percorrida por advecção.

A importância relativa dos fenômenos de difusão molecular e dispersão mecânica na dispersão hidrodinâmica pode ser visualizada por meio da curva da razão entre o coeficiente de dispersão hidrodinâmica e o coeficiente de difusão (D_{dh}/D_d) em função do número de Peclet (Pe), apresentada na Fig. 3.15. O número de Peclet é um adimensional definido por:

$$Pe = \frac{ud}{D_d}$$

em que:
Pe – número de Peclet
u – velocidade de fluxo
d – comprimento característico do meio poroso, geralmente adotado como diâmetro médio das partículas
D_d – coeficiente de difusão do poluente no solo

Observa-se que inicialmente a difusão claramente predomina, já que a velocidade média de fluxo é muito baixa, e a razão D_{dh}/D_d é constante em função de *Pe*. À medida que aumenta o número de Peclet, os efeitos da dispersão mecânica e da difusão são da mesma ordem de magnitude e se somam. A partir de *Pe* igual a cerca de 1.000, domina a dispersão mecânica, e o efeito da difusão é desprezível; a curva assume a forma de uma linha reta a 45° com a horizontal. Para valores ainda mais elevados, acima de 10.000, também há dispersão mecânica pura, mas acima do limite de validade da lei de Darcy, de modo que os efeitos de inércia e turbulência não podem ser desprezados.

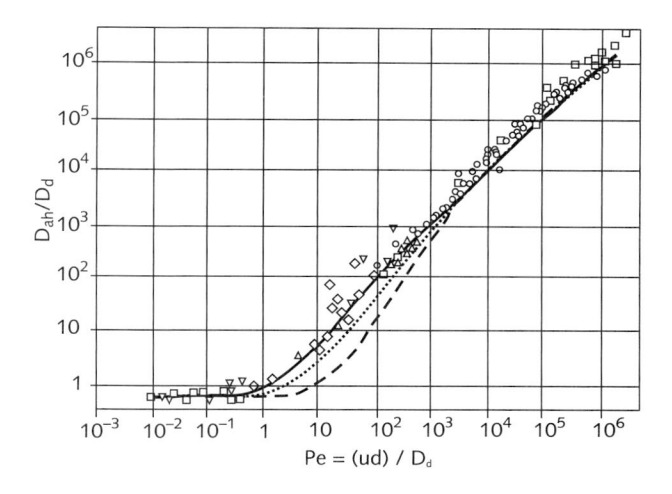

Fig. 3.15 *Relação entre difusão molecular e dispersão mecânica Fonte: modificada de Bear, 1972.*

Outros fenômenos a serem considerados no transporte de poluentes em meios porosos são as reações químicas. As reações mais estudadas até o momento são a adsorção de íons na superfície das partículas de argila. A mudança de massa de soluto por unidade de volume, no domínio, por causa da adsorção pode ser expressa por:

$$\frac{\partial(nc)}{\partial t} = -\rho \frac{\partial S}{\partial t} = \Phi$$

em que:
c – concentração de soluto na água dos poros
nc – massa de soluto em solução em um volume unitário do domínio ($m_{soluto} = cV_{solução} = cnV = cn$)
ρ – massa específica seca do solo
S – grau de adsorção
ρS – massa de soluto adsorvida na parte sólida em um volume unitário do domínio ($m_{soluto} = Sm_s = S\rho V = \rho S$)
Φ – representa uma fonte ou um sorvedouro de soluto

A variação de concentração com o tempo é dada pela transferência da massa do fluido que está nos poros em solução para a superfície dos grãos. O valor negativo mostra que a concentração decresce em um certo volume de poros se há adsorção; no caso de dessorção, a concentração aumenta. Em um intervalo de tempo ∂t, a variação de massa de soluto na solução $\partial(nc)$ equivale à variação de massa de soluto na superfície dos sólidos, $\partial(\rho S)$.

Levando-se em conta todos os fenômenos citados, aplica-se a Lei de Conservação da Massa para o domínio estudado. Um certo tempo será necessário para que o domínio seja totalmente percorrido por partículas ou íons do poluente. A quantidade de íons por volume unitário varia, portanto, com o tempo e com o espaço. A diferença entre o fluxo de soluto que entra no domínio e o fluxo de soluto que sai deve ser igual à variação de concentração do soluto no intervalo de tempo considerado, ou seja:

$$\frac{\partial(nc)}{\partial t} = -\frac{\partial J}{\partial z}$$

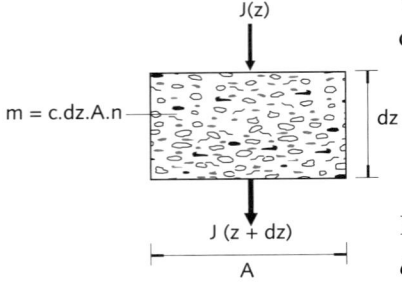

Fig. 3.16 *Esquema ilustrativo simplificado do transporte unidimensional de poluentes por um volume unitário de solo*

Essa expressão é apresentada simplificadamente na Fig. 3.16.
∂J é a diferença entre o fluxo que sai e o que entra no volume, ou seja, $J(z + dz) - J(z)$.

Considerando-se a própria definição de fluxo de massa, a variação de massa de soluto dentro do volume de solo em um intervalo de tempo ∂t em virtude da diferença entre fluxo efluente e fluxo afluente é dada por $\partial m_{soluto} = \partial J\, A\, \partial t$.

A variação de massa se refletirá em uma variação de concentração de soluto na solução dos poros do solo, isto é, $\partial m_{soluto} = \partial(c\, V\, n) = \partial(c\, A\, dz\, n)$.

Para indicar a conservação da massa de soluto no domínio, igualam-se as duas parcelas, com o sinal negativo indicando que saída de soluto do volume superior à entrada de soluto no mesmo corresponde a uma diminuição de concentração.

O fluxo total de soluto é dado pelos fluxos advectivo, difusivo e dispersivo; os dois últimos estão agrupados pela dispersão hidrodinâmica.

$$J = J_{advecção} + J_{difusão} + J_{dispersão\ mecânica} = J_{advecção} + J_{dispersão}$$

Derivando J em função de z para o fluxo advectivo, lembrando que n e u são constantes em um meio homogêneo:

$$\frac{\partial J_{advecção}}{\partial z} = -nu\frac{\partial c}{\partial z}$$

Para o fluxo por dispersão hidrodinâmica, tem-se:

$$\frac{\partial J_{dispersão}}{\partial z} = nD_{dh}\frac{\partial^2 c}{\partial z^2}$$

A equação anterior também é conhecida como a Segunda Lei de Fick.

Considerando as duas parcelas, advecção e dispersão hidrodinâmica, e também as reações químicas, tem-se a equação da advecção-dispersão. O transporte de poluentes inertes dissolvidos na água em um solo homogêneo isotrópico saturado em fluxo unidimensional pode ser descrito por:

$$\frac{\partial c}{\partial t} = D_{dh}\frac{\partial^2 c}{\partial z^2} - u\frac{\partial c}{\partial z} \pm \Phi$$

A parcela [$u\,\partial c/\partial z$] corresponde ao transporte de poluentes por fluxo advectivo. A parcela [$D_{dh}\,\partial^2 c/\partial z^2$] expressa o fluxo por dispersão hidrodinâmica, ou seja, em virtude da difusão molecular e dispersão mecânica, conjuntamente. A parcela [$\pm\Phi$] refere-se às reações químicas, ou fontes e sorvedouros.

Considerando-se apenas as reações químicas decorrentes da adsorção linear, obtém-se:

$$\frac{\partial S}{\partial t} = \frac{\partial S}{\partial c}\frac{\partial c}{\partial t} = K_d\frac{\partial c}{\partial t}$$

Substituindo-se a expressão anterior na parcela [$\pm\Phi$], obtém-se:

$$\left(1+\frac{\rho K_d}{n}\right)\frac{\partial c}{\partial t} = D_{dh}\frac{\partial^2 c}{\partial z^2} - u\frac{\partial c}{\partial z}$$

Essa é a equação para transporte unidimensional de poluentes em meio poroso saturado, homogêneo e sob fluxo de água permanente, com adsorção linear. Pode também ser expressa utilizando-se o fator de retardamento R_d:

$$R_d\frac{\partial c}{\partial t} = D_{dh}\frac{\partial^2 c}{\partial z^2} - u\frac{\partial c}{\partial z}$$

em que:
R_d – fator de retardamento, definido como:

$$R_d = 1+\frac{\rho}{n}K_d = \frac{u}{u_c}$$

em que:
u – velocidade de fluxo da água
u_c – velocidade do ponto onde $c/c_0=0{,}5$ no perfil de concentrações
u/u_c – velocidade relativa

K_d varia normalmente de valores próximos a zero até 100 mℓ/g ou maiores; se for nulo, a zona ocupada por contaminante não é afetada por reações químicas; para K_d igual a 1 mℓ/g, o ponto de concentração média estará retardado por um fator entre 5 e 11 em relação ao movimento da água; para valores de K_d muito elevados, o soluto é essencialmente imóvel.

Quando uma pluma de contaminantes avança ao longo das linhas de fluxo do aquífero, a frente é retardada como resultado da transferência de parte da massa de soluto para a fase sólida. Se a alimentação for descontinuada, os poluentes serão transferidos de volta à fase líquida à medida que água com concentrações mais baixas flui através da área previamente contaminada. Se as reações forem totalmente reversíveis, toda a evidência de contaminação será eventualmente removida do sistema quando ocorrer a completa desadsorção. Os contaminantes não podem ser permanentemente isolados na zona subsuperficial, por mais que o retardamento seja forte; em algumas situações, no entanto, quando transferidos para a fase sólida do material poroso por adsorção ou precipitação, podem ser considerados fixos para a escala de tempo de interesse.

3.6 Formação de plumas e modelagem matemática

O subsolo e as águas subterrâneas podem ser poluídos diretamente pelo manuseio inadequado de fertilizantes e pesticidas, pela deposição sobre a superfície do terreno de aerossóis de automóveis e indústrias, pela dissolução de gases na água da chuva, por vazamentos de substâncias tóxicas armazenadas em tanques ou sendo transportadas, como combustíveis derivados de petróleo e matérias-primas de processos industriais, pela disposição inadequada de efluentes e resíduos sólidos, entre outros, conforme ilustrado na Fig. 3.17.

Os poluentes podem atravessar as camadas superficiais não saturadas do subsolo e atingir as águas subterrâneas. Uma vez em contato com o fluxo

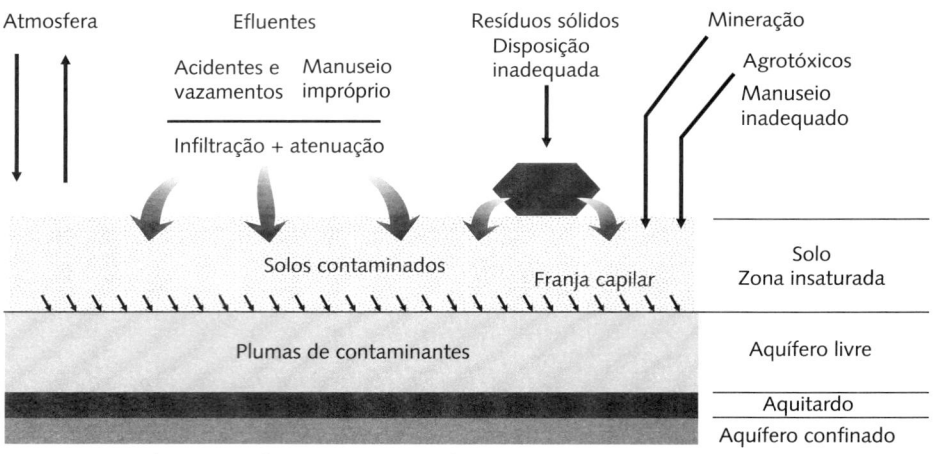

Fig. 3.17 Processos de contaminação do subsolo e água subterrânea

subterrâneo, podem se dissolver na água e serem por ela carregados ou fluírem como uma fase líquida não miscível adicional. Por causa do efeito da dispersão hidrodinâmica, os poluentes vão se espalhando à medida que se movem pelo subsolo, e volumes maiores vão sendo atingidos pelos poluentes a jusante da fonte. Forma-se assim a pluma de contaminação, que é a região contaminada por um ou mais poluentes a partir da fonte. O conceito de pluma de contaminação é utilizado também em relação ao ar e a águas superficiais. A Fig. 3.18 ilustra a formação de uma pluma de contaminação.

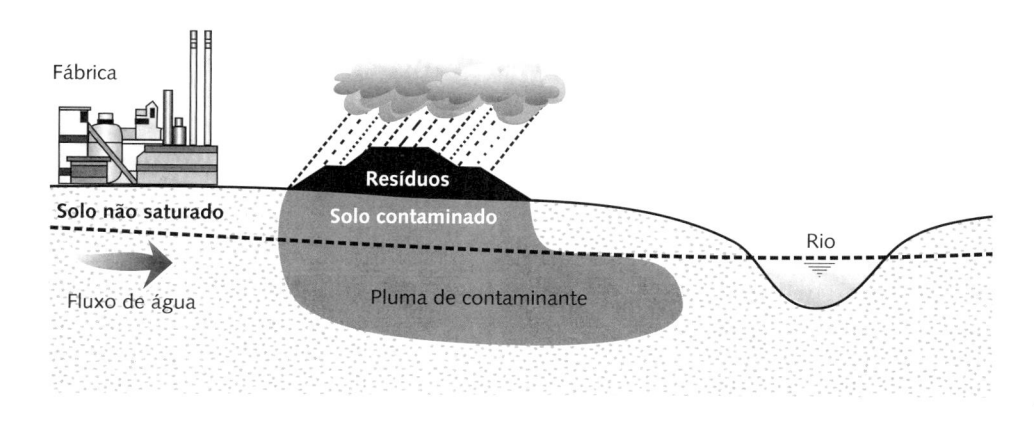

Fig. 3.18 *Formação de uma pluma de contaminação*

A definição da pluma, ou seja, da extensão da contaminação, é o primeiro passo nos processos de remediação de áreas contaminadas. A previsão da pluma que eventualmente se formará em caso de acidentes é também fundamental para avaliação do risco de implantação de empreendimentos que utilizem ou produzam poluentes.

Uma ferramenta de grande importância nesses estudos é a modelagem matemática. A modelagem de um aquífero é a simplificação de uma situação real que se conhece apenas pontualmente por meio de um número limitado de dados.

Para se definir o movimento da água em um aquífero é necessário conhecer a sua geometria, as propriedades físicas do meio em cada ponto do domínio (permeabilidade, transmissividade, coeficiente de armazenamento etc.), as leis que regem o movimento da água, as condições de contorno do sistema e as ações exteriores a que o sistema pode estar sujeito. Com todas essas informações, obtém-se uma equação diferencial que descreve o movimento da água no aquífero. Com base nessa representação matemática do aquífero, pode-se simular o comportamento deste sob diferentes condições, por exemplo, após a realização de obras que modifiquem o regime de fluxo.

Além da modelagem do fluxo de água do aquífero, existem modelos desenvolvidos para a previsão do transporte de poluentes. A equação de transporte de poluentes em solos deduzida na formulação teórica, apesar de bastante restritiva, pode ser utilizada satisfatoriamente para muitos casos reais em que o fluxo é predominantemente unidimensional, o solo saturado, não há alteração volumétrica significativa no solo em contato com os poluentes e as reações químicas mais importantes são as de adsorção.

O modelo físico e o equacionamento do transporte de massa em meios porosos baseia-se na hipótese de fluxo em meio saturado, a qual não reflete a condição inicial de camadas de solo compactado e, principalmente, das condições *in situ* dos solos lateríticos e saprolíticos que cobrem extensas regiões do Brasil. No entanto, a formulação descrita tem grande utilidade para uma primeira aproximação com o problema de transporte de poluentes em solos.

Os problemas de contaminação a partir da superfície do terreno são estudados com a associação de dois tipos de programas computacionais: modela-se o movimento vertical de água e poluentes pela zona insaturada por meio de programas para fluxo de água não saturado, e a formação da pluma, por programas computacionais de transporte de poluentes bi ou tridimensionais para solo saturado, conforme ilustrado na Fig. 3.19. Os dois modelos de transporte de massa, de zona insaturada e de zona saturada, são acoplados por meio de balanço de massas. A Fig. 3.20 mostra os resultados de uma simulação que faz uso desse procedimento.

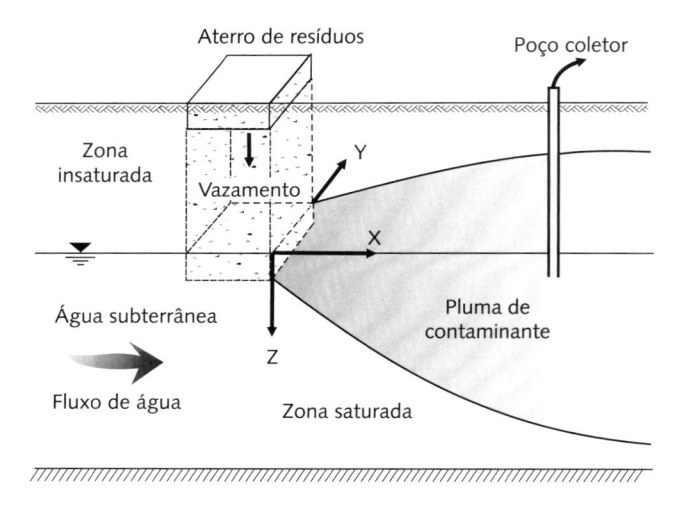

Fig. 3.19 *Cenário de migração de percolado de um aterro sanitário*
Fonte: Allen, Purdue e Brown, 1993.

Modelos cada vez mais complexos e completos vêm sendo desenvolvidos, com fluxo saturado e não saturado, bi ou tridimensional, subsolo heterogêneo (composto por diversas camadas de solos e rochas), considerando transporte de poluentes, inclusive adsorção não linear, decaimento radioativo e degradação biológica. Modelos mais completos tendem a representar melhor a situação real; por outro lado, exigem um número maior de parâmetros e de etapas na calibração do modelo e mais tempo de processamento, além de melhores recursos computacionais. Ademais, a estimativa de parâmetros ainda é um ponto fraco no conhecimento de transporte de poluentes em solos.

A contaminação por combustíveis derivados do petróleo é uma das formas mais frequentes de contaminação de solos e águas subterrâneas, por causa da intensa utilização de combustíveis no mundo todo. Esses produtos são compostos de poluentes pouco solúveis em água, e a formação da pluma de contaminação resulta de uma complexa interação dos poluentes com a água e o ar presentes no solo. A distribuição de concentrações de poluentes voláteis e/ou não miscíveis na água é uma área de estudo de grande importância na Geotecnia Ambiental e na Hidrogeologia.

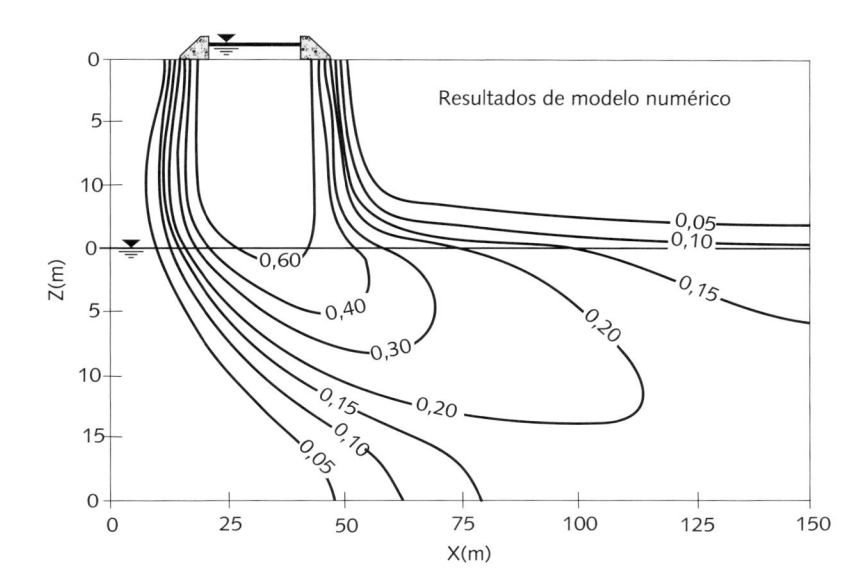

Fig. 3.20 *Previsão de distribuição de concentrações a partir do vazamento de uma lagoa de contenção*
Fonte: Allen, Purdue e Brown, 1993.

4 Aterros de resíduos sólidos: conceitos básicos, critérios de projeto, seleção de locais, normalização e legislação

A gestão integrada de resíduos atualmente preconiza os "3R" – Reduzir, Reutilizar e Reciclar.

A redução da geração de resíduos nas indústrias pode ser alcançada pela eliminação ou otimização do processo gerador, pela substituição de matérias-primas por outras que gerem resíduos menos volumosos ou perigosos e pela otimização da tecnologia, de modo a converter os resíduos em matéria-prima útil para outra etapa do processo. Nas atividades urbanas, a redução pode ser obtida pela diminuição do consumo de produtos e pelo consumo de produtos reutilizáveis ou mais duráveis.

A reutilização de resíduos consiste no reaproveitamento de materiais, mantendo ou modificando seu uso original, sem que haja alterações físicas. Citam-se como exemplos a reutilização das areias de fundição na pavimentação e construção civil, ou o aproveitamento das embalagens vazias de vidro de alimentos nas atividades domésticas para acondicionar materiais diversos. A intensificação da reutilização depende da criação de mercados de produtos de segunda mão.

A reciclagem de resíduos envolve algum processo de transformação, artesanal ou industrial. Para a reciclagem de resíduos em âmbito industrial, podem ser utilizadas diversas técnicas de tratamento, tais como: destruição térmica por incineração ou pirólise; destruição química por oxidação, redução ou absorção; processos físicos envolvendo precipitação, filtração, evaporação ou condensação; e processos biológicos, aeróbicos ou anaeróbicos.

A reciclagem tem envolvido um grande número de pesquisas interdisciplinares. Por exemplo, podem-se utilizar resíduos da construção civil na construção de pavimentos, pneus em sistemas de drenagem e lascas de madeira para remover amônia de chorume. A Fig. 4.1 mostra o percentual reciclado de alguns materiais no Brasil.

Mesmo os processos de reciclagem, contudo, produzem resíduos que devem finalmente ser dispostos. A deposição sobre o terreno natural ainda é o destino usual dos resíduos sólidos, particularmente dos resíduos sólidos urbanos, em todo o mundo.

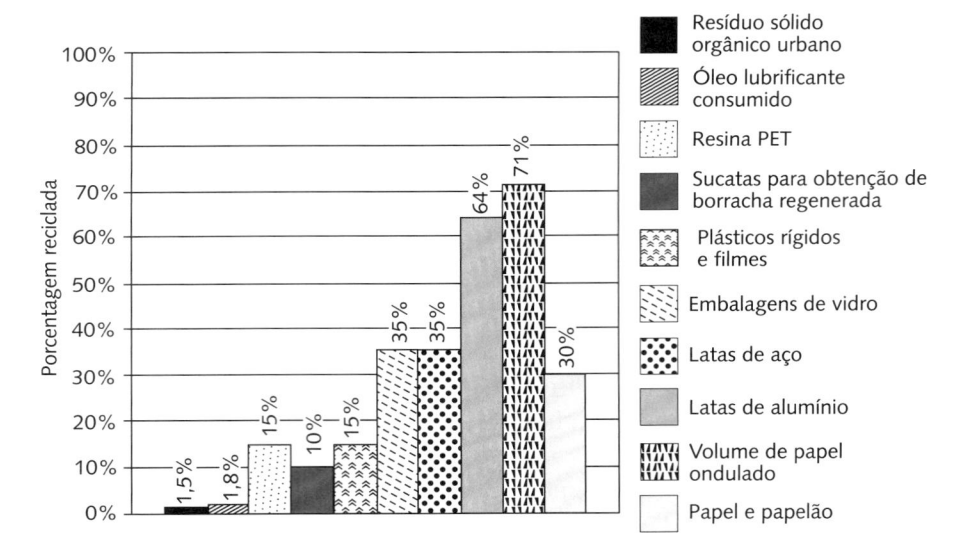

Fig. 4.1 *Reciclagem hoje no Brasil Fonte: Comlurb, 2005.*

Por exemplo, segundo a Agência Ambiental Europeia (EEA, 2002), em 1995, 16 países da União Europeia (Alemanha, Áustria, Bélgica, Dinamarca, Espanha, Finlândia, França, Grécia, Holanda, Irlanda, Itália, Luxemburgo, Portugal, Reino Unido, Noruega e Suécia), representando 360 milhões de pessoas e uma geração *per capita* de RSU de 0,76 kgf/dia, destinavam junto ao solo 66% do total gerado de RSU, enquanto a incineração, a compostagem e a reciclagem correspondiam respectivamente a 16%, 11% e 15%; não havia recuperação de energia em 94% do total incinerado.

A União Europeia utiliza esses valores de 1995 como base para o compromisso de diminuir a geração de resíduos sólidos. As metas de redução para RSU são: 75% até 2006, 50% até 2009 e 35% até 2016. A Alemanha, segundo a "visão de 2020" apresentada ao público em 1999, planeja anular a construção de aterros de resíduos sólidos a partir de 2020.

Atualmente, em razão do contínuo desenvolvimento tecnológico e da crescente preocupação dos cidadãos com o meio ambiente, há maior planejamento dos aterros de resíduos. A redução do impacto ambiental dos aterros envolve a seleção do local, seu projeto global, os componentes do sistema, os materiais empregados, a operação, o monitoramento e o planejamento para o fechamento e pós-fechamento.

4.1 Conceitos principais

Os resíduos sólidos são classificados pela norma brasileira NBR 10004 "Classificação de resíduos sólidos" (ABNT, 2004), em: perigosos ou Classe I; não perigosos e não inertes ou Classe IIA; e inertes ou Classe IIB (Cap.1).

Os resíduos sólidos urbanos (RSU) são considerados Classe IIA e estão dispostos em aterros sanitários. Resíduos industriais são geralmente depositados em aterros industriais, mas os de Classe IIA podem ser co-dispostos com os RSU. Os resíduos de saúde e de portos e aeroportos têm destinação especial.

Os aterros para resíduos sólidos urbanos e industriais são projetados com base nas mesmas premissas, quais sejam, de conter e confinar os resíduos, diferindo no grau de segurança necessário.

O conceito de aterro de resíduos compreende um sistema devidamente preparado para a deposição dos resíduos sólidos, englobando, sempre que necessário, determinados componentes e práticas operacionais, tais como: divisão em células, compactação dos resíduos, cobertura, sistema de impermeabilização, sistemas de drenagem e tratamento para líquidos e gases, monitoramento geotécnico e ambiental, entre outros. O termo aterro de resíduos refere-se, portanto, à instalação completa e às atividades que nela se processam; ou seja, inclui o local, a massa de resíduos, as estruturas pertinentes e os sistemas de implantação, operação e monitoramento.

O aterro sanitário pode ser definido como uma forma de disposição de resíduos sólidos no solo, particularmente RSU, que, fundamentada em critérios de engenharia e normas operacionais, permite o confinamento seguro, garantindo o controle de poluição ambiental e proteção à saúde pública, minimizando impactos ambientais (IPT, 2000).

As outras formas mais comuns de disposição de RSU são os aterros controlados, nos quais os resíduos são cobertos com solo e eventualmente compactados, porém sem impermeabilização, drenagem e tratamento de chorume e gases. Os lixões ou vazadouros são descargas a céu aberto, sem quaisquer medidas de proteção ao meio ambiente ou à saúde pública. Os aterros controlados, embora não evitem a poluição ambiental, representam uma situação muito mais favorável do ponto de vista sanitário em relação aos lixões, por restringir o acesso de catadores, a proliferação de vetores (insetos e roedores) e o espalhamento do material no entorno.

Aterros de resíduos em geral e sanitários, em particular, são obras recentes no campo da Geotecnia, com cerca de 30 anos. Aterros sanitários com sistema de impermeabilização composto por geomembranas, requisito quase obrigatório atualmente em todo o mundo, começaram a ser implantados a partir da década de 1970 nos Estados Unidos. Na cidade de São Paulo, o subaterro AS-3 do Aterro Sanitário Bandeirantes e o Aterro Sanitário Sítio São João, pioneiros em nosso País no atendimento à definição proposta, começaram a ser construídos no início da década de 1990.

Aterros em valas e em trincheiras sem impermeabilização inferior de pequenos municípios são geralmente considerados como disposição adequada, pressupondo-se que o meio ambiente seja capaz de absorver e diluir a poluição gerada pontualmente e em pequeno volume.

O aterro sanitário tem uma particularidade em relação às demais obras pesadas de Engenharia Civil: a própria obra é o empreendimento. Enquanto nas demais construções, como barragens, edifícios, pontes, túneis e rodovias, é necessário o término da obra para o desempenho da respectiva função, no aterro sanitário o empreendimento e a obra coincidem, e o final da obra corresponde ao término de sua função. A construção de aterros sanitários exige o acompanhamento constante do engenheiro civil durante toda a vida útil do empreendimento.

Podem ser vários os profissionais envolvidos no estudo, no projeto e na operação de aterros sanitários: engenheiros, geólogos, químicos, biólogos, geógrafos, meteorologistas, sociólogos, economistas, entre outros. Há especialistas das diversas ramificações da Engenharia Civil e Ambiental, tais como engenheiros sanitaristas, hidráulicos, hidrólogos, de estruturas, de transportes e, finalmente, o engenheiro geotécnico.

As principais atividades do engenheiro geotécnico no projeto de aterros sanitários são:

* verificação da estabilidade dos taludes de escavação das jazidas de empréstimo de solos;
* projeto da fundação das diversas estruturas, tais como escritórios, oficinas e caixas de acumulação de chorume;
* projeto de escavação para implantação de estruturas;
* projeto do sistema de impermeabilização de fundação, para evitar a poluição do subsolo e das águas subterrâneas;
* estudo da geomecânica dos resíduos, que compreende a análise de: compactação dos resíduos, com a definição das espessuras das camadas e do número de passadas necessárias, segundo o equipamento a ser utilizado; percolação de fluidos na massa de resíduos para o dimensionamento dos sistemas de drenagem de efluentes (chorume e gás); estabilidade geotécnica global e local do maciço; e compressibilidade, com diversos objetivos.

Nas três primeiras atividades, é empregada a Geotecnia Clássica. As demais envolvem conhecimentos da Geotecnia Ambiental para soluções de melhor qualidade.

4.2 Panorama

A geração diária de resíduos sólidos urbanos no Brasil é de 0,74 kg/dia por habitante. Varia entre 0,47 e 0,70 kg/(hab.dia) nas cidades com até 200.000 habitantes, e entre 0,80 e 1,20 kg/(hab.dia) nas cidades com mais de 200.000 habitantes (Ministério das Cidades, 2003).

As 13 maiores cidades do Brasil, São Paulo, Rio de Janeiro, Salvador, Fortaleza, Belo Horizonte, Brasília, Curitiba, Manaus, Recife, Porto Alegre, Belém,

Guarulhos e Goiânia, geram 32% de todo o lixo urbano do País. Embora a porcentagem de materiais recicláveis no lixo seja de aproximadamente 35%, somente de 2% a 3% são reaproveitados nas unidades de reciclagem.

Segundo o Instituto Brasileiro de Geografia e Estatística (IBGE), em 2000 eram coletadas no Brasil diariamente 228.413 tf de lixo, 36% dos quais dispostos em aterros sanitários, 37% em aterros controlados e 21% em lixões (IBGE, 2002); na década anterior, as porcentagens eram 10%, 13% e 76%, respectivamente (IBGE, 1990). A evolução observada na disposição dos RSU deve-se ao crescimento da consciência ambiental da população e à pressão de órgãos ambientais e agências financiadoras nacionais e internacionais. Contudo, nem todos os aterros denominados sanitários atendem à definição adotada neste livro.

No Estado de São Paulo, a Companhia de Tecnologia de Saneamento Ambiental (Cetesb), por meio do Inventário Estadual de Resíduos Sólidos Domiciliares, publicado anualmente desde 1997, classifica a disposição final dos RSU de todos os municípios do Estado em três categorias: adequada, controlada e inadequada. A cada local de disposição é atribuída uma pontuação entre 0 e 10 denominada IQR (Índice de Qualidade de Aterros de Resíduos), composta por 41 variáveis que representam a localização, infra-estrutura e operação. A situação de um local de disposição é "adequada" para IQR igual ou superior a 8; "controlada" para IQR entre 6 e 8; e "inadequada" para IQR igual ou inferior a 6.

A Fig. 4.2 compara a situação da disposição de resíduos sólidos urbanos nos municípios do Estado de São Paulo em 1997 e 2005. A Fig. 4.3 apresenta a porcentagem de aterros em cada categoria por quantidade gerada (Fig. 4.3a) e por número de municípios (Fig. 4.3b) de 1997 a 2005. Pode-se observar que, em 2005, 80,2% dos RSU em massa foram dispostos em condições adequadas; 11,6%, controladas; e 8,2% em condições inadequadas inadequadas. Dos municípios, 48,5% dispuseram seus RSU em situação adequada; 27,9%, controlada; e 23,6%, inadequada. A maioria

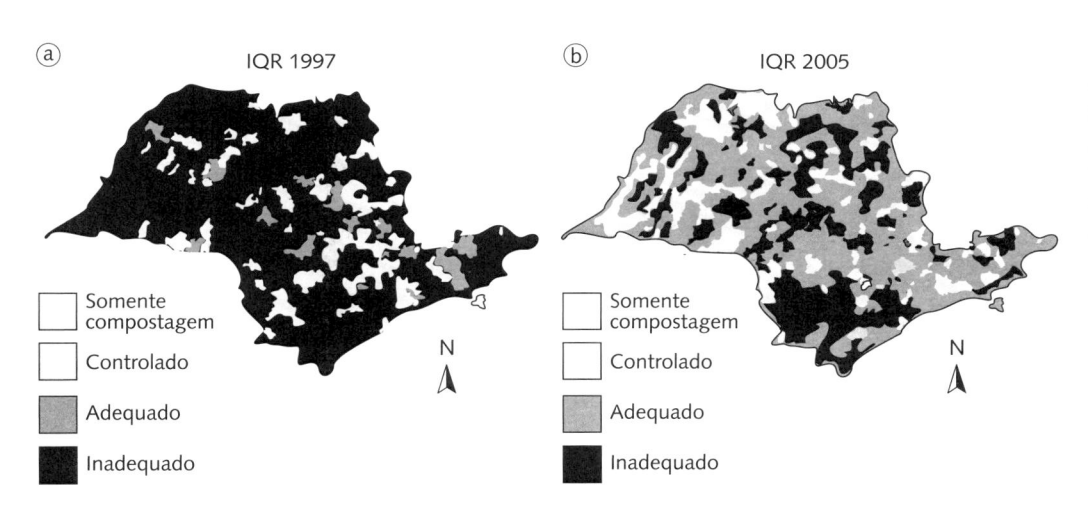

Fig. 4.2 *IQR dos aterros sanitários do Estado de São Paulo: (a) 1997; (b) 2005 Fonte: Cetesb, 2007.*

dos RSU gerados tem disposição adequada, mas menos da metade dos municípios dispõem adequadamente seus RSU. No Estado de São Paulo, portanto, ainda há 332 municípios que precisam adequar a disposição de RSU, ou seja, de construção ou melhoria de aterro sanitário.

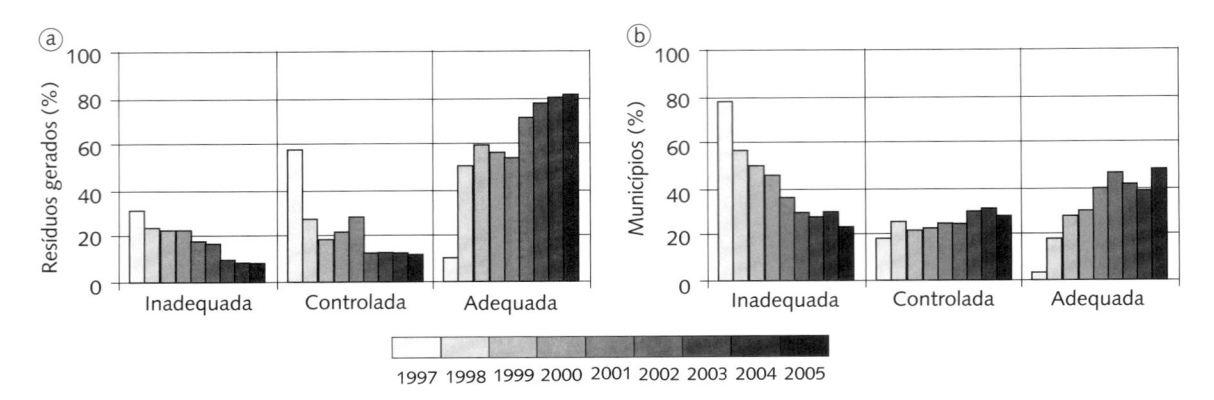

Fig. 4.3 *Evolução da disposição de RSU no Estado de São Paulo: (a) por quantidade de resíduos; (b) por número de municípios*
Fonte: Cetesb, 2006.

Essa situação é observada em todo o País; embora a quantidade de resíduos coletados e dispostos em aterros sanitários venha crescendo anualmente na última década, a maioria dos municípios ainda não dispõe seus resíduos em aterros sanitários. Os municípios de maior porte são os que têm apresentado evolução mais evidente na disposição de resíduos sólidos urbanos.

Segundo dados do IBGE (2002), em 2000, 59% dos municípios no Brasil dispunham seus resíduos sólidos em lixões, 13% em aterros sanitários e 17% em aterros controlados. Percebe-se uma grande carência de aterros sanitários em todo o País e é um importante campo de trabalho para os geotécnicos.

4.3 Critérios de projeto

Princípios gerais

Um aterro de resíduos deve ser projetado e operado de forma a controlar a emissão de contaminantes para o meio ambiente, com a finalidade de reduzir a possibilidade de poluição das águas superficiais e subterrâneas, do solo e do ar, e eliminar impactos adversos na cadeia alimentar.

Possíveis consequências da migração dos poluentes para fora do local de disposição compreendem o aumento de índices de doenças em seres humanos, degradação das águas superficiais e subterrâneas, destruição da fauna e da flora e alterações do clima.

Os poluentes podem ser provenientes dos resíduos ou de produtos secundários de decomposição. O percolado ou chorume, efluente da massa de resíduos resultante da percolação de águas de precipitação e da própria decomposição dos resíduos, pode atingir as águas superficiais e o nível d'água subterrâneo, formando uma pluma de contaminação. A água subterrânea contaminada pode alcançar poços de água para abastecimento ou irrigação, ou ainda, pelo ciclo hidrológico, as águas superficiais, como lagos e cursos d'água.

Além da água, também o ar pode ser contaminado, por volatilização de componentes dos resíduos, por gases emitidos da superfície ou do interior da massa de resíduos e por partículas carregadas pelo vento.

A vegetação do local pode ser poluída por sucção pelas raízes, ou por aderência às folhas de metais e outras substâncias tóxicas. Animais que se alimentam da vegetação local podem sofrer elevação do teor de certas substâncias nos tecidos e no sangue, com eventuais consequências deletérias à descendência e à cadeia alimentar. Os principais mecanismos de migração de poluentes em um aterro de resíduos estão indicados na Fig. 4.4.

A migração de percolado e as emissões gasosas só são aceitáveis em velocidade e intensidade não nocivas ao homem e ao meio ambiente. O princípio do aterro de resíduos é, portanto, o confinamento dos resíduos, ou seja, o controle por contenção.

Para proteger as águas subterrâneas, é necessário prevenir a formação e a migração de percolado. A geração de percolado pode ser reduzida diminuindo-se a quantidade de água contida nos resíduos por meio de sua secagem prévia; e eliminando líquidos livres que possam se infiltrar no aterro com a utilização de cobertura impermeável, minimização da área de exposição superficial e coleta das águas superficiais.

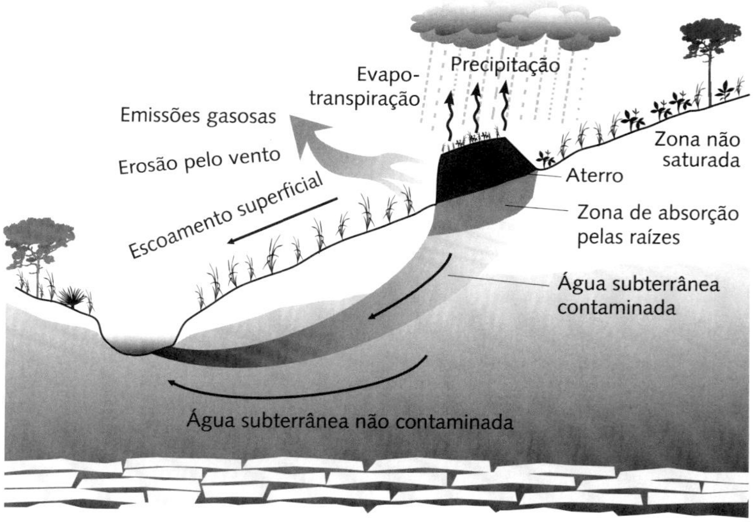

Fig. 4.4 *Mecanismos de migração de contaminantes em um aterro de resíduos*

Para controlar a migração de percolado deve-se revestir a superfície do terreno em contato com os resíduos com camada impermeável; segmentar a área do aterro em células envoltas por materiais impermeáveis; drenar, coletar e tratar o percolado.

Na segmentação por células, volumes discretos de resíduos são isolados das células adjacentes por barreiras impermeáveis, isto é, camadas contínuas que restringem o movimento dos resíduos e orientam o percolado para o sistema de coleta, construídas com solo compactado ou com material artificial de baixa permeabilidade. As células cheias são vedadas no topo para inibir infiltração. A Fig. 4.5 mostra um esquema ilustrativo de um aterro segmentado em células.

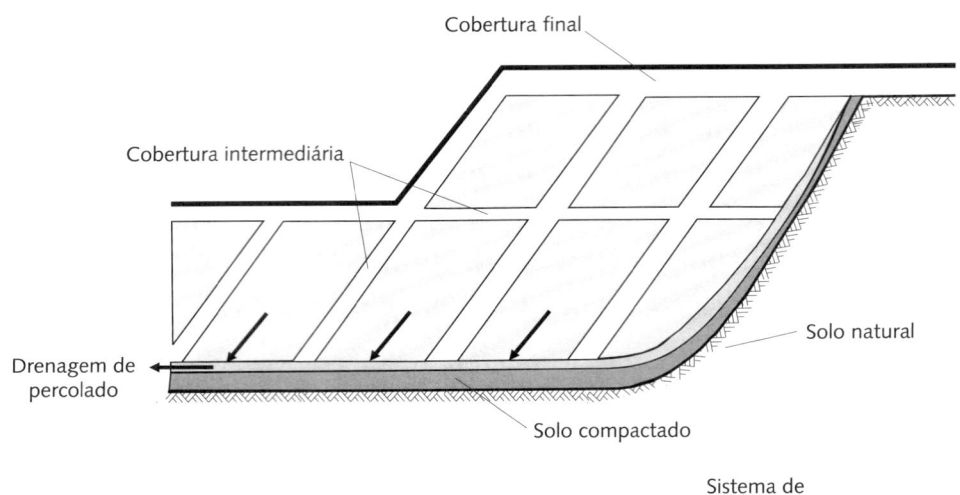

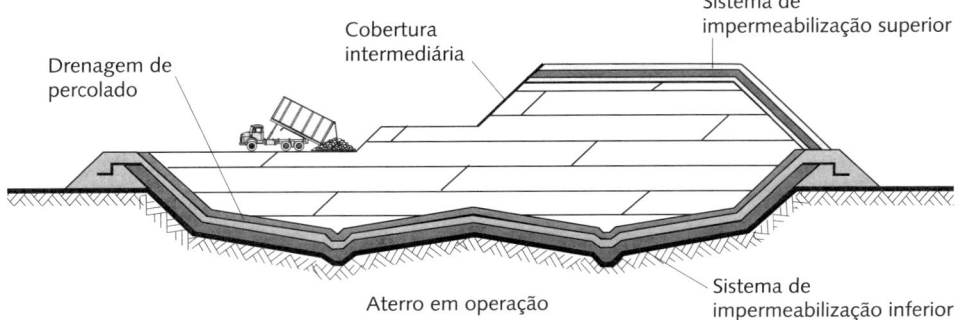

Fig. 4.5 *Corte esquemático de aterro segmentado em células*

O revestimento de fundo, que cobre o terreno e sobre o qual são depositados os resíduos, é um dos mais importantes componentes do aterro visando à proteção ambiental. Sua função é impedir a percolação do interior do aterro para o subsolo e reter ou atenuar contaminantes suspensos ou dissolvidos no percolado. É constituído de sistemas de impermeabilização e drenagem, os quais podem ser construídos com solos, de maior disponibilidade, ou materiais artificiais.

É importante lembrar que não existe revestimento totalmente impermeável. Dada uma concentração inicial de poluentes sobre a superfície de um terreno, estes atingirão o nível freático com concentração não nula. O objetivo do revestimento é garantir que a concentração no aquífero esteja dentro dos padrões considerados não nocivos à saúde humana. Evidencia-se, assim, a importância de um sistema de drenagem eficiente nas células e sobre o sistema impermeável, para o direcionamento imediato do percolado para o sistema de coleta e tratamento.

É necessária também uma drenagem eficiente para os gases formados na massa de resíduos. A cobertura do aterro, além de evitar a infiltração de águas de chuva, também deve restringir o escape de gases. Sob o sistema impermeável da cobertura deve haver um sistema de drenagem que conduza os gases até os drenos verticais, pelos quais os gases sobem e atingem a superfície do aterro, onde são tratados ou aproveitados para geração de energia.

O projeto deve prever a coleta do escoamento superficial, o controle da erosão superficial, a garantia da integridade das camadas impermeáveis e drenantes, o alívio das pressões artesianas sob o aterro, a restrição ao movimento da água subterrânea através do aterro, a estabilidade da massa de resíduos, a coleta e o tratamento do percolado e do biogás, a prevenção e a eliminação de odores, o controle da proliferação de vetores, o encerramento com integração paisagística e o monitoramento geotécnico e ambiental, até mesmo após o fechamento.

Alguns dos desafios geotécnicos no projeto de aterros de resíduos são a análise de estabilidade e a previsão do adensamento da massa de resíduos, a determinação da permeabilidade *in situ*, o comportamento de sistemas compostos de impermeabilização, a migração de contaminantes, o controle de qualidade da construção, as propriedades dos geossintéticos, o desempenho de longo prazo dos sistemas de impermeabilização e drenagem, a aceitação de materiais e sistemas alternativos, o papel dos processos biológicos e a utilização de modelagem matemática.

Conceito de segurança

Um aterro de resíduos pode ser considerado uma estrutura para a qual deve haver garantia de segurança em longo prazo baseada em projeto geotécnico adequado. A segurança deve englobar os aspectos estrutural e ambiental.

O estado-limite último de utilização de um aterro de resíduos, portanto, não está apenas relacionado à estabilidade da massa de resíduos, mas também ao impacto ambiental decorrente do escape de poluentes para o meio ambiente.

Deve-se lembrar que parte ou a totalidade dos resíduos provavelmente estarão presentes no aterro quando ocorrer sua desativação. Com base nos conhecimentos atuais sobre os mecanismos de transporte de poluentes em solos, a tendência nas legislações internacionais tem sido a de estender o prazo de segurança ambiental pós-fechamento. Os consequentes custos adicionais podem ser considerados plenamente aceitáveis frente à eventual necessidade de recuperação ambiental, em caso de acidentes.

Como o objetivo é manter os resíduos confinados para que não causem danos ao meio ambiente representados tanto por escorregamentos como por emissões de poluentes, o aterro não pode estar sujeito a deslocamentos externos e internos indesejáveis que comprometam a estabilidade da massa de resíduos, a estanqueidade das camadas impermeáveis ou o funcionamento dos sistemas de drenagem.

Critérios de segurança podem ser estabelecidos em termos de tensões e deformações admissíveis na massa de resíduos, revestimento de fundo, cobertura e sistemas de drenagem interna.

Para a definição de tensões e deformações admissíveis na massa de resíduos, deve-se lembrar que os resíduos podem apresentar comportamento mecânico semelhante ao dos solos, como no caso de cinzas, lodos e materiais de escavação, ou bastante diferente, como é o caso do lixo urbano. Para os RSU, não se aplicam os critérios de ruptura de solos: as características físicas, químicas e mecânicas do material mudam com o tempo; o lixo endurece com a deformação e não apresenta um modo definido de ruptura mesmo para altas deformações; apesar de muito compressível, possui elevada resistência por causa do efeito dos elementos fibrosos agindo como reforço, mas existem pressões neutras de gases. Assim, os valores máximos admissíveis de tensões e deformações podem ser baseados em retroanálise, ensaios *in situ*, ensaios em modelos, ensaios de laboratório e em experiência pessoal. As previsões mais confiáveis sobre o comportamento reológico de massas de resíduos são ainda as baseadas em monitoramento de aterros de resíduos já construídos.

Para as camadas impermeabilizantes, Jessberger *et al.* (1993) propuseram tensões e deformações admissíveis com a finalidade de evitar a formação de trincas de tração e a consequente perda de estanqueidade. Trincas decorrem de recalques diferenciais provocados pelo peso próprio ou de sobrecargas, assim como pela contração ou expansão por variação de umidade, e ainda por modificações nas propriedades geotécnicas causadas pelo contato com o chorume.

Além da estabilidade da massa de resíduos e da integridade das camadas impermeáveis, a segurança do maciço também depende do desempenho dos sistemas de drenagem, que têm por finalidade controlar tanto a migração de percolado e gases como as pressões neutras dentro do maciço. Os sistemas de drenagem podem sofrer perda de eficiência por formação de trincas, redução de permeabilidade por colmatação ou formação de película, mudança de declividade e descontinuidades.

Cabe observar que a análise de risco e a abordagem probabilística parecem excelentes para aplicação para a segurança das obras ambientais. A abordagem probabilística permite considerar as variabilidades intrínsecas expressivas dos materiais envolvidos, quais sejam, resíduos, solo natural e solo compactado, enquanto a análise de risco proporciona uma mais precisa identificação das falhas potenciais no projeto, na construção, na operação e no pós-fechamento, bem como uma estimativa consciente das consequências prováveis das falhas.

Risco pode ser definido como a probabilidade de ocorrência de um evento aleatório multiplicada pela consequência adversa desse evento. Para a análise de risco de aterros de resíduos, é necessário caracterizar as prováveis causas de colapso dos principais elementos de segurança, estimar a probabilidade de sua ocorrência e a severidade dos efeitos resultantes.

Falhas podem ocorrer no projeto (erros na declividade para drenagem de percolado, na espessura ou na permeabilidade das camadas impermeáveis e drenantes, na carga hidráulica de percolado), na construção (preparação inadequada da base, mau controle de qualidade dos materiais, puncionamentos ou trincamento por secagem da camada impermeável, ruptura das juntas ou dobras nos geossintéticos, defeitos de instalação dos sistemas de drenagem), na operação (danos na camada impermeável, expansão ou contração da camada impermeável causada pelo contato com o percolado, ruptura de drenos, entrada excessiva de águas pluviais) e no pós-fechamento (ruptura dos sistemas de impermeabilização e drenagem por causa de recalques excessivos).

As consequências das falhas dependerão principalmente do projeto, das condições hidrogeológicas locais e das características dos resíduos. Muitas falhas têm como consequência final o escape de percolado ou gás, que é, na maioria dos casos, o evento mais preocupante.

A avaliação do impacto ambiental provocado pela migração de contaminantes de um aterro de resíduos para o entorno engloba: a análise da composição dos resíduos; a identificação dos produtos secundários de reação e decomposição; a determinação das características topográficas, geológicas, geotécnicas e hidrológicas do local; a estimativa do transporte e o destino dos constituintes dos resíduos e dos produtos secundários móveis; a estimativa do impacto no meio ambiente e na saúde humana se os componentes móveis atingirem receptores críticos; e a estimativa do tipo e intensidade de exposição da cadeia alimentar, saúde humana e meio ambiente.

Trata-se, portanto, de um estudo complexo e multidisciplinar. O escopo do trabalho da Geotecnia Ambiental são os processos envolvidos até a estimativa da quantidade e velocidade com que os contaminantes atingem o subsolo e corpos d'água. A análise posterior das consequências para o meio ambiente e para a saúde humana envolve profissionais das áreas de hidrologia, saneamento, biologia, higiene, saúde pública, agronomia, química e medicina, entre outras.

Projeto por critérios de desempenho

O projeto dos componentes de um aterro sanitário pode ser discutido dentro de dois enfoques principais:

* atendimento a prescrições existentes;
* atendimento a critérios de desempenho.

A maioria das normas e regulamentações ambientais internacionais atualmente tem um enfoque prescritivo. De maneira similar, grande parte das especificações técnicas utilizadas na construção de obras de terra tradicionais define o método construtivo, sem relacioná-lo ao comportamento futuro da obra. Contudo, outras normas e regulamentações postulam o produto final a ser obtido, explicitando o comportamento esperado e deixando para os responsáveis a tarefa de propor a metodologia executiva que melhor se adapte aos materiais e aos equipamentos disponíveis.

As principais vantagens do enfoque prescritivo são a garantia de um mínimo de proteção ambiental e a maior facilidade para a aprovação pelos órgãos licenciadores, principalmente quando falta um corpo técnico especialista, pois permite a fácil verificação comparativa dos itens propostos com aqueles especificados. Por outro lado, prescrições podem não ser suficientes para eliminar os impactos ambientais em locais de características hidrogeológicas complexas ou podem gerar projetos conservadores para características hidrogeológicas e climáticas favoráveis. Ademais, não se conhece a segurança de um projeto que segue as prescrições de normas; projetos que obedecem às mesmas prescrições podem ter diferentes coeficientes de segurança, pois as características dos resíduos e as condições climáticas e hidrogeológicas podem acarretar níveis de segurança muito diferentes.

Projetos desenvolvidos para o atendimento a critérios de desempenho promovem a utilização de conhecimentos atualizados, alavancando o desenvolvimento científico e tecnológico; propiciam melhor definição das variáveis de interesse ao projeto e análises mais rigorosas e exigem uma caracterização detalhada do local onde está sendo proposta a implantação do aterro de resíduos. Resultam em um projeto específico para o local e os resíduos a serem depositados. Por outro lado, podem requerer mais tempo e mais trabalho para aprovação, assim como maior número de ensaios e estudos prévios. A grande quantidade e a qualidade dos parâmetros de entrada necessários para o desenvolvimento de simulações de longo prazo do comportamento do aterro acabam por tornar mais atraentes, em alguns casos, projetos mais conservadores.

A dificuldade decorrente da necessidade de grande número de parâmetros representativos pode ser reduzida pela realização de análises paramétricas, isto é, uma série de simulações nas quais se verifica a sensibilidade do projeto à variação de cada parâmetro condicionante. Permite selecionar e se ater à obtenção dos parâmetros mais relevantes e até conceber um projeto final a partir da envoltória das situações simuladas.

A otimização dos requisitos para projetos de aterros de resíduos poderia situar-se no equilíbrio entre algumas prescrições para as características geométricas, geológicas e hidrogeológicas mínimas a serem obedecidas e a postulação clara dos critérios de desempenho. O projeto deveria, então, atender a ambas as condições. Alguns países, como Alemanha, Estados

Unidos, Canadá e Itália, aceitam projetos alternativos por critérios de desempenho, geralmente pela comprovação de equivalência com a prescrição.

No Brasil, o enfoque por critérios de desempenho permitiria o uso de solos locais que não atendem às prescrições de permeabilidade e/ou de materiais alternativos, possibilitando que os numerosos municípios com disposição inadequada de RSU construíssem aterros sanitários econômicos e ambientalmente seguros. As cidades mais populosas também se beneficiariam com o uso de materiais alternativos, dadas as grandes dimensões de seus aterros sanitários.

Modelagem no projeto de aterros de resíduos

Segundo Hachich (2000), os modelos têm como finalidade explicar a realidade e subsidiar decisões. A eficiência dos modelos está diretamente relacionada à finalidade. Para explicar a realidade, os modelos devem ser os mais completos possíveis, incorporando todos os parâmetros considerados relevantes e suas interrelações. Porém, para prever e decidir, ou seja, para o uso de engenharia, os modelos devem preferencialmente ser simples e depender de poucos parâmetros fáceis de obter.

Têm-se observado duas posturas quanto à problemática geoambiental dos aterros de resíduos, nem sempre excludentes ou conflitantes, antes complementares: o desenvolvimento de modelos teóricos de comportamento, aliados a ensaios laboratoriais, e o desenvolvimento de modelos empíricos baseados nos dados de comportamento observado em campo.

Por exemplo, modelos teóricos para previsão de recalques como o de Zimmerman *et al.* (1977) tentam abarcar muitos dos fenômenos que causam compressão dos RSU e representar fielmente seu complexo comportamento; por outro lado, exige um grande número de parâmetros, alguns de difícil estimativa.

O modelo mais completo, mais abrangente e conceitualmente mais correto não é necessariamente o melhor do ponto de vista de engenharia. Um modelo simples, que inclua os principais mecanismos, associado a uma análise paramétrica, pode ser eficaz, desde que estejam claras suas limitações. Posteriormente, pode-se aferir o modelo com dados de instrumentação. Hachich (2000) ressalta, entretanto, que mesmo o modelo mais simples deve resultar de um modelo conceitual e que "informações contidas nos dados não podem se sobrepor incondicionalmente a outras informações", isto é, não se podem descartar conhecimentos apenas em razão de algumas amostragens.

Os modelos empíricos são úteis quando não há clareza sobre a magnitude e a importância relativa dos fenômenos envolvidos, mas são restritos à situação de estudo e não permitem extrapolações para outras condições.

Os ensaios de laboratório sob condições controladas permitem melhor compreensão dos mecanismos atuantes e da sua importância relativa. Nem sempre fornecem parâmetros confiáveis de projeto, por não considerarem heterogeneidades e condições de contorno complexas de campo, que condicionam o comportamento real. Não obstante isso, são ferramentas úteis ao projeto, por indicarem tendências de comportamento e revelarem a falta de algum mecanismo relevante no modelo. Por exemplo, ensaios laboratoriais conduzidos por Gabas (2005) mostraram que a modelagem de transporte de metais em solos lateríticos, considerando apenas a reação química de sorção, não representa corretamente os mecanismos de retenção nesses solos.

Atualmente existem modelos matemáticos, muitos dos quais já implementados em programas computacionais, para vários aspectos relevantes no projeto de aterros de resíduos: balanço hídrico na camada de cobertura, migração de poluentes através do revestimento de fundo, geração de biogás, desenvolvimento dos recalques ao longo do tempo, entre outros.

À medida que se obtêm dados de obras existentes e novos conhecimentos teóricos, os modelos vão sendo aprimorados, fornecendo suporte de melhor qualidade para o projeto de aterros sanitários, para a avaliação do impacto ambiental e para simulações de eventuais intervenções na operação do aterro.

4.4 Seleção do local

Os principais objetivos da escolha de um local para disposição de resíduos são: garantir a segurança estrutural e ambiental do depósito a longo prazo; impedir a contaminação do ar, águas superficiais, águas subterrâneas, subsolo, fauna e flora locais; minimizar custos de transporte de resíduos a partir dos pontos de coleta, de desapropriação de terrenos e de desvalorização de propriedades no entorno; e minimizar outros tipos de impactos sociais e econômicos.

Frequentemente, escolhem-se pedreiras desativadas, áreas abertas de mineração e cortes rodoviários abandonados, pois os depósitos de resíduos são vistos como um método de recuperação de áreas já degradadas e sem utilidade social.

O enfoque tradicional no projeto de aterros de resíduos era "diluir e dispersar", ou seja, no passado considerava-se ideal a colocação dos resíduos em regiões com subsolo de alta permeabilidade, como arenitos ou solos porosos, onde se imaginava que o volume de água do aquífero teria a capacidade de diluir ou dispersar o chorume formado. Supunha-se que, assim, a concentração de qualquer poluente seria reduzida a níveis ecologicamente aceitáveis. Porém, pelo contrário, grande parte dos aterros sanitários assim localizados causaram poluição do aquífero.

Com a mudança do paradigma para confinamento dos resíduos, as características desejáveis para o subsolo passaram a ser baixa permeabilidade em profundidade suficiente, nível d'água subterrâneo baixo, alta capacidade de adsorção, capacidade de suporte suficiente, homogeneidade e pouca solubilidade química. A localização ideal para aterros de resíduos é um terreno com subsolo constituído de grande espessura de material pouco permeável em região não sísmica, não pantanosa e não sujeita a enchentes, com nível de água subterrâneo profundo e sem aquífero de água potável subjacente.

Outras considerações gerais para o local de disposição compreendem baixa densidade populacional, proximidade da fonte geradora e vias de transporte, baixo índice de precipitação, pouca declividade e distância razoável de qualquer fonte de abastecimento de água. Devem ser evitadas feições hidrogeológicas vulneráveis, como calcário ou arenito permeáveis; áreas de recente vulcanismo, movimento tectônico ou forte sismicidade; e proximidade de fazendas, aeroportos, zonas militares, áreas de proteção ambiental e reservas naturais.

Segundo a ABNT (1997), um local para implantação de aterros de resíduos não perigosos deve ser tal que o impacto ambiental decorrente seja minimizado, a aceitação pela população seja maximizada, a implantação esteja de acordo com o zoneamento da região e possa ser utilizado por um longo tempo, necessitando apenas de poucas obras no início da operação. Para aterros de resíduos perigosos, prescreve que o local esteja a uma distância mínima de 500 m de conjuntos residenciais e de 200 m de corpos d'água superficiais, com declividade máxima de 20% e evaporação média anual excedente à precipitação média anual em 500 mm, e que o subsolo seja constituído de extenso e homogêneo depósito de solo argiloso, com coeficiente de permeabilidade menor ou igual a 10^{-7} m/s (ABNT, 1987).

A Cetesb (1997) relaciona as seguintes características desejáveis para o local: condições topográficas adequadas; área de grandes dimensões; solo local predominantemente argiloso, homogêneo e impermeável, sem matacões, pedras e rochas aflorantes; área não sujeita a inundações; nível freático sem flutuações excessivas e situado o mais distante possível da superfície do terreno (mínimo de 3,0 m para solos argilosos e distâncias maiores para solos arenosos); distância mínima de 200 m de qualquer corpo d'água, 500 m de residências isoladas e a 2 km de áreas urbanas; direção dos ventos predominantes que não provoque o transporte de poeira e odores desagradáveis em direção aos núcleos habitacionais; e proximidade dos centros geradores de resíduos. Preconiza ainda que devem ser obedecidos os aspectos associados à estabilidade do aterro e às legislações de uso do solo e proteção dos recursos naturais, assim como considerados os problemas socioeconômicos.

Dados necessários

Para o projeto de aterros de resíduos, são necessários dados relativos ao local de disposição (topográficos, climáticos, geológicos e hidrogeológicos), aos resíduos (tipo, composição, comportamento, propriedades físico-químicas, volume e velocidade de aplicação) e a outros materiais que venham a ser empregados, como solos de empréstimo para compactação de camadas impermeáveis e geossintéticos.

Os dados climáticos compreendem precipitação, evapotranspiração e ventos. A precipitação e a evapotranspiração são fundamentais para o balanço hídrico, a partir do qual é feita a estimativa de geração de chorume. Informações sobre os ventos são necessárias para a avaliação do efeito dos odores nas áreas vizinhas.

Os dados geológicos necessários são, entre outros, a morfologia e a extensão das camadas do subsolo, a presença de cavidades e rochas solúveis no subsolo e riscos de terremotos. Por exemplo, se a cobertura de solo for pouco espessa, devem-se obter informações sobre a rocha subjacente, como o estado de intemperização, a solubilidade à água e ao percolado, a distribuição e a espessura (abertura) das juntas, e a permeabilidade a água, percolado e gases. A aceleração gerada por terremotos deve ser considerada na análise da estabilidade de taludes do maciço sanitário, e a presença de rochas solúveis ou cavidades subterrâneas pode sugerir a mudança de local de disposição ou a necessidade de projeto especial para a fundação do aterro.

Os dados hidrogeológicos incluem a espessura e a profundidade de aquíferos e aquitardos; o nível d'água subterrâneo; recarga, direção e vazão do fluxo subterrâneo; a permeabilidade ou transmissividade do aquífero; a composição química da água subterrânea; e a relação com os corpos d'água próximos, incluindo rios, considerando enchentes, e marés. A caracterização do aquífero subjacente e de seu regime de fluxo é fundamental para a modelagem de eventuais vazamentos e formação de plumas, utilizada no estudo do impacto ambiental do aterro de resíduos.

Os dados geotécnicos sobre as camadas do subsolo referem-se a espessura e continuidade; propriedades geomecânicas, como resistência ao cisalhamento e à erosão, permeabilidade a água, percolado e gases, porosidade; e caracterização química e mineralógica, como pH, teor de matéria orgânica, capacidade de troca catiônica. Outras informações importantes são a estabilidade dos taludes existentes e o potencial de melhoria da estanqueidade do subsolo. Avalia-se assim a fundação do aterro tanto do ponto de vista mecânico como do ambiental, supondo um eventual vazamento de percolado. Pode-se também investigar a presença de materiais trabalháveis no subsolo, que possam servir de material de empréstimo para os sistemas de revestimento de fundo e cobertura.

Sobre o material argiloso de empréstimo que venha a ser utilizado em camadas impermeáveis, devem-se conhecer: limites de consistência, distribuição granulométrica, peso específico natural, peso específico dos grãos, características de compactação, permeabilidade, teor de umidade natural e parâmetros de resistência e deformabilidade.

Métodos racionais

A seleção de um local para a construção de um aterro de resíduos sólidos urbanos é um problema complexo que envolve aspectos múltiplos, muitas vezes conflitantes. Por exemplo, a proximidade da fonte geradora é desejável para minimizar custos de transporte; por outro lado, uma maior distância das áreas urbanas é preferível por causa do aspecto sanitário, do impacto visual e dos odores, além da depreciação imobiliária do entorno.

Outro exemplo se refere à utilização de áreas de mineração abandonadas: o custo do terreno é baixo e a própria implantação do aterro representaria uma recuperação da área degradada; por outro lado, durante a exploração da mina, geralmente ocorrem explosões que fraturam o maciço rochoso, tornando-o inadequado em termos de impermeabilização. Além disso, nesses locais há carência de solo de cobertura.

A prática nacional consiste basicamente na utilização de propostas metodológicas empíricas desenvolvidas por equipes multidisciplinares trabalhando em projetos específicos, compostas por profissionais com vivência nos aspectos técnicos, operacionais, sociais e econômicos dos aterros de resíduos. O processo de decisão é baseado na experiência dos membros da equipe. As propostas metodológicas devem ter critérios muito bem definidos e explícitos, que possam ser defensáveis em instâncias legais.

Dentro dessa abordagem, foi desenvolvido, em 1987, o método Drastic da Usepa (Agência de Proteção Ambiental dos EUA) para comparar a adequação de diferentes alternativas de locais com base no potencial relativo de poluição das águas subterrâneas. Os dados fundamentais do método são a profundidade do nível d'água subterrâneo, recarga, características do aquífero e do solo, topografia, impacto na zona insaturada e condutividade hidráulica do aquífero.

Zuquette e Gandolfi (1994) propuseram um procedimento para seleção preliminar de locais baseado em aspectos geológicos, com o objetivo de orientar a elaboração de mapeamento geotécnico específico para disposição de resíduos, prática interessante principalmente para países com território extenso e poucos recursos econômicos. O método classifica cada atributo de uma área em favorável, moderado, severo ou restritivo para uma determinada forma de disposição. As formas de disposição consideradas são: aterro sanitário, lagoa, fossa, fossa séptica, irrigação e pulverização. Os autores definem atributos para o substrato rochoso, o material não consolidado (solo), a água subterrânea, os processos geológicos, o relevo e as condições climáticas.

Novas propostas vêm sendo desenvolvidas na última década, enfocando os atributos que reflitam a formação e a experiência dos profissionais envolvidos.

Há também metodologias baseadas em Sistemas de Informações Geográficas (SIG), utilizando suas ferramentas apenas para excluir locais inapropriados e fazer uma seleção preliminar das áreas alternativas. A seguir essas áreas serão comparadas em maior profundidade por algum outro método. No Brasil, vêm sendo desenvolvidos diversos trabalhos de cartografia geoambiental com o propósito de classificar áreas para a localização de aterros sanitários, com vistas ao planejamento ambiental.

Uma alternativa promissora é adaptar métodos de tomada de decisão já estabelecidos em outras áreas. A análise tradicional de problemas relacionados a obras de grande porte baseava-se na estimativa de custos e benefícios. Desde os anos 1960, vem-se impondo uma abordagem mais ampla, que inclui objetivos ambientais e sociais, com o consequente desenvolvimento de diversos métodos de auxílio à decisão, capazes de tratar de maneira formal problemas com objetivos múltiplos.

Alguns trabalhos utilizando métodos de tomada de decisão na seleção de locais para a construção de aterros de resíduos já vêm sendo realizados no Brasil e no exterior. Embora mais trabalhosos que as propostas metodológicas, permitem uma visualização mais objetiva do problema, fazem o melhor uso possível das informações e têm consistência matemática. A visualização mais precisa decorre da identificação das variáveis intervenientes no problema, da caracterização das relações lógicas entre essas variáveis, do estabelecimento das condições de contorno, da previsão das consequências das ações, da estipulação de uma unidade de medida comum que permite compará-las e, finalmente, da expressão clara dos critérios de decisão.

4.5 Construção e operação de aterros sanitários

Um aterro sanitário no Brasil desenvolve-se nas seguintes operações e sequência construtiva:

* a área de disposição é recoberta com um revestimento inferior ou de base, composto por camadas de drenagem e impermeabilização (Fig. 4.6);

* a construção das camadas de RSU é feita pelo método de aterro em rampa (Fig. 4.7): o lixo é descarregado de caminhões basculantes no pé da rampa; o trator de esteiras empurra o lixo de baixo para cima, subindo pelo talude e compactando cada camada com três a cinco passadas em toda a sua extensão;

* o lixo depositado e compactado é coberto diariamente com uma camada de solo, inclusive os taludes, em uma espessura aproximada de 15 cm;

* o aterro é construído em células, com altura geralmente entre 2 e 4 metros;

* as células são revestidas na base, topo e laterais por camadas de solo;

* há drenagem na base das células;

* para a sobreposição de uma célula, aguarda-se tempo suficiente para que se processe a decomposição aeróbica do lixo;

* o topo do aterro recebe um sistema de impermeabilização superior ou cobertura final, composto por camadas de drenagem e impermeabilização;

* um sistema de drenagem superficial constituído de canaletas e escadas d'água é construído sobre a cobertura final e no perímetro do aterro (Fig. 4.8);

* há drenos verticais para o escape dos gases gerados pela decomposição anaeróbia do lixo (Fig. 4.9).

Fig. 4.6 *Construção do revestimento de fundo, com camadas impermeabilizantes e drenantes*
Fonte: Monteiro et al., 2006.

Fig. 4.7 *Aterro em rampa*

Fig. 4.8 *Drenagem superficial: bermas com canaletas e escadas d'água*
Fonte: Simões et al., 2006.

Fig. 4.9 *Dreno vertical para gases*
Fonte: Felipetto, 2006.

Além dessas operações fundamentais, procede-se à construção das estruturas de apoio: cerca de arame farpado ou tela para evitar entrada de pessoal não autorizado, bem como para reter papéis, plásticos e outros detritos carregados pelo vento; guaritas nos pontos de entrada e saída de veículos; estradas de acesso e praças de descarga em boas condições de trafegabilidade; instalações destinadas à administração e à fiscalização; sistema de iluminação para o trabalho noturno; balança com capacidade mínima de 30 toneladas; pátio para estocagem de materiais (brita, terra, areia); eventualmente, a construção de dormitórios, almoxarifado, cozinha e instalações sanitárias.

A Fig. 4.10 apresenta esquematicamente um aterro sanitário em diversas fases e seus sistemas. A fase inicial de implantação de um aterro sanitário pode ser visualizada na Fig. 4.11. Nas Fig. 4.12 a 4.14 são apresentadas vistas gerais de aterros sanitários brasileiros.

Os aterros podem ser construídos acima ou abaixo do nível original do terreno. Os aterros construídos acima do nível original do terreno resultam em configurações típicas de escada ou tronco de pirâmide. Em terrenos acidentados, os resíduos são despejados junto à base de um desnível existente e compactados por um trator de esteiras que empurra os resíduos contra esse desnível natural, em movimentos ascendentes, gerando rampas inclinadas de aproximadamente 1(V):3(H), como mostrado na Fig. 4.7. Em terrenos planos, é necessário criar desníveis com os próprios resíduos, amontoando-os e compactando-os, assim produzindo uma elevação em formato de tronco de pirâmide, depois coberta por uma camada de solo; a célula inicial, base para a construção das demais, é chamada de célula-mãe.

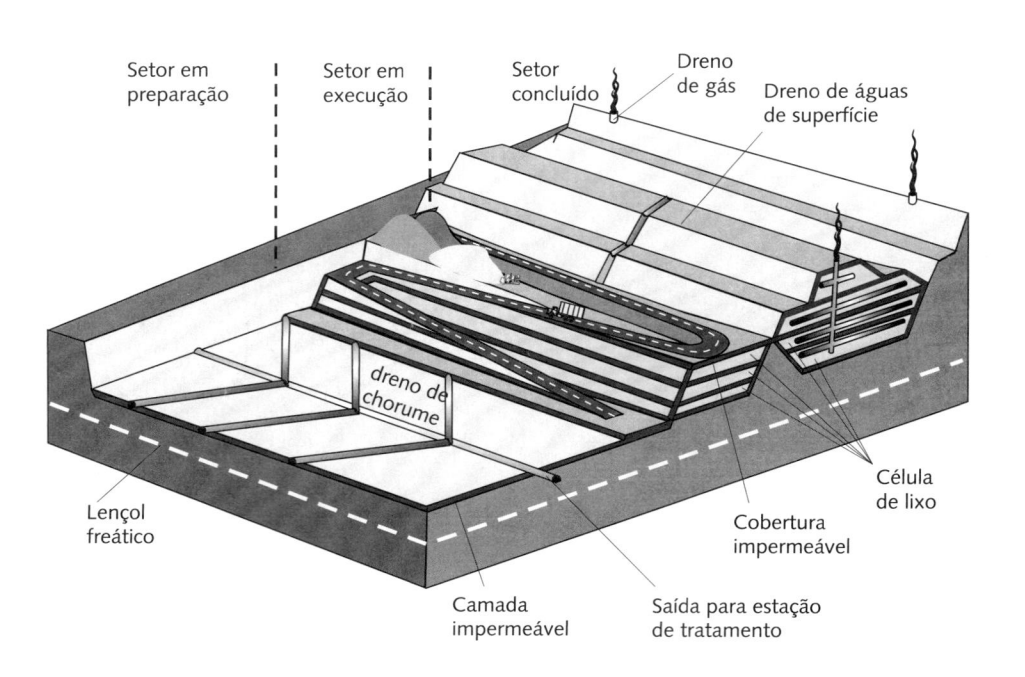

Fig. 4.10 *Aterro sanitário em diversas fases e seus sistemas*
Fonte: IPT, 2000.

Fig. 4.11 *Aterro sanitário em implantação*
Fonte: Felipetto, 2006.

Fig. 4.12 *Vista geral do Aterro Sanitário Bandeirantes, em São Paulo*
Fonte: Kaimoto et al., 2006.

As construções abaixo do nível original do terreno compreendem escavações já existentes ou valas escavadas especialmente para o recebimento de resíduos, como mostra a Fig. 4.15.

Os principais problemas na utilização de pedreiras abandonadas são a existência de paredões de rocha nua, geralmente fraturados e irregulares; escassez de solo para cobertura; e sérios problemas de drenagem de águas pluviais e percolado. O aproveitamento de boçorocas só deve ser realizado após minucioso estudo técnico, por causa da possibilidade de deflagrar novamente o processo erosivo.

Fig. 4.13 *Vista geral do Aterro de Muribeca, em Recife*
Fonte: Jucá, 2002.

A escavação de valas ou trincheiras para deposição de resíduos nem sempre é viável, como em terrenos rochosos ou em regiões com nível freático muito próximo da superfície. As trincheiras de grandes dimensões são operadas como um aterro convencional, com ingresso de veículos para descarregamento dos resíduos no interior da trincheira. Em municípios de pequeno porte, constroem-se valas menores, os resíduos não são compactados e a cobertura de solo é realizada manualmente.

Fig. 4.14 *Vista geral do Aterro Nova Iguaçu, no Estado do Rio de Janeiro*

Fig. 4.15 *Aterro em vala*

4.6 Legislação e normalização

O art. 225 do Capítulo VI da Constituição Federal, "Do meio ambiente", declara: "Todos têm direito ao meio ambiente ecologicamente equilibrado, bem de uso comum do povo e essencial à sadia qualidade de vida, impondo-se ao poder público e à coletividade o dever de defendê-lo e preservá-lo para as presentes e futuras gerações". Também incumbe o poder público de "exigir, na forma da lei, para instalação de obra ou atividade potencialmente causadora de significativa degradação do meio ambiente, estudo prévio de impacto ambiental, a que se dará publicidade".

O Conselho Nacional do Meio Ambiente (Conama) do Ministério do Meio Ambiente tem uma série de Resoluções relacionadas direta ou indiretamente a aterros de resíduos.

A Resolução Conama nº 1 (1986) dispõe sobre critérios básicos e diretrizes gerais para o Estudo de Impacto Ambiental (EIA) e para o Relatório de Impacto Ambiental (Rima), instituindo sua obrigatoriedade para o licenciamento de atividades modificadoras do meio ambiente.

As Resoluções Conama nº 237 (1997), nº 307 (2002) e nº 308 (2002) dispõem, respectivamente, sobre aspectos de licenciamento ambiental estabelecidos na Política Nacional do Meio Ambiente, sobre gestão dos resíduos da construção civil e sobre licenciamento ambiental de sistemas de disposição final dos resíduos sólidos urbanos gerados em municípios de pequeno porte.

A Portaria nº 518 do Ministério da Saúde (2004) estabelece padrões de potabilidade da água destinada ao consumo humano por meio de parâmetros microbiológicos, físicos e organolépticos (detectados pelos sentidos) e concentrações de substâncias inorgânicas e orgânicas que afetam a saúde ou a qualidade organoléptica.

Os Estados podem ter leis, decretos e portarias mais restritivos do que a legislação federal.

A Associação Brasileira de Normas Técnicas (ABNT) tem as seguintes normas relativas a aterros de resíduos:

NBR 8.418 (1984) – Apresentação de projetos de aterros de resíduos industriais perigosos.

NBR 8.419 (1992) – Apresentação de projetos de aterros sanitários de resíduos sólidos urbanos.

NBR 8.849 (1985) – Apresentação de projetos de aterros controlados de resíduos sólidos urbanos.

NBR 10.157 (1987) – Aterros de resíduos perigosos – Critérios para projeto, construção e operação.

NBR 13.896 (1997) – Aterros de resíduos não perigosos – Critérios para projeto, implantação e operação – Procedimento.

NBR 15.112 (2004) – Resíduos sólidos da construção civil e resíduos volumosos – Áreas de transbordo e triagem – Diretrizes para projeto, implantação e operação.

NBR 15.113 (2004) – Resíduos sólidos da construção civil e resíduos inertes – Aterros – Diretrizes para projeto, implantação e operação.

NBR 15.114 (2004) – Resíduos sólidos da construção civil – Áreas de Reciclagem – Diretrizes para projeto, implantação e operação.

As normas e as leis brasileiras ainda se baseiam significativamente nas internacionais, vigentes em países mais desenvolvidos e que despertaram antes para os problemas ambientais. Embora essas regulamentações geralmente resultem de pesquisas de longo prazo e de dados de monitoramento de aterros em operação, ainda assim devem ser revistas dentro da perspectiva nacional, tanto de recursos humanos e econômicos, como do clima e dos materiais típicos do País.

4.7 O aterro como biorreator

Uma técnica de gerenciamento de resíduos que vem ganhando expressão é a operação de aterros sanitários como biorreatores. O aterro passa a ser um local para tratamento dos resíduos, mais do que para armazenamento. A decomposição microbiana da massa de resíduos é incentivada, visando à redução da massa e volume totais de resíduos e à geração de biogás para aproveitamento energético.

A promoção da decomposição microbiana pode envolver condições aeróbicas ou anaeróbicas. Em aterros biorreatores aeróbicos, procura-se sustentar a fase aeróbica por mais tempo do que geralmente ocorre em aterros convencionais. Nos aterros biorreatores anaeróbios, tenta-se reduzir significativamente o tempo da fase metanogênica.

As vantagens principais dos aterros biorreatores são:
* estabilização mais rápida da massa de resíduos, que se completa em 5 a 10 anos, enquanto em aterros convencionais são necessários de 30 a 100 anos;
* aumento da produção de biogás;
* aumento dos recalques finais e da velocidade de recalque;
* redução da carga poluente no percolado, resultante da redução parcial a total dos produtos orgânicos, da diminuição da DBO, do aumento da produção de ácidos graxos que elevam o pH e reduzem a capacidade do chorume de transportar metais e da geração de um material semelhante ao húmus que age como um filtro para sais e metais presentes no chorume.

Aterros biorreatores apresentam recalques durante a vida útil muito superiores aos dos aterros convencionais. A aceleração dos recalques resulta em um espaço adicional que aumenta a vida útil do aterro.

Nos aterros aeróbicos, os benefícios da aceleração da estabilização do chorume e da geração de biogás se evidenciam mais rapidamente do que nos anaeróbicos. Por outro lado, aterros aeróbicos não produzem quantidades significativas de metano, portanto o biogás gerado não tem potencial econômico para aproveitamento energético.

As desvantagens dos aterros biorreatores são as pressões neutras elevadas, a acumulação de azoto no chorume e a eventual degradação da cobertura e dos sistemas de injeção de líquidos e de captação de biogás por causa dos recalques diferenciais.

A cobertura impermeável com a finalidade de impedir a infiltração das águas pluviais é também essencial nos aterros biorreatores para evitar escape de metano e entrada de oxigênio. Para prevenir a degradação da cobertura por causa dos recalques diferenciais, pode-se construir uma cobertura provisória semipermeável para os primeiros anos, para ser substituída futuramente por uma cobertura impermeável definitiva.

A presença de líquido na massa de resíduos é um fator-chave para sustentar a operação do biorreator, ou seja, o teor de umidade é um parâmetro crítico para a operação. A água é consumida na decomposição dos resíduos e removida nas emissões gasosas e pelos sistemas de coleta de percolado. Para compensar as perdas de água e manter a atividade microbiana, pode ser necessário adicionar água do sistema de abastecimento, águas residuárias, chorume ou outros líquidos.

Os líquidos podem ser introduzidos na massa de resíduos por pré-umidificação, aspersão, valas escavadas na superfície do aterro e poços de injeção. Para a distribuição da umidade dentro do maciço, tanto tubulações horizontais como poços têm se mostrado eficientes. A Fig. 4.16 apresenta algumas das soluções possíveis para umidificação do maciço sanitário.

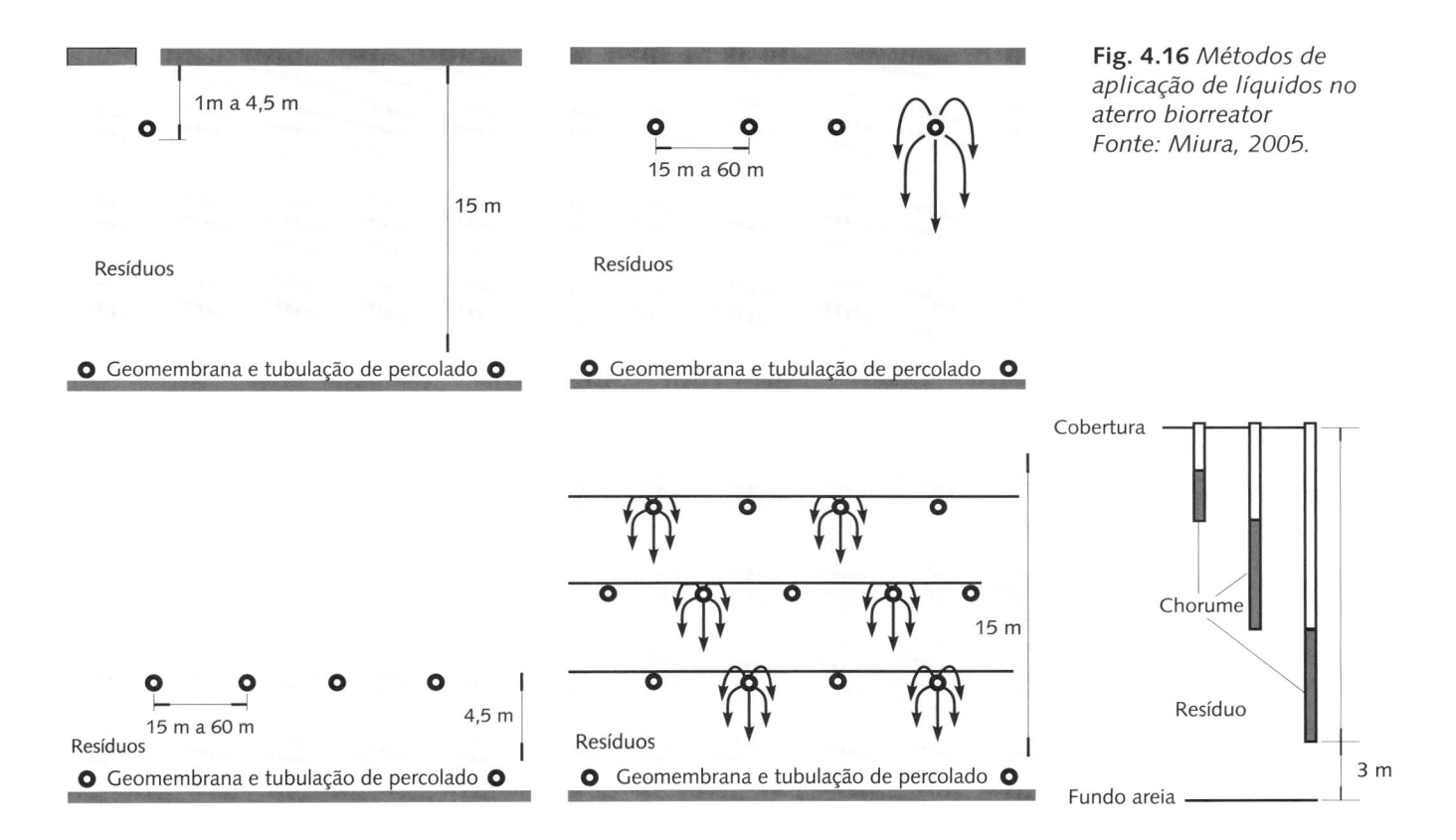

Fig. 4.16 *Métodos de aplicação de líquidos no aterro biorreator*
Fonte: Miura, 2005.

Aspectos preocupantes quanto à recirculação de líquidos são: a geração de pressões neutras elevadas que podem comprometer a estabilidade do maciço sanitário; a formação de um material húmico fino e pastoso, de baixa permeabilidade, que prejudica a percolação dentro do aterro e a eficiência do sistema de coleta de percolado; e as coberturas diárias de solo, que podem também virar barreiras ao movimento dos fluidos.

No Quadro 4.1, estão listadas algumas experiências de aterros biorreatores com recirculação de chorume.

Quadro 4.1 Experiências com aterros biorreatores

Localização	Dimensão	Técnica utilizada	Volume reinjetado	Conclusões e resultados
Lycoming County, Pennsylvania, EUA (1985)	3 células: 13 ha e altura máxima de 21 m	Recirculação (1978-1984) Aspersão Trincheiras Trincheiras preenchidas com material esmagado Poços	24.600 m³ (de 11/1979 a 1/1981) e 49.200 m³ nos três primeiros anos	Aumento da velocidade de degradação e da produção de metano (40% da capacidade de CH_4 esgotada em quatro anos para a célula 1 e aumento de 100% em cinco anos da produção da célula 2 – 10.000m³/dia em 1983) Recirculação por trincheiras e saturação provocou fugas; reinjeção por poços foi a mais eficaz Chorume estabilizou mais rapidamente
CSD Seamer Car, Reino Unido (1984)	2 células: 1 ha e 4 m de altura Densidade: 0,80 a 0,99t/m³	Recirculação por aspersão (8/1980 a 12/1982)	1980 – 300 m³ 1981 – 3.780 m³ 1982 – 11.400 m³ média de 530 m³/mês	Redução rápida do teor orgânico do chorume com o aumento da umidade dos resíduos Camada intermediária de argila ocasionou transbordamento; realização de furos na superfície para melhorar infiltração As quantidades residuais de DQO, azoto e cloreto demandam um tratamento posterior do chorume
Delaware Solid Waste Authority, EUA (1993)	5 células: 3,6 a 8,9 ha	Recirculação (1983-1992) Aspersão Canalização horizontal Poços	Aspersão: 0,38 m³/min Poços: 0,076 a 0,76 m³/min Total: 94.063 m³, = 58,7% do chorume produzido	Aceleração da taxa de biodegradação (redução rápida da DQO, DBO e COT) Melhor qualidade do biogás (55% de CH_4) Tratamento não caro do chorume (sistema de recirculação foi cerca de 10 vezes menos caro do que uma estação de tratamento)
CSD Bornhausen, Alemanha (1989)	3 células: 50 m² e 4 m de altura 2 células: 0,6 ha e 2 m de altura	Recirculação, camadas finas fracamente compactadas permitindo aeração natural	Não disponível	Redução em 50% do tempo de estabilização (230 dias para uma célula de 0,5 ha em vez de 460 dias) A recirculação de chorume "jovem" sobre células já estabilizadas reduziram de 90% a 99% a taxa de DQO e DBO, demonstrando que a recirculação serve também para tratamento de chorume Aeração mais eficaz que recirculação
Yolo County, EUA (2003)	2 células anaeróbicas: 24,3 ha e 14,2 ha 1 célula aeróbica: 12,1 ha	Reinjeção horizontal em toda a altura (8/01 a 12/02) e adição complementar de água	Adição de água: 3.822 m³ Recirculação de chorume: 2.176,7 m³ sobre os anaeróbicos	Diminuição da quantidade de metais e substâncias orgânicas no chorume desde o começo da recirculação A canalização horizontal sobre um leito de pneus esmagados é uma boa estratégia para a reinjeção Obstrução do tubo do sistema de reinjeção durante a recirculação

COT – Carbono orgânico total
Fonte: Miura, 2005.

5 Projeto de aterros de resíduos: revestimento de fundo, cobertura, sistemas de drenagem

O princípio do aterro de resíduos é controlar a migração de contaminantes para o meio ambiente mediante a contenção dos resíduos, com a finalidade de evitar a poluição das águas superficiais, das águas subterrâneas e do ar, assim como reações adversas na cadeia alimentar.

O projeto global de um aterro de resíduos visa impedir o contato direto da massa de resíduos com o terreno natural, assim como sua exposição prolongada à atmosfera. Os elementos estruturais são, por sua vez, projetados com a finalidade de evitar emissões não permitidas.

A área do terreno onde serão dispostos os resíduos é coberta com o revestimento de fundo ou de base, destinado à contenção do percolado.

O aterro é construído em células: uma parte do terreno é devidamente preparada e recebe os resíduos, até que a massa de resíduos atinja determinada cota; encerra-se nesse momento a célula e começa-se a construção da célula adjacente. A célula completa recebe uma cobertura intermediária, sobre a qual é posicionado o sistema de drenagem da célula sobrejacente. Após a construção de um certo número de células, inicia-se o alteamento de uma nova camada de células.

Quando o aterro atinge a sua cota de encerramento, sobre a superfície final dos resíduos é construída a cobertura ou o revestimento superior, que tem a finalidade de evitar a entrada de água e a saída de gases da massa de resíduos, além de permitir a recomposição paisagística da área.

Na Fig. 5.1 apresenta-se um aterro sanitário em construção; pode-se observar uma nova célula sendo construída, uma em construção aguardando a colocação do sistema de drenagem, outra sendo preenchida por resíduos e as demais já completas e cobertas.

No caso de aterros sanitários, os resíduos dispostos geralmente são compactados para reduzir o volume e melhorar as propriedades mecânicas do maciço; quando possível, realiza-se tratamento prévio dos resíduos para redução de volume e/ou inertização, como enfardamento, trituração e tratamento biológico. Os resíduos são cobertos diariamente com uma camada lançada de solo ou de outro material menos nobre para proteção sanitária, isto é, evitar carreamento de material particulado pelo vento, geração de odores, proliferação de vetores e contato de seres humanos e de animais com os resíduos. As camadas de cobertura diária terminam por representar um percentual significativo do volume do maciço sanitário; ademais, causam descontinuidades na permeabilidade vertical do maciço, formando níveis suspensos de percolado e bolsões de gás. Uma alternativa interessante é a utilização de mantas, lonas ou geossintéticos, colocados sobre os resíduos no final da jornada de trabalho e removidos no dia seguinte para a continuação da disposição (Silva, 2004).

Fig. 5.1 *Aterro sanitário em construção Fonte: Ferrari, 2005.*

A contenção dos resíduos é garantida, portanto, por meio do revestimento de fundo e da cobertura, além das práticas de construção em células e de cobertura diária, como mostrado esquematicamente na Fig. 5.2; alguns locais de disposição são também confinados por barreiras verticais. Esses elementos de contenção são constituídos de sistemas de drenagem e/ou de impermeabilização, que são os pontos cruciais na segurança dos aterros de resíduos.

A seguir serão apresentados os principais elementos que formam o aterro de resíduos, assim como os materiais mais frequentemente utilizados em sua construção.

5.1 Materiais

Os solos são tradicionalmente os materiais mais utilizados nas obras civis com finalidade de proteção ambiental, tanto em camadas de drenagem como de impermeabilização. Os geossintéticos, contudo, vêm paulatinamente substituindo os solos desde seu surgimento, na década de 1970, por causa da homogeneidade, da boa caracterização das propriedades hidráulicas e mecânicas, da facilidade de instalação, da variedade de funções e crescente disponibilidade, principalmente quando faltam materiais naturais que atendam às especificações de projeto nas proximidades da obra. Apesar do controle de qualidade na fabricação, o desempenho dos geos-

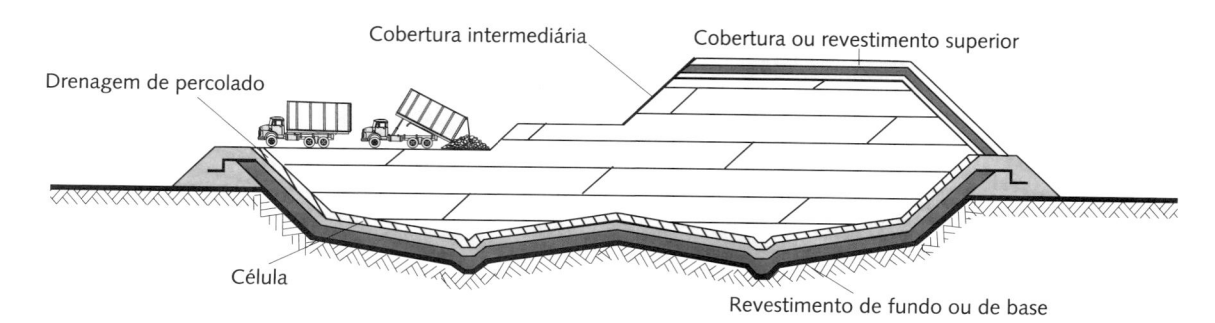

Fig. 5.2 *Elementos de contenção de um aterro de resíduos*

sintéticos depende muito da qualidade da instalação na obra. Como produtos recentes na Geotecnia, os geossintéticos têm sido alvo de pesquisas em laboratório e em campo, principalmente em relação ao desempenho em longo prazo e à interação com diversos produtos químicos.

Outros materiais podem ser empregados nas camadas impermeáveis e drenantes, como mencionado nos itens sobre revestimentos de fundo e coberturas alternativos. A tendência atual é procurar utilizar resíduos reciclados em substituição aos solos, a fim de preservar os recursos naturais e diminuir o volume de resíduos dispostos. Na perspectiva do desenvolvimento sustentável, um resíduo deve ser considerado como um produto derivado ou um subproduto (*by-product*), para o qual se deve encontrar uma forma de utilização proveitosa.

Solos

Os solos empregados nas camadas drenantes são areia, pedregulho, brita, bica corrida (material britado sem separação granulométrica após a saída do britador, com diâmetro entre 0 e 76 mm) e rachão (material britado sem separação granulométrica após a saída do britador, com diâmetro entre 20 e 76 mm).

Nas camadas impermeáveis, geralmente são utilizados solos argilosos compactados. Na falta de solos finos, podem ser empregadas misturas de solos com bentonita.

Geossintéticos

Geossintético, segundo a NBR 12553 (ABNT, 2003), é a denominação genérica de produtos poliméricos (sintéticos ou naturais), industrializados, desenvolvidos para utilização em obras geotécnicas, que desempenham uma ou mais funções, entre as quais se destacam: reforço, filtração, drenagem, proteção, separação, impermeabilização e controle de erosão superficial. Em alguns casos, um geossintético pode ter múltiplas funções; por exemplo, uma camada de geocomposto para drenagem pode também servir como proteção para a geomembrana subjacente.

Há atualmente um grande número de geossintéticos desenvolvidos para diversas aplicações; a NBR 12.553 (ABNT, 2003) lista 13 tipos. Os de maior aplicação na Geotecnia Ambiental são: geotêxteis (GT), geomembranas (GM), geocompostos argilosos para barreira impermeável (GCL) e geocompostos para drenagem (GCD). Georredes (GN), geogrelhas (GG), geocélulas (GL) e geomantas (GA) também são eventualmente utilizadas.

O Quadro 5.1 apresenta as funções dos geossintéticos mais utilizados nos aterros de resíduos.

Quadro 5.1 Funções dos diferentes geossintéticos

Geossintético	Reforço	Filtração	Drenagem	Proteção	Separação	Impermeabilização	Controle de erosão superficial
Geotêxtil tecido	x		x	x	x		
Geotêxtil não tecido	x	x	x	x	x		
Geomembrana					x	x	
Geocomposto argiloso						x	
Geocomposto para drenagem	x	x	x				
Georredes			x				
Geogrelha	x						
Geocélula	x			x			x
Geomantas							x

Fonte: modificado de Palmeira, 1998.

Os geossintéticos são geralmente compostos de polímeros sintéticos, entre eles o policloreto de vinila ou polivinilclorido (PVC), polietileno de alta densidade (PEAD), polipropileno (PP), poliéster (PET), poliamida (PA) e polietileno clorossulfonado (CSP).

Os geotêxteis, o primeiro tipo de geossintéticos utilizado nas obras geotécnicas, são produtos têxteis permeáveis, bidimensionais, flexíveis e finos. Podem ser:

* não tecidos, isto é, compostos por fibras cortadas ou filamentos contínuos distribuídos aleatoriamente e ligados por agulhagem, aquecimento ou produtos químicos (Fig. 5.3);
* tecidos, ou seja, produzidos pelo entrelaçamento de fios, filamentos ou fitas, com direções preferenciais segundo a fabricação (Fig. 5.4);
* tricotados, resultantes do entrelaçamento de fios por tricotamento.

Fig. 5.3 *Geotêxtil não tecido*
Fonte: Nilex, 2007.

As propriedades dos geotêxteis dependem do polímero que os constitui e da estrutura determinada pelo método de fabricação.

As geomembranas se caracterizam por serem produtos flexíveis, contínuos e impermeáveis, com espessuras de 0,5 a 2,5 mm e coeficientes de permeabilidade entre 10^{-12} e 10^{-15} m/s. As geomembranas de PEAD, bastante resistentes a substâncias químicas corrosivas como os hidrocarbonetos clorados, são as mais utilizadas em aterros de resíduos.

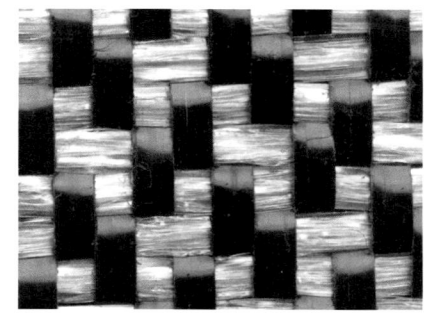

Fig. 5.4 *Geotêxteis tecidos*
Fonte: Palmeira, 1991 apud *Silva, 2004.*

Os geocompostos argilosos para barreira impermeável são membranas constituídas por uma camada de bentonita entre dois geotêxteis (tecido ou não tecido) ou uma camada de bentonita sob uma geomembrana, como mostra a Fig. 5.5.

ⓐ Geotêxteis superior e inferior colados com adesivo à bentonita

Bentonita + Adesivo

ⓑ Bentonita e geotêxteis superior e inferior atravessados por agulhamento

Bentonita

ⓒ Bentonita ligada aos geotêxteis inferior e superior por grampeamento

Bentonita

ⓓ Geomembrana e bentonita ligadas por adesivo

Bentonita + Adesivo

Fig. 5.5 *Geocomposto argiloso para barreira impermeável (GCL)*
Fonte: Daniel e Koerner, 1995.

Os geocompostos para drenagem são constituídos de geotêxtil atuando como filtro e uma georrede ou um geoespaçador como elemento drenante (Fig. 5.6).

Geocomposto impermeável

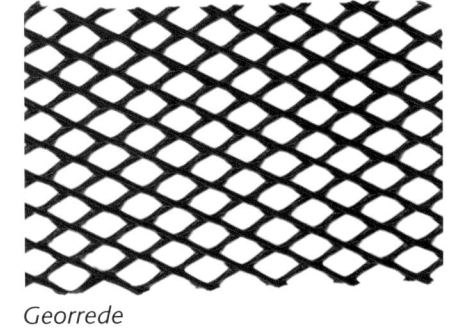

Geocomposto drenante

Georrede

Geomembrana

Fig. 5.6 *Geossintéticos*

5 Projeto de aterros de resíduos

Os geossintéticos são em sua maioria bidimensionais, fabricados em painéis, lençóis ou panos de largura constante, e enrolados em bobinas. No local de instalação, as bobinas são desenroladas sobre uma superfície devidamente preparada. Para cobrir a área necessária e formar uma camada contínua, os painéis ou elementos são superpostos e emendados, como mostra a Fig. 5.7.

Fig. 5.7 *Instalação de geomembranas: (a) GM e GCL em bobinas; (b) colocação em painéis sobrepostos; (c) emendas por solda química; (d) área revestida*
Fonte: Ferrari, 2005.

As propriedades dos geossintéticos podem ser determinadas para o controle de qualidade de fabricação (propriedades índices) ou para atender à aplicação desejada (propriedades de projeto ou desempenho). Os ensaios índices são destinados à caracterização do geossintético, os ensaios de comportamento avaliam os efeitos das solicitações físico-químicas nas propriedades do geossintético e os ensaios no sistema solo/geossintético obtêm parâmetros de interação peculiares a cada obra.

Há normas para nomenclatura, ensaios de propriedades índices e de desempenho, recebimento, armazenamento, instalação e controle de qualidade. A ABNT vem, nos últimos anos, elaborando uma série de novas normas brasileiras para geossintéticos e revisando antigas, dentre as quais:

* NBR 12.553 – Geossintéticos – Terminologia (2003).
* NBR 12.568 – Geossintéticos – Determinação da massa por unidade de área (2003).
* NBR 12.592 – Geossintéticos – Identificação para fornecimento (2003).

* NBR 15.225 – Geossintéticos – Determinação da capacidade de fluxo no plano (2005).
* NBR 15.226 – Geossintéticos – Determinação do comportamento em deformação e na ruptura, por fluência sob tração não confinada (2005).
* NBR 15.227 – Geossintéticos – Determinação da espessura nominal de geomembranas termoplásticas lisas (2005).

5.2 Revestimento de fundo

Conceituação

O revestimento de fundo de aterros de resíduos tem como função reduzir o transporte de poluentes para a zona insaturada e/ou ao aquífero subjacente até concentrações não prejudiciais à saúde humana e ao meio ambiente. É composto basicamente por camadas de impermeabilização (*liners*), drenagem e transição. A Fig. 5.8 apresenta um esquema ilustrativo de um revestimento de fundo.

O revestimento de base da Fig. 5.8 é composto das seguintes camadas, de baixo para cima:

* camada de argila compactada com coeficiente de permeabilidade menor ou igual a 1×10^{-9} m/s;
* geomembrana;
* camada de proteção da geomembrana, de geotêxtil;
* camada drenante de percolado, de material granular;
* camada de separação e filtração, de solo de granulometria intermediária entre a dos resíduos e a da camada drenante.

Para a impermeabilização, podem ser utilizadas camadas de solo compactado (*compacted clay liner* ou CCL), geossintéticos (geomembrana – GM, ou geocomposto argiloso para barreira impermeável – GCL) ou, mais usualmente, uma combinação destas. No exemplo apresentado, a impermeabilização é obtida pela combinação da camada argilosa com a geomembrana. Há uma tendência atualmente de substituir a camada de solo pelo GCL quando faltam jazidas com características adequadas na proximidade da obra.

Sobre a geomembrana deve ser colocada uma camada de proteção de solo, geotêxtil ou GCL contra danos causados pela instalação da camada de drenagem e pelas solicitações decorrentes do peso dos resíduos, principalmente punção e rasgos.

A camada de drenagem permite a coleta de percolado para tratamento, além de reduzir a carga hidráulica sobre a barreira. Pode ser constituída de material granular, como no exemplo, ou de georredes (GN) e geocompostos drenantes (GCD). Pesquisas têm sido realizadas para utilizar resíduos reciclados granulares como material alternativo (Silva, 2004).

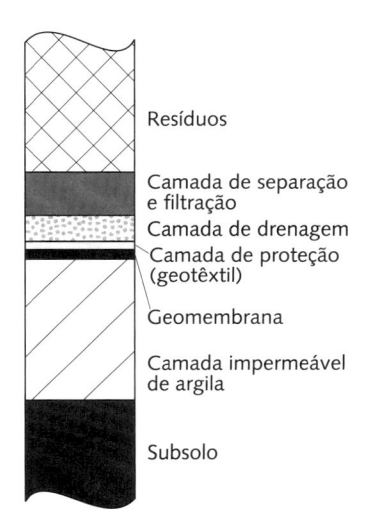

Fig. 5.8 *Esquema ilustrativo do revestimento de fundo*

A camada de separação e filtração evita o contato direto dos resíduos com a camada drenante e o carreamento de partículas dos resíduos ou de sólidos suspensos no chorume para os vazios do material drenante. Pode ser utilizado um solo que atenda aos critérios de filtro de Terzaghi ou um geotêxtil adequadamente selecionado. Os geocompostos drenantes (GCD) já possuem em sua estrutura uma camada de separação e filtração constituída de geotêxtil.

Prescrições

Diferentes configurações de revestimento de fundo são exigidas pelas normas técnicas e legislações de vários países. As Figs. 5.9 e 5.10 apresentam revestimentos de fundo para aterros de, respectivamente, resíduos perigosos e resíduos sólidos urbanos de diversos países.

Observa-se que um sistema de impermeabilização constituído por uma geomembrana sobrejacente a uma camada de solo argiloso compactado com coeficiente de permeabilidade saturado máximo de 10^{-9} m/s tem sido a especificação mais frequentemente utilizada em aterros de resíduos. A Alemanha é mais restritiva, exigindo coeficiente de permeabilidade menor ou igual a 10^{-10} m/s, enquanto a França aceita como *liner* um terreno natural com espessura mínima de 5 m de solo não saturado com coeficiente de permeabilidade saturado máximo de 10^{-6} m/s para aterros de RSU e 10^{-9} m/s para aterros de resíduos perigosos. Apenas a Suíça e o Reino Unido dispensam a utilização de geomembrana de PEAD, para aterros de resíduos de incineração e de RSU, respectivamente.

O valor de coeficiente de permeabilidade máximo de 10^{-9} m/s resulta da aplicação da Lei de Darcy para percolação sob gradiente hidráulico unitário através de uma camada de impermeabilização de 1 m de espessura, para garantir que o percolado demore no mínimo 30 anos para

Fig. 5.9 *Sistemas de revestimento de fundo para aterros de resíduos perigosos, segundo regulamentações de diversos países*
Fonte: Manassero, 2000.

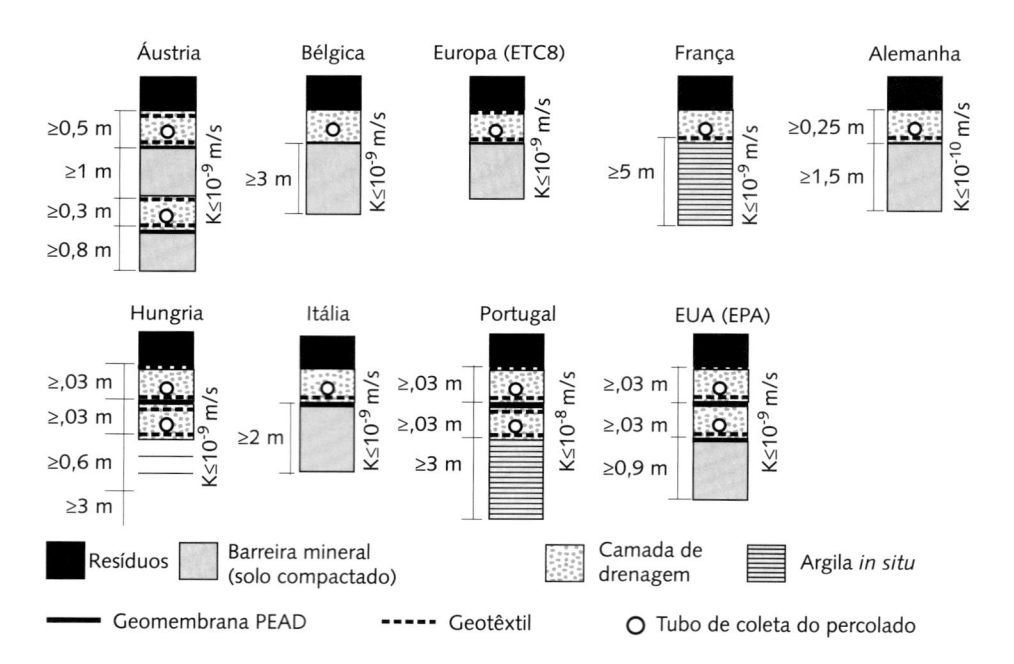

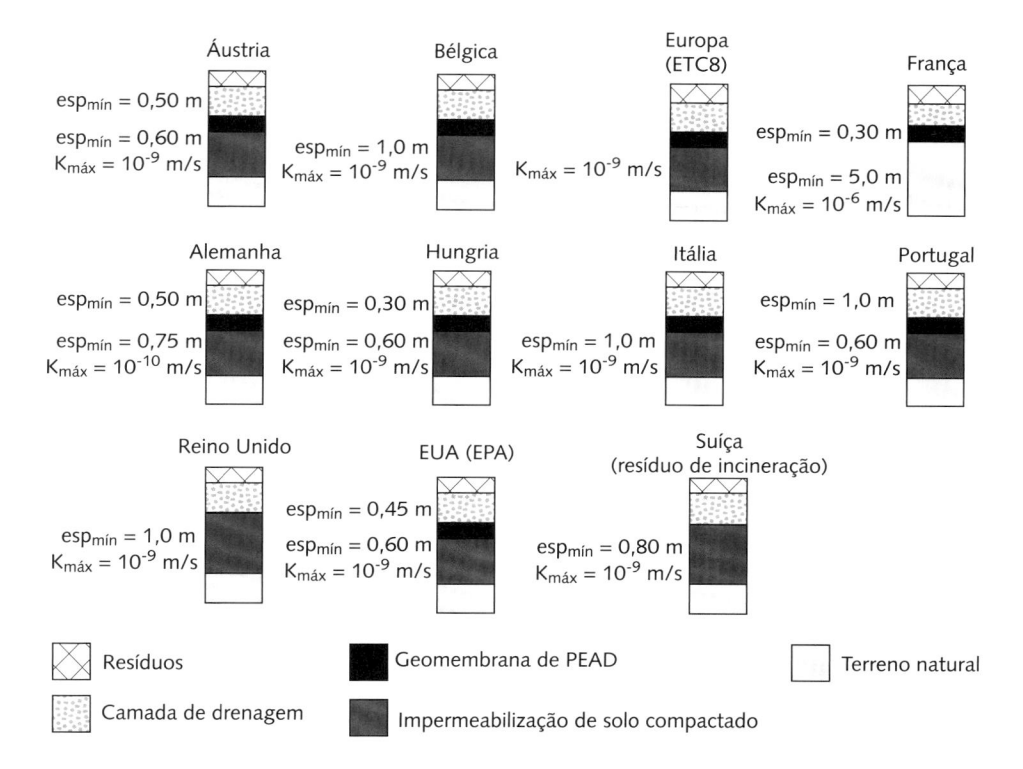

Fig. 5.10 *Sistemas de revestimento de fundo para aterros de RSU segundo regulamentações de diversos países*
Fonte: Ferrari, 2005.

atravessar a camada, tempo após o qual o percolado, por hipótese, não mais seria poluente (Potter e Yong, 1993). Esse valor-limite de coeficiente de permeabilidade tornou-se referência para aterros de resíduos, adotado sem maiores questionamentos para a aceitação de materiais e aprovação de projetos. Deve-se lembrar, contudo, que as hipóteses nas quais o estabelecimento desse valor se baseou não são necessariamente as mais apropriadas para todos os aterros.

No Brasil, não há ainda uma norma para critérios de projeto, construção e operação de aterros sanitários, a exemplo de resíduos perigosos (ABNT NBR 10157/87), resíduos não perigosos (ABNT NBR 13896/97) e resíduos inertes e da construção civil (ABNT NBR 15113/04).

No Estado de São Paulo, a Companhia de Tecnologia de Saneamento Ambiental (Cetesb) tem requisitado, para revestimento de fundo de aterros de resíduos Classe I, uma camada de solo argiloso compactado com espessura de 1 m e coeficiente de permeabilidade inferior a 1×10^{-9} m/s sobreposta por duas geomembranas de PEAD com espessura de 2 mm e coeficiente de permeabilidade da ordem de 10^{-14} m/s, entremeadas por uma camada drenante para captar o percolado que eventualmente infiltre pela geomembrana superior (dreno testemunho). Para resíduos Classe II, exige-se uma camada de solo argiloso compactado com 0,6 m de espessura e coeficiente de permeabilidade inferior a 1×10^{-9} m/s sobreposta por uma geomembrana de PEAD de 2 mm de espessura e coeficiente de permeabilidade de cerca de 10^{-14} m/s.

Impermeabilização

Os sistemas de impermeabilização compostos são considerados a melhor solução para proteção do subsolo e das águas subterrâneas, pois promovem a:

* Redução da condutividade hidráulica do sistema em virtude da atenuação dos defeitos locais das geomembranas e camadas de solo, como mostrado na Fig. 5.11.

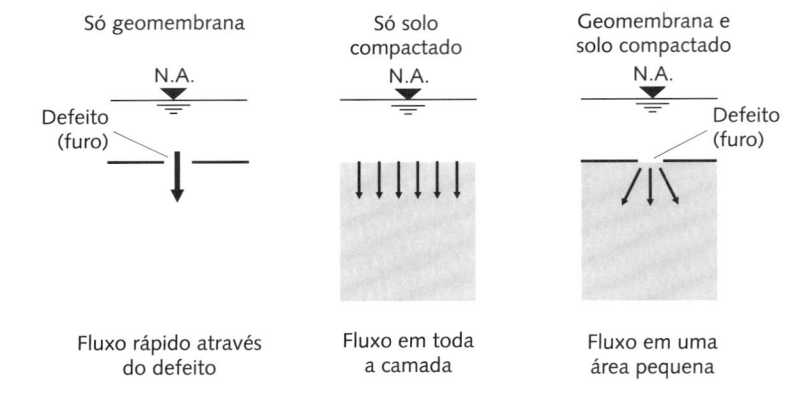

Fig. 5.11 *Padrões de percolação através de geomembranas, solos e sistemas compostos Fonte: modificado de Daniel, 1993.*

* Facilitação do fluxo em direção ao sistema de coleta de percolado, diminuindo o tempo de residência sobre a camada impermeável.
* Prevenção contra problemas decorrentes da falta de compatibilidade entre percolado e solo, pois a geomembrana adia o contato entre ambos até que o sistema esteja sujeito a tensões efetivas elevadas correspondentes à sobrecarga do aterro.
* Proteção contra trincas de secagem, aspecto fundamental no emprego de argilas lateríticas, usual no Brasil; a contração dos solos lateríticos é tão significativa que tem sido utilizada para identificação e classificação desses materiais.

Contudo, Benson e Edil (2005 *apud* Shackelford, 2005) analisaram concentrações de diclorometano em 81 lisímetros sob aterros de resíduos em Wisconsin (EUA) revestidos por CCLs e por sistemas compostos de CCL e geomembrana, e não observaram diferenças significativas entre os dois tipos de revestimento, como mostra a Fig. 5.12. Os autores supõem que o desempenho dos sistemas compostos seja melhor no caso de poluentes inorgânicos.

O projeto de revestimentos de fundo deve ser baseado nos seguintes princípios (ISSMGE, 2006):

* a barreira mineral, isto é, a camada de solo compactado, é o componente básico do sistema impermeável relativamente ao desempenho de longo prazo;

* os requisitos da barreira mineral são, em ordem de importância: condutividade hidráulica baixa no campo, compatibilidade de longo prazo com as substâncias químicas a serem contidas, capacidade alta de adsorção e coeficiente de difusão baixo;
* os sistemas compostos que utilizam geomembranas proporcionam vantagens em curto e em longo prazo, conforme já mencionado;
* as técnicas construtivas têm um papel fundamental na eficiência final do sistema em termos de permeabilidade *in situ*.

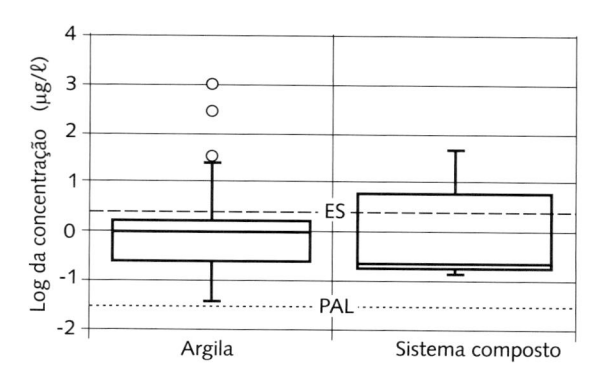

Fig. 5.12 *Concentrações de diclorometano em lisímetros sob CCLs e revestimentos compostos de aterros nos EUA (ES – limite em vigor; PAL – limite de intervenção)*
Fonte: Edil e Benson, 2005 apud Shackelford, 2005.

Drenagem de percolado

O percolado gerado pelos resíduos depositados em um aterro deve ser coletado e tratado, para evitar a contaminação do subsolo e águas subterrâneas por infiltração no terreno sob o aterro, assim como de corpos d'água a jusante do aterro por escoamento superficial. Ademais, a drenagem de percolado diminui as pressões neutras na massa de resíduos, melhorando sua estabilidade geotécnica.

O sistema de drenagem de percolado geralmente consiste em uma camada de material granular de alta permeabilidade, como brita, protegida por uma camada de filtração, geralmente de areia ou geotêxtil. Dentro da camada de material granular é colocada uma tubulação perfurada, de material física e quimicamente resistente ao tipo de resíduo disposto, como, por exemplo, PEAD (polietileno de alta densidade). As tubulações conduzem o percolado a um reservatório ou trincheira, de onde é removido por bombeamento para tratamento. Em alguns aterros de resíduos, o percolado é retirado do reservatório e levado à estação de tratamento por caminhões-pipa.

Na Fig. 5.13 apresenta-se o sistema de drenagem de percolado sobre o sistema de impermeabilização de base do aterro. A configuração da camada drenante pode ser a de tapete ou de espinha de peixe, como mostra a Fig. 5.14.

Em aterros de resíduos perigosos são geralmente utilizados dois sistemas impermeáveis e dois de drenagem de percolado, como mostra a Fig. 5.15. O sistema de drenagem entre as duas impermeabilizações é denominado dreno-testemunho ou camada de detecção de vazamento. No dreno-testemunho as tubulações têm menor diâmetro do que no sistema de drenagem superior, pois espera-se que o vazamento pelo sistema de impermeabilização superior seja pequeno ou nulo.

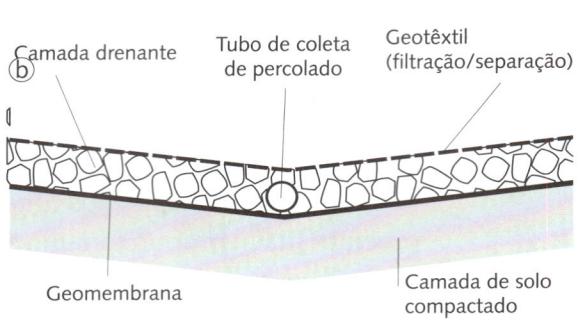

Fig. 5.13 *Sistema de drenagem de percolado: (a) em construção (Kaimoto et al., 2006); (b) esquema ilustrativo Fonte: Ferrari, 2005.*

O sistema de drenagem de percolado deve cobrir o fundo e as encostas laterais de apoio do aterro. Nas encostas, por causa da dificuldade em construir o dreno com areias e pedregulhos, podem-se utilizar geomembranas texturizadas para aumentar o ângulo de atrito da interface da geomembrana com o dreno; reforçar o sistema com geogrelha ou geotêxtil; substituir o material por geocomposto drenante; ou limitar a declividade dos taludes para garantir a estabilidade contra escorregamentos.

A ABNT (1997) especifica que o sistema de drenagem de percolado seja dimensionado de maneira a evitar a formação de uma lâmina de percolado de espessura superior a 0,3 m sobre a impermeabilização de base, para limitar o gradiente hidráulico e, consequentemente, a velocidade de percolação pela base.

A experiência mostra que camadas de drenagem de percolado sofrem intensa colmatação, como é denominado o entupimento dos poros com consequente diminuição de permeabilidade, de origem física (acúmulo de finos ou de material particulado suspenso no percolado), química (precipitação de compostos neoformados) ou biológica (crescimento de bactérias ou biofilme). Para reduzir a colmatação na camada drenante pode-se utilizar uma declividade mais acentuada na base do aterro, aumentar o volume de vazios utilizando material bem poroso e utilizar material inerte que evite o crescimento de bactérias. A colmatação também pode ocorrer na camada de filtração sobre a camada drenante e nos tubos de coleta de percolado,

Fig. 5.14 *Configuração da camada drenante (brita) no fundo da célula: (a) tapete; (b) espinha de peixe Fonte: Ferrari, 2005.*

como mostra a Fig. 5.16. Os filtros são utilizados nas obras geotécnicas onde há percolação para garantir a drenagem e evitar a ocorrência de *piping*, carreamento de partículas de solo que pode criar cavidades e levar a obra à ruína.

Filtros granulares são geralmente dimensionados segundo os critérios de Terzaghi, quais sejam, os critérios de drenagem ($D_{15(filtro)} \leq 4$ a $5\ D_{15(solo)}$) e de retenção ($D_{15(filtro)} \leq 4$ a $5\ D_{85(solo)}$), sendo D_n o

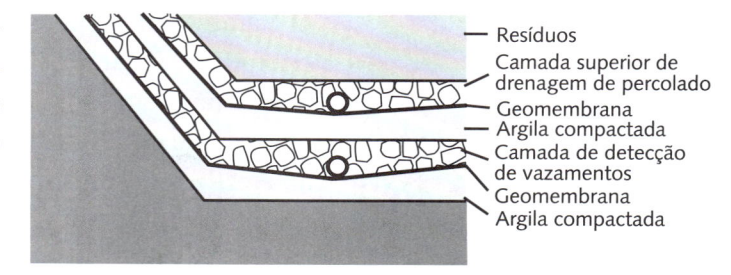

Fig. 5.15 *Impermeabilização dupla com dreno-testemunho*

valor de diâmetro ao qual corresponde uma porcentagem igual a *n* de partículas de igual ou menor diâmetro. Há outros critérios de filtro para solos granulares semelhantes aos de Terzaghi, baseando-se sempre na comparação de diâmetros característicos de partículas do filtro e do solo a ser retido.

De forma análoga, os critérios de retenção para geotêxteis geralmente relacionam diâmetros característicos de poros do geotêxtil e de partículas de solo. A maioria dos critérios de retenção disponíveis utiliza a "abertura de filtração", isto é, a abertura equivalente ao diâmetro da maior partícula de solo capaz de atravessar o geotêxtil, para avaliar se este funcionará bem como filtro do solo em contato. A abertura de filtração de um geotêxtil pode ser obtida por diversos métodos experimentais, semi-empíricos e teóricos, sendo o mais frequente o peneiramento, do qual se obtém o valor de O_n (valor de diâmetro de poro ao qual corresponde uma porcentagem igual a n de poros de igual ou menor diâmetro), geralmente O_{90} ou O_{95} (Vidal, 1998; Palmeira, 2003).

Fig. 5.16 *Colmatação de tubo de percolado*
Fonte: Ferrari, 2005.

Geotêxteis utilizados como filtro da camada drenante podem sofrer três tipos de colmatação (Palmeira e Gardoni, 2000), apresentados esquematicamente na Fig. 5.17: colmatação física, ou seja, preenchimento por partículas de solo dos poros do geotêxtil; bloqueio, isto é, obstrução das aberturas de geotêxteis tecidos por partículas de solo; e a formação de uma película de baixa permeabilidade sobre a superfície do geotêxtil.

O problema de colmatação pode ser resolvido projetando-se acesso à tubulação de coleta para limpeza, como mostrado na Fig. 5.18. A limpeza pode ser por retrolavagem com água, gás nitrogênio ou por extração a vácuo. Outra opção, se permitida pelo órgão ambiental, é não utilizar filtro. Há também a alternativa de deixar o filtro colmatar; se o material sob o filtro não estiver saturado, a carga hidráulica sobre a geomembrana pode ficar restrita a 0,3 m, mesmo que a altura de percolado sobre o filtro seja superior; ademais, ao atingir uma altura suficientemente grande sobre o filtro, o percolado pode forçar sua passagem através do filtro colmatado, limpando-o (Daniel, 1993; Palmeira, 2006).

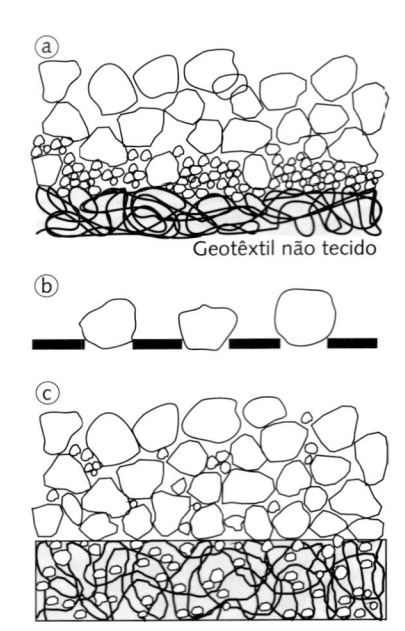

Fig. 5.17 *Mecanismos de colmatação de geotêxteis: (a) formação de película; (b) bloqueamento; (c) colmatação física*
Fonte: Palmeira e Gardoni, 2000.

O tratamento do percolado é atualmente um dos grandes problemas dos operadores de aterros sanitários no Brasil, pois os métodos de tratamento usuais não têm mostrado grande eficiência. Quando não é possível tratar o chorume em estações de tratamento de esgoto convencionais próximas ao aterro, é necessário transportá-lo para estações distantes ou implantar uma estação de tratamento no próprio aterro, elevando os custos de operação. Portanto, minimizar a geração de percolado é um dos principais aspectos operacionais de um aterro sanitário.

A recirculação de chorume no aterro ou a adição de água e/ou ar na massa de resíduos podem diminuir a quantidade e a toxicidade do percolado a ser tratado, como mencionado no item sobre aterros como biorreatores (Cap. 4).

5.3 Cobertura

O revestimento impermeável superior ou de cobertura de aterros de resíduos, executado sobre a última camada de resíduos disposta, tem como funções principais: isolar os resíduos do meio ambiente ao redor, controlar a entrada ou saída de gases (por exemplo, saída de gases gerados pela decomposição de RSU ou entrada de oxigênio em resíduos sulfetados de mineração) e limitar a infiltração de água na massa de resíduos para diminuir a quantidade de percolado gerada.

A cobertura é geralmente composta pelas seguintes camadas: de solo de cultivo; de separação e filtração; de drenagem de águas pluviais; de proteção da geomembrana; de impermeabilização composta por geomembrana ou argila; de drenagem de gases; e de regularização, conforme ilustrado na Fig. 5.19.

O revestimento impermeável superior da Fig. 5.19 é composto das seguintes camadas, de baixo para cima:

* camada de regularização de solo não nobre;
* se houver formação de gás, camada de drenagem para gás, de material granular;

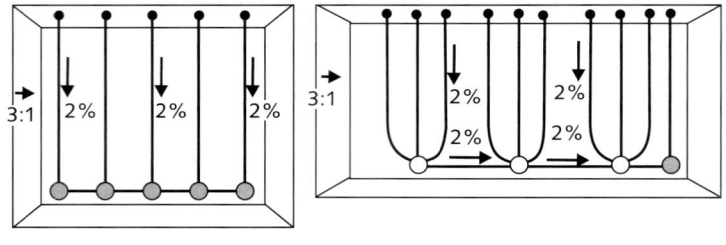

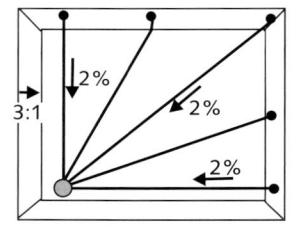

Fig. 5.18 *Possíveis configurações do sistema de coleta de percolado no fundo da célula*
Fonte: modificado de Daniel, 1993.

○ Poço de coleta/poço de visita   ○ Poço de visita   ● Tubulação de esgotamento

* camada de argila compactada com coeficiente de permeabilidade menor ou igual a 1 x 10^{-9} m/s;
* geomembrana com limitação de declividade transversal e longitudinal após recalques;
* camada de proteção da geomembrana, de geotêxtil;
* camada drenante de águas pluviais, de material granular;
* camada de separação e filtração, de solo de granulometria intermediária entre a de solo para cultivo e a da camada drenante;
* camada de solo para cultivo.

A impermeabilização vem da combinação da camada argilosa com a geomembrana. A camada drenante de águas pluviais tem a função de reduzir a carga hidráulica sobre a barreira para evitar a infiltração, diminuindo a geração de percolado e reduzindo pressões neutras na massa de resíduos. A camada drenante de gases evita a saída de gases formados na massa de resíduos para a atmosfera e direciona-os para o sistema de coleta e tratamento de gases. Assim como no revestimento de fundo, os materiais apresentados na Fig. 5.19 podem ser substituídos por outros equivalentes.

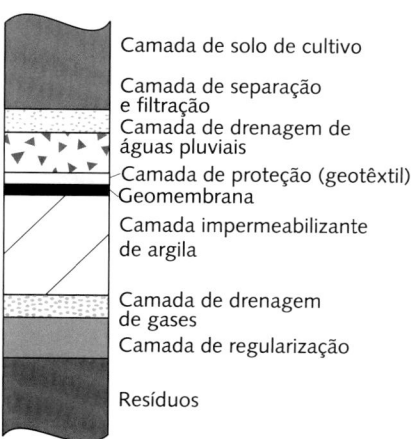

Fig. 5.19 *Esquema ilustrativo da cobertura ou revestimento impermeável superior*

Impermeabilização

O revestimento impermeável superior está sujeito a um grande número de solicitações que podem resultar em trincamento, com consequente perda de estanqueidade: variações de temperatura, ciclos de molhagem e secagem, penetração de raízes, recalques totais e diferenciais causados pela compressão dos resíduos e do solo da fundação, movimento de veículos e erosão por água ou vento.

A erosão geralmente é restrita à camada superficial e pode ser controlada por manutenção rotineira. Pode-se também cobrir a superfície com geossintético para proteger contra a erosão até que a vegetação cresça; pedregulhos são resistentes à erosão, mas muito permeáveis, aumentando a infiltração.

As demais solicitações podem afetar todo o sistema de cobertura, não sendo suficientes os trabalhos de manutenção. O trincamento cria caminhos preferenciais de fluxo e aumenta significativamente a permeabilidade da cobertura. O alargamento e o espalhamento das trincas podem resultar na inoperância e até mesmo no colapso da cobertura.

A argila compactada é um material vulnerável a danos ocasionados por ciclos de molhagem e secagem e por recalques diferenciais; as geomembranas, os geocompostos argilosos e as misturas de solo com bentonita são mais flexíveis e, portanto, mais apropriados sob o ponto de vista desses fatores. A expansão da bentonita com o aumento de umidade pode, inclusive, fechar algumas trincas e recuperar parte da eficiência da cobertura. Geralmente, associa-se a formação de trincas de secagem às argilas mais plásticas; porém, solos lateríticos de baixa plasticidade também trincam significativamente por perda de umidade. Uma possível solução é utilizar uma camada de proteção entre as camadas de cultivo e de drenagem, para evitar que as subjacentes sofram solicitações que decorrem dos ciclos de molhagem e secagem e para armazenar água para a vegetação superficial.

Para verificar o efeito dos recalques diferenciais, Jessberger e Stone (1991) realizaram experimentos com corpos de prova de argila compactada, em centrífuga variando o ângulo de distorção, que é o arco-tangente do recalque diferencial dividido pela distância. Os resultados da Fig. 5.20 indicam que em torno de 6°, ou distorção de 9,5%, formaram-se trincas de tração por recalque diferencial. Isto pode ser observado pelo aumento significativo da vazão que atravessa o solo. Estando previstas distorções dessa ordem de grandeza, pode-se reforçar a camada de argila compactada com geogrelhas ou geotêxteis de alta resistência, ou reconstruir trechos da cobertura como trabalho de manutenção.

Fig. 5.20 *Vazão medida em função do ângulo de distorção Fonte: Jessberger e Stone, 1991.*

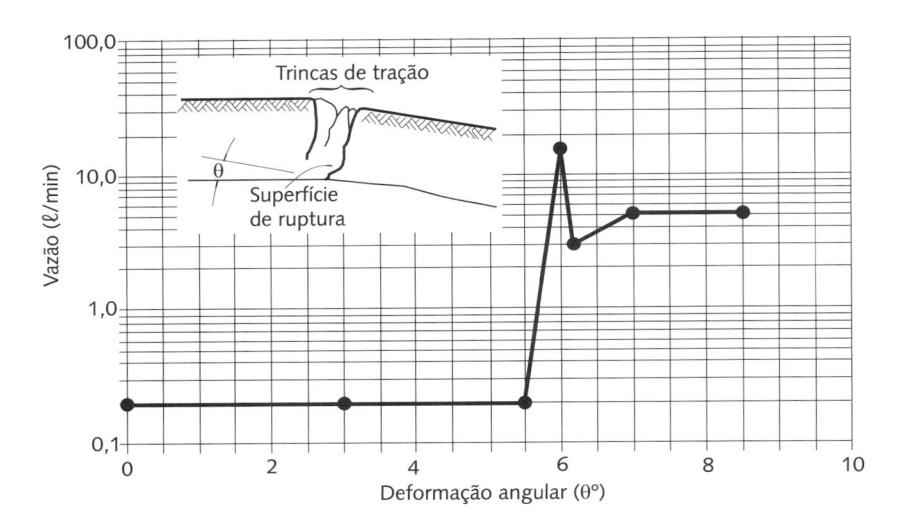

A penetração de raízes, supostamente, não ocorre em geomembranas intactas, mas pode se desenvolver pelos furos já existentes nas geomembranas ou nos poros dos geotêxteis utilizados como camada de filtração entre o solo de cultivo e o sistema de drenagem.

Por todos esses motivos, a permeabilidade de campo das camadas de solo compactado em coberturas de aterros de resíduos é superior à prevista por ensaios de laboratório.

Dados de monitoramento de campo de coberturas de aterros experimentais nos EUA e Alemanha, compostas de camadas de solo compactado sobrepostas por camadas de cultivo, mostraram que praticamente todas as coberturas trincaram, em diversos climas, de áridos a úmidos; a percolação por camadas intactas, da ordem de 10 a 50 mm/ano em climas úmidos e de 1 a 4 mm/ano em climas semi-áridos, aumenta para 100 a 150 mm/ano em climas úmidos e 30 mm/ano em climas semi-áridos quando a camada de solo compactado trinca (ISSMGE, 2006).

Os sistemas compostos de argila compactada e geomembrana, como mostrado na Fig. 5.11, limitam significativamente a percolação de água através da cobertura. Por outro lado, há um custo adicional e o problema da baixa resistência ao cisalhamento na interface solo-geomembrana.

Os geocompostos argilosos também apresentam baixa permeabilidade aos líquidos e aos gases, devendo-se atentar para a completa hidratação em campo. Por outro lado, apresentam ângulo de atrito muito baixo, devendo ser reforçados para utilização em coberturas. A Fig. 5.21 mostra a resistência ao cisalhamento de alguns tipos de GCLs.

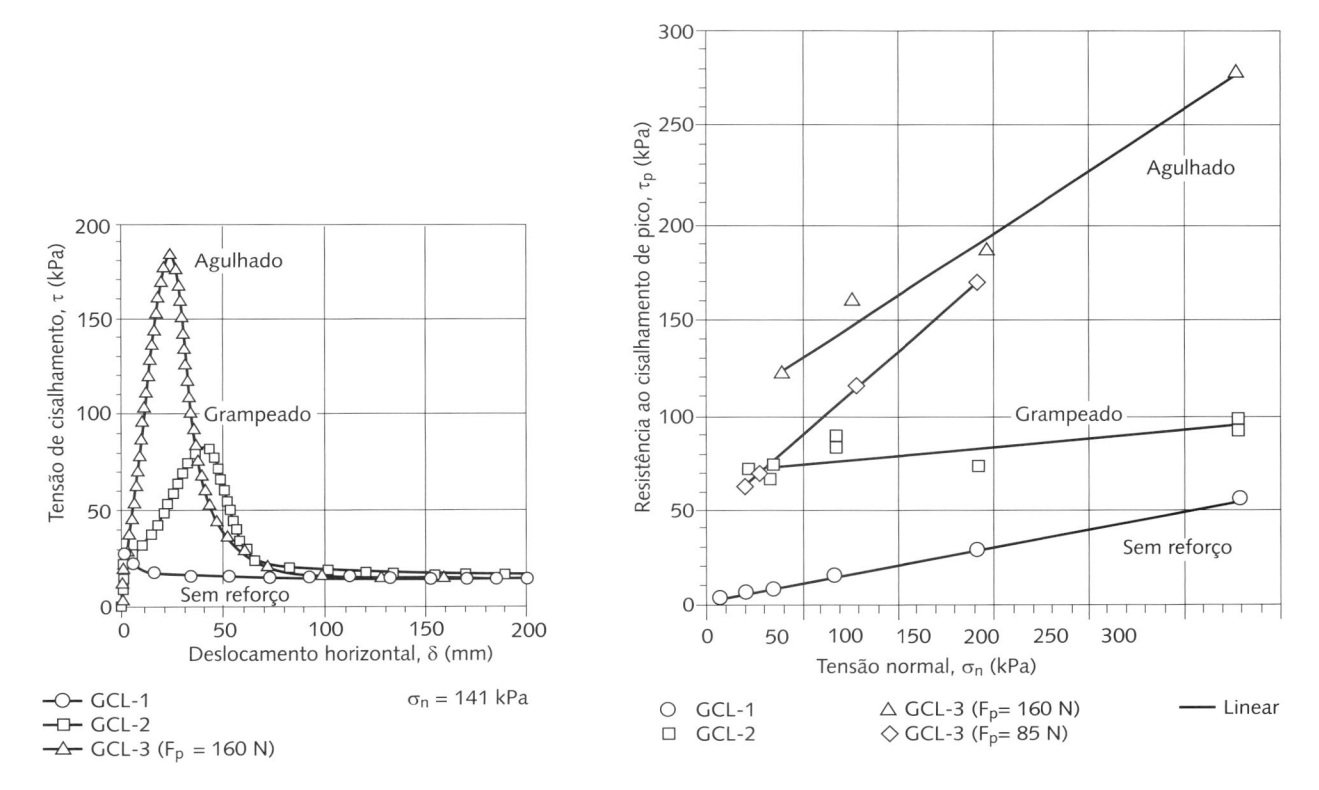

Fig. 5.21 *Resistência ao cisalhamento de diferentes tipos de GCLs*
Fonte: Fox et al., 1998 apud ISSMGE, 2006.

Observa-se que o GCL não reforçado tem ângulo de atrito de 10°. A resistência do GCL aumenta quando é tecido, e ainda mais quando é agulhado. Dentre os agulhados, ainda há diferenças de resistência em função da espessura do geotêxtil.

A Fig. 5.22 mostra a resistência ao cisalhamento na interface entre GCL e geomembrana. Observa-se que o ângulo de atrito da interface é menor quando a geomembrana é lisa e independe do tipo de geotêxtil que

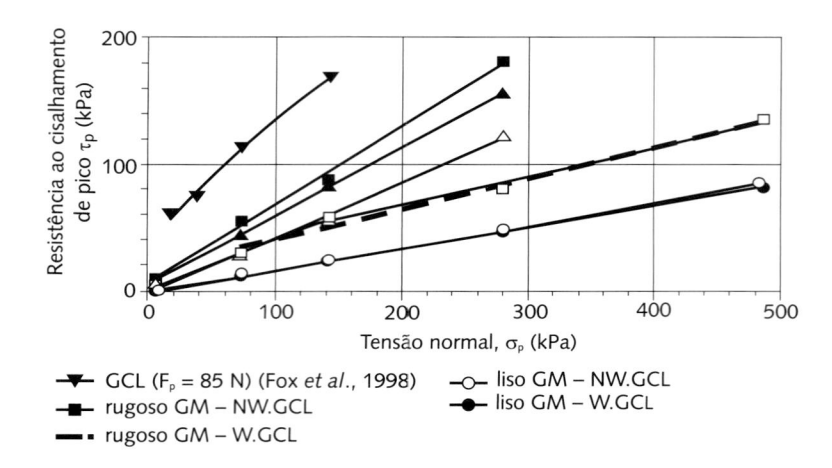

Fig. 5.22 *Influência do tipo de geomembrana e de GCL na resistência ao cisalhamento da interface*
Fonte: Triplett e Fox 2001 apud ISSMGE, 2006.

Legenda do gráfico:
- ▼ GCL (F_p = 85 N) (Fox et al., 1998)
- ■ rugoso GM – NW.GCL
- ▬ rugoso GM – W.GCL
- ○ liso GM – NW.GCL
- ● liso GM – W.GCL

Eixos: Resistência ao cisalhamento de pico τ_p (kPa) vs. Tensão normal, σ_p (kPa)

compõe o GCL. Quando a geomembrana é rugosa, o ângulo de atrito da interface é maior para GCL composto de geotêxtil não tecido. O ângulo de atrito da interface é de qualquer maneira menor do que o do próprio GCL, que no caso é um GCL agulhado.

Essas considerações também são relevantes para a utilização de geomembranas e GCLs nos taludes dos revestimentos de fundo.

Drenagem de águas pluviais

A água superficial que infiltra pelo solo de cultivo e atinge a camada drenante percola sob a ação da gravidade para o perímetro do aterro, de onde é removida por um tubo perfurado, como mostra a Fig. 5.23.

Fig. 5.23 *Cobertura com detalhe da drenagem de águas pluviais*
Fonte: modificado de Daniel, 1993.

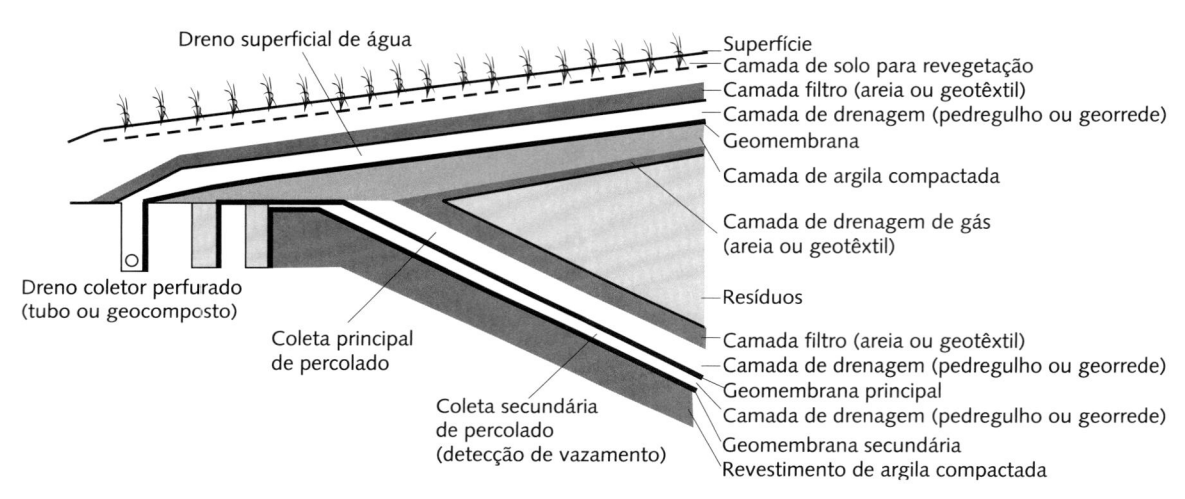

Elementos da figura:
- Dreno superficial de água
- Superfície
- Camada de solo para revegetação
- Camada filtro (areia ou geotêxtil)
- Camada de drenagem (pedregulho ou georrede)
- Geomembrana
- Camada de argila compactada
- Camada de drenagem de gás (areia ou geotêxtil)
- Resíduos
- Camada filtro (areia ou geotêxtil)
- Camada de drenagem (pedregulho ou georrede)
- Geomembrana principal
- Camada de drenagem (pedregulho ou georrede)
- Geomembrana secundária
- Revestimento de argila compactada
- Dreno coletor perfurado (tubo ou geocomposto)
- Coleta principal de percolado
- Coleta secundária de percolado (detecção de vazamento)

A camada de drenagem de águas pluviais geralmente é constituída de pedregulho, brita ou de geocomposto para drenagem. Filtros de areia ou geotêxtil são utilizados para camadas drenantes de pedregulho ou brita. Os geocompostos para drenagem já têm uma camada de filtração constituída por geotêxtil.

O dimensionamento do sistema de drenagem de águas pluviais é baseado no balanço hídrico, considerando precipitação, escoamento superficial, evapotranspiração e infiltração, além de eventuais contribuições pontuais. Pelo balanço hídrico obtêm-se tanto o fluxo de água que será coletado pelo sistema de drenagem de águas pluviais da cobertura como o volume de água que infiltra através da cobertura gerando o percolado, utilizado para o dimensionamento do sistema de drenagem de percolado do revestimento de fundo. Há diversos métodos e *softwares* disponíveis para o cálculo do balanço hídrico.

Nos geocompostos para drenagem, o fluxo de água não é laminar, portanto não se pode utilizar a Lei de Darcy e o coeficiente de permeabilidade para dimensionamento; nesse caso, trabalha-se com a vazão por unidade de largura sob um determinado gradiente e sob uma determinada tensão confinante.

O sistema de drenagem de águas pluviais está menos sujeito à colmatação do que o sistema de drenagem de percolado no revestimento de fundo, pois só coleta água. Também está sujeito a tensões confinantes mais baixas, o que deve ser considerado no cálculo de estabilidade.

Drenagem de gases

A camada de drenagem de gases é geralmente de areia, de cerca de 15 a 30 cm de espessura. Geotêxteis espessos, geomalhas e geocompostos para drenagem também podem ser utilizados.

Os gases fluem por essa camada sob o sistema de impermeabilização da cobertura até os drenos verticais, por onde sobem à superfície do aterro e são direcionados para tratamento ou aproveitamento energético. Apesar de estar localizada na cobertura, a camada de drenagem de gases pode ser considerada como parte do sistema de drenagem e tratamento de gases.

5.4 Sistema de drenagem e tratamento de gases

Os gases gerados em um aterro sanitário, cuja composição consiste basicamente em metano e gás carbônico, devem ser drenados e tratados.

O sistema de drenagem de gases de um aterro compreende drenos verticais e camadas horizontais interligados. As camadas horizontais fazem parte da cobertura e podem ser constituídas de areia, geotêxteis espessos, geomalhas e geocompostos para drenagem. Os drenos verticais atravessam todo o perfil do aterro, desde o revestimento de fundo até a superfície do aterro, e são construídos com tubos de concreto verticais perfurados envoltos por materiais granulares. Na Fig. 5.24 encontram-se um esquema ilustrativo da instalação do dreno de gás em uma trincheira e uma fotografia de sua saída na superfície do aterro.

Os gases mais leves do que o ar, como o metano, fluem pela camada de drenagem de gases até os drenos verticais e sobem por estes até a superfície. Os gases mais pesados do que o ar migram para o fundo das células e são coletados junto com o percolado. A extração de gases também pode ser forçada, com aplicação de vácuo.

Ao atingir a superfície do aterro, os gases podem ser queimados em queimadores especiais (*flares*) com controle das emissões, ou utilizados para geração de energia.

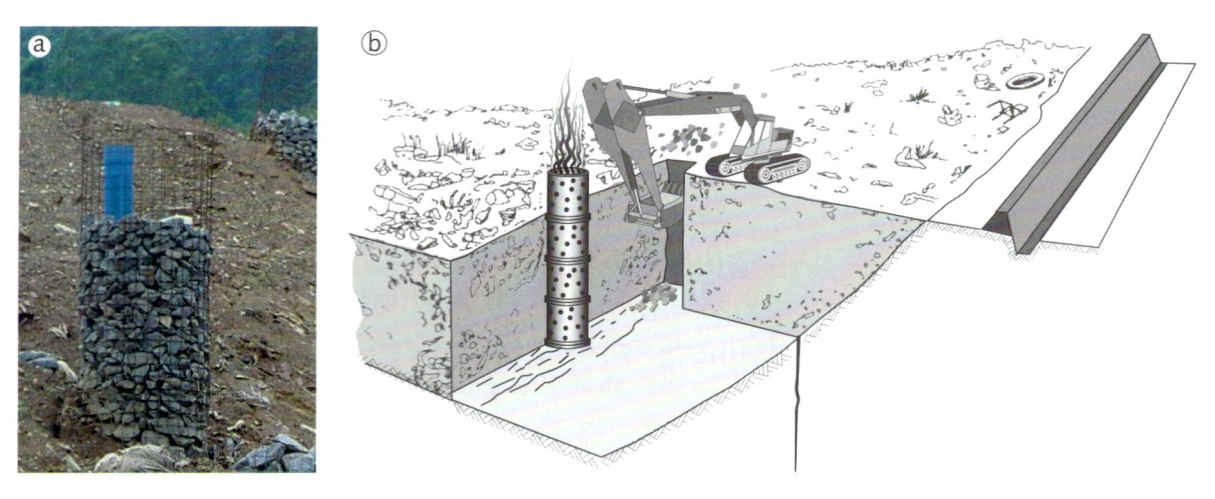

Fig. 5.24 *Dreno vertical de gás: (a) saída na superfície (Ferrari 2005); (b) construção (IPT, 2000)*

A utilização do biogás para a geração de energia elétrica e a venda de créditos de carbono, projetadas segundo os requisitos da política de mecanismos de desenvolvimento limpo definida pelo Protocolo de Kyoto (1997), têm adicionado potencial econômico à operação de aterros sanitários. Atualmente, a implantação e a operação desses projetos no País têm sido viabilizadas principalmente por financiamentos externos.

5.5 Sistema de drenagem superficial

O sistema de drenagem superficial tem a função de coletar o escoamento superficial das águas pluviais, evitando sua infiltração na massa de resíduos, bem como a ocorrência de eventuais focos de erosão, como ilustrado na Fig. 5.25.

Fig. 5.25 *Esquema ilustrativo do sistema de drenagem superficial em um aterro de resíduos*

Os elementos de drenagem superficial de um aterro de resíduos são constituídos de canaletas de concreto, escadas hidráulicas, tubulações, canais e estruturas de amortecimento de energia. Em grandes aterros, utilizam-se bacias de sedimentação para controlar o material fino carreado pelas chuvas e evitar o assoreamento dos corpos d'água de jusante. A Fig. 5.26 mostra as canaletas de drenagem superficial em um talude de um aterro sanitário.

Em aterros sanitários, por causa dos elevados recalques da massa de resíduos, são utilizados elementos flexíveis, como gabiões e colchões Reno, mostrados na Fig. 5.27. Os gabiões tipo caixa são elementos com a

Fig. 5.26 *Canaleta de drenagem superficial de um aterro de resíduos*

forma de prisma retangular constituídos por uma rede metálica de malha hexagonal. Os colchões Reno são gabiões com pequena espessura (até 0,30 m) em relação ao comprimento e à largura; a rede metálica é formada por malhas de menor abertura do que a dos gabiões tipo caixa; são subdivididos em células por diafragmas espaçados a intervalos regulares, mas a base, as laterais e as extremidades são formadas a partir de um único painel contínuo de malha. Os gabiões tipo caixa e os colchões Reno são preenchidos com pedras na obra.

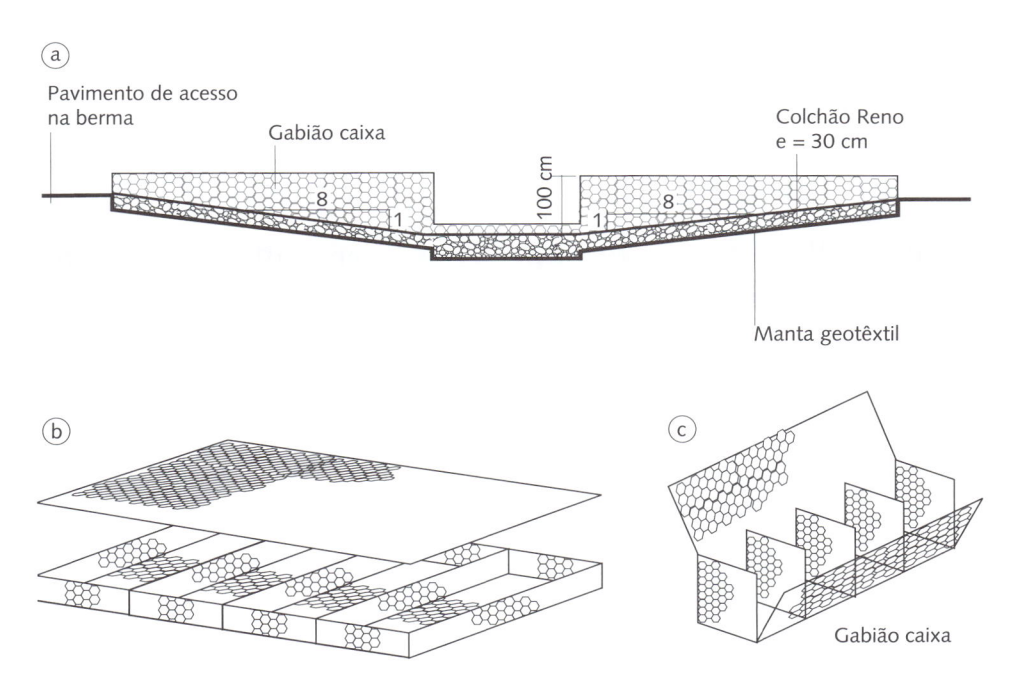

Fig. 5.27 *Sistema de drenagem superficial com elementos flexíveis: (a) seção transversal (Cepollina Engenheiros Consultores, 1999 apud Abreu, 2000); (b) colchão Reno (Maccaferri, 2007)*

5.6 Barreiras verticais

Outros importantes elementos de impermeabilização dos aterros de resíduos são as barreiras verticais, utilizadas para bloquear fluxos laterais, formar barreira impermeável ao redor do aterro, manter níveis de água e separar fluidos, rebaixar o nível d'água e permitir escavação. As barreiras verticais são de aplicação consagrada na Engenharia Geotécnica, tendo sido adaptadas soluções tradicionais em projetos de contenção, coleta e drenagem de poluentes.

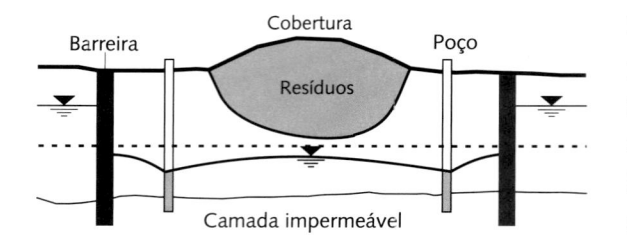

Podem ser constituídas de argila compactada, formadas por parede-diafragma de cimento-bentonita, solo-bentonita, concreto ou suspensão de bentonita, de estacas-prancha de aço, de cortina de injeções de cimento, de geomembranas ou de camada congelada de solo. A Fig. 5.28 ilustra a utilização de barreiras verticais em aterros de resíduos.

Fig. 5.28 *Utilização de barreiras verticais em aterros de resíduos*

5.7 Comentários sobre a impermeabilização

Permeabilidade da camada de solo compactado

A camada de solo compactado (CCL), em um sistema composto de impermeabilização, tem as funções de servir de suporte para a geomembrana, provendo uma superfície lisa e uma base resistente, e de ser uma segunda linha de defesa em caso de vazamento pela geomembrana. Em sistemas de impermeabilização em que é o único elemento, a camada de solo compactado tem a função de contenção e atenuação de poluentes; essa variante é possível em locais com nível d'água profundo, espessas camadas de solo não saturado e com alta capacidade de retenção de poluentes sob o aterro, além de condições hidrogeológicas e climáticas favoráveis.

A confiança no desempenho das geomembranas em razão de suas qualidades inequívocas, principalmente a baixa permeabilidade e a garantia de qualidade por ser um produto industrializado, tem acarretado na prática um certo descaso com a camada de solo compactado. Essa atitude se tornou extrema em alguns países mais desenvolvidos, onde a utilização do geocomposto argiloso para barreira impermeável (GCL) é muito difundida como complemento, e, cada vez mais, como substituto do CCL sob a geomembrana.

No entanto, a camada de solo compactado é fundamental para o desempenho do sistema composto. Recalques diferenciais e alteração das propriedades geotécnicas em decorrência da incompatibilidade do percolado com o solo podem acarretar danos na geomembrana e comprometer a eficiência do conjunto. Tanto para o desempenho adequado do sistema composto como em sistemas em que é a única barreira impermeável, a camada de solo compactado deve ser construída com o máximo rigor.

Os requisitos da camada de solo compactado são baixa permeabilidade, compatibilidade química a longo prazo com os poluentes, alta capacidade de retenção de poluentes, baixo coeficiente de difusão, alta capacidade de suporte e baixa compressibilidade. Para alcançar o desempenho desejado é necessário selecionar o material apropriado, conceber um projeto adequado e garantir alta qualidade de construção. Em acordo com o clima, geologia e práticas construtivas, diferentes especificações de materiais, projeto, construção e controle podem resultar desses passos. Contudo, as regulamentações ambientais geralmente apresentam prescrições invariáveis e semelhantes em todo o mundo, com frequência baseadas naquelas desenvolvidas em países pioneiros na área ambiental e alheias às características geológicas, climáticas, técnicas e econômicas próprias de cada local.

A seleção de materiais a serem utilizados em CCLs geralmente se baseia na porcentagem de argila ou de finos, no limite de liquidez e índice de plasticidade e na condutividade hidráulica, além das características da jazida, como, distância, homogeneidade e teor de umidade *in situ*. A Tab. 5.1 exemplifica requisitos para solos utilizados na impermeabilização de aterros de resíduos.

Tab. 5.1 Requisitos mínimos para o solo de impermeabilização

Fonte	LL (%)	IP (%)	Finos $\phi \leq 0{,}075$ mm (%)	Fração argila $\phi \leq 0{,}002$ mm (%)	Fração areia $0{,}075$ mm $< \phi \leq 4{,}8$ mm (%)	Fração pedregulho $\phi > 4{,}8$ mm (%)	k (m/s)
Omafra (2003)	$30 \leq LL \leq 60$	$11 \leq IP \leq 30$	≥ 50	≥ 20	≤ 45	≤ 50	$\leq 10^{-9}$
EPA (1989)	—	≥ 10	≥ 20	—	—	≤ 10	$\leq 10^{-9}$
Cetesb (1993)	≥ 30	≥ 15	≥ 30	—	—	—	$\leq 10^{-9}$

Fonte: Ferrari, 2005.

Os requisitos de distribuição granulométrica e limites de consistência objetivam unicamente garantir um coeficiente de permeabilidade menor ou igual a 10^{-9} m/s para a camada de solo compactado. Contudo, materiais que não atendam a todas as restrições da Tab. 5.1 podem atender ao requisito de permeabilidade dependendo do tipo e da energia de compactação e da utilização de aditivos, entre outros. Ademais, em regiões tropicais os limites de consistência e a granulometria não são bons indicadores para selecionar materiais, tendo em vista a permeabilidade do solo compactado. Por exemplo, um solo "arenoso fino" com 46% de areia e 54% de finos apresenta, no ponto ótimo da energia normal, uma permeabilidade 10 vezes inferior a um silte saprolítico de gnaisse com 40% de areia e 60% de finos e apenas três vezes superior a um solo laterítico argiloso com 27% de areia e 73% de finos (Tab. 5.2). Observa-se também que, enquanto a argila laterítica foi classificada como ML (silte de baixa compressibilidade), o silte saprolítico de gnaisse está na classe CH (argila de elevada compressibilidade).

Desde os trabalhos fundamentais de Lambe (1958) e Mitchell *et al.* (1965), sabe-se que a permeabilidade de um solo varia com o índice de vazios, o grau de saturação, a temperatura, o fluido, entre outros, sendo a estrutura do solo um dos fatores de maior importância.

Tab. 5.2 Algumas propriedades geotécnicas de três solos tropicais da região Centro-Sul do Brasil

Propriedades	Argila laterítica	"Arenoso fino" laterítico	Silte saprolítico de gnaisse
% areia média ($0,42 < \phi \leq 2,0$ mm)	6	1	10
% areia fina ($0,075 < \phi \leq 0,42$ mm)	21	45	30
% finos ($\phi \leq 0,075$ mm)	73	54	60
Limite de liquidez (%)	45	22	58
Índice de plasticidade (%)	15	6	24
Classificação USCS	ML	CL	CH
Classificação MCT	LG'	LA'	NS'
y_{dmax} (kN/m^3) (*)	15,72	19,6	15,25
w_{ot} (%) (*)	26,3	11,3	23,5
k (m/s) (*)	1×0^{-9}	3×10^{-9}	3×10^{-8}

y_{dmax} – peso específico aparente seco máximo, w_{ot} – teor de umidade ótima, k – coeficiente de permeabilidade, USCS – Unified System of Soil Classification, MCT – Sistema de Classificação de Solos Tropicais, (*) – Energia normal de compactação

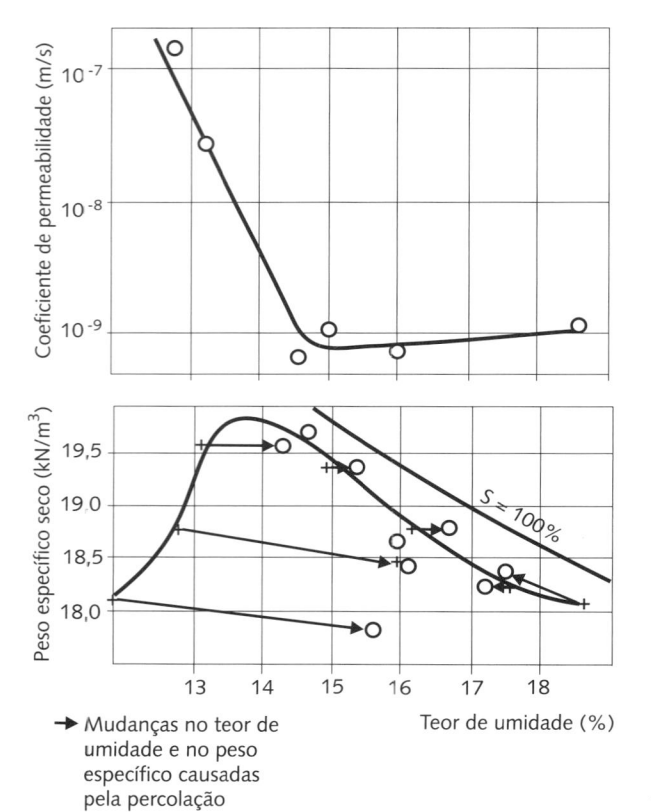

Fig. 5.29 *Permeabilidade ao longo da curva de compactação. Fonte: modificado de Lambe, 1958.*

→ Mudanças no teor de umidade e no peso específico causadas pela percolação

A permeabilidade do solo compactado, para uma dada energia de compactação, varia em função do teor de umidade, conforme apresentado na Fig. 5.29: no ramo seco, a permeabilidade diminui significativamente com o aumento do teor de umidade até o teor de umidade ótimo, e praticamente não varia para teores de umidade acima deste valor.

A permeabilidade no ramo seco é de uma a três ordens de magnitude maior do que a permeabilidade no teor de umidade ótimo ou no ramo úmido. Observa-se que dois pontos, um no ramo seco e outro no ramo úmido, com o mesmo peso específico seco, portanto com o mesmo índice de vazios, podem apresentar coeficientes de permeabilidade muito diferentes. Essa diferença se dá em razão da estrutura do solo compactado.

Lambe (1958) procurou explicar a estrutura do solo compactado com base nas partículas de argila individualizadas. No ramo seco a estrutura é floculada, a orientação das partículas de argila é aleatória, os vazios são maiores, o caminho de percolação na direção vertical é menor e a permeabilidade é maior. No ramo úmido a estrutura é dispersa, as partículas de argila encontram-se em um arranjo paralelo, os vazios são menores, o caminho de percolação é mais tortuoso e a permeabilidade é menor.

Outra explicação pode ser dada considerando-se o modelo de agregados deformáveis. Antes da compactação, as partículas de solo estão agrupadas em aglomerações ou torrões ou "agregados deformáveis", cujos tamanho e resistência são influenciados pelo teor de umidade de moldagem. Assim, existem duas redes de vazios na massa de argila: uma rede de poros grandes interagregados e uma rede de poros pequenos intra-agregados. Durante a compactação a baixos teores de umidade (abaixo da ótima), esses agregados ou torrões têm alta resistência por causa das elevadas sucções interiores e são mais capazes de resistir às pressões de compactação sem muita distorção; a energia de compactação consegue aproximá-los sem modificar significativamente seus contornos. À medida que o teor de umidade cresce, ainda no ramo seco, a resistência dos agregados decresce e eles sofrem maior deformação durante a compactação, o que resulta em uma diminuição do espaço dos vazios e em um aumento da densidade seca. Com o aumento do teor de umidade perto e acima da ótima, os agregados são facilmente distorcidos, moldando seus contornos aos dos agregados adjacentes e eventualmente se fundindo; nesse ponto, além da diminuição e eventual extinção dos poros interagregados, pode também ocorrer reorientação individual das partículas em um arranjo disperso.

Ao se aumentar a energia de compactação, o peso específico seco máximo aumenta e o teor de umidade ótimo diminui, conforme apresentado na Fig. 5.30; consequentemente, o coeficiente de permeabilidade no ponto ótimo diminui.

A permeabilidade do solo compactado pode, portanto, ser reduzida pelo aumento da energia ou do teor de umidade de compactação, mas a eficiência dessas medidas depende da resposta do solo ao esforço de compactação. Siltes saprolíticos caulínicos e micáceos derivados de rochas ácidas, por exemplo, apresentam curva de compactação abatida com pico mal definido, mostrando pouca influência do teor de umidade, e elevação de densidade seca com o aumento de energia bem menos significativa do que os solos lateríticos (Fig. 5.31). Nesse caso, pode ser necessário utilizar aditivos para diminuir a permeabilidade. A bentonita tem sido muito utilizada para reduzir a permeabilidade de CCLs; vermiculita e zeólitas podem ser outras opções.

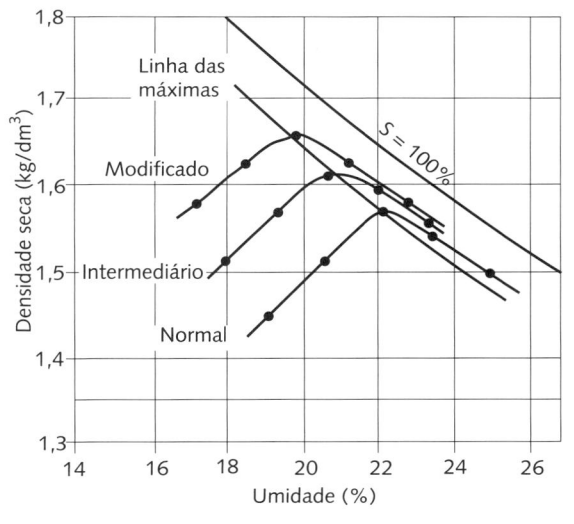

Fig. 5.30 *Variação da curva de compactação em função da energia de compactação*

Outro fator a ser considerado é que a estrutura do solo compactado depende dos esforços cisalhantes durante a compactação e que a energia deve ser suficiente para rearranjar as partículas; assim, mesmo resultando na mesma energia, o uso de um equipamento pesado pode produzir um material diferente do resultante de um equipamento leve com maior número de passadas.

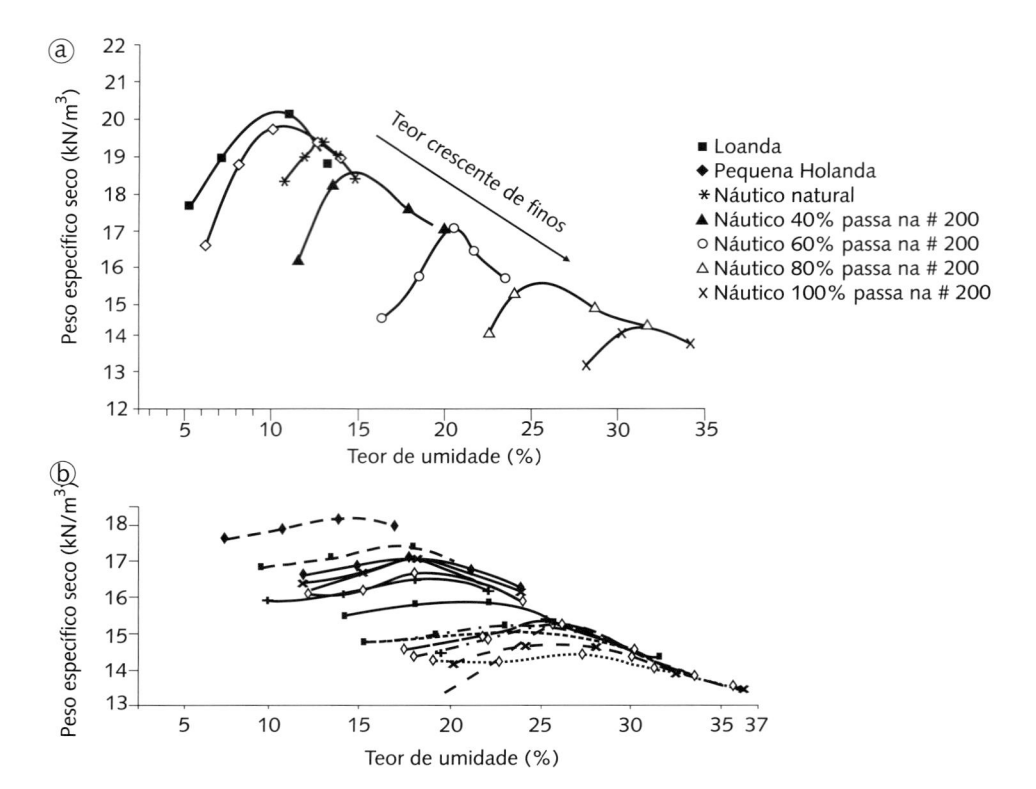

Fig. 5.31 *Curvas de compactação de dois solos tropicais para diferentes energias de compactação: (a) solo lateríticos (Bernucci, 1995); (b) solos saprolíticos (Godoy, 1992).*

Os problemas relativos à previsão de permeabilidade de campo por ensaios de laboratório já foram extensivamente discutidos. Daniel (1984) obteve valores de permeabilidade de campo superiores entre uma e três ordens de magnitude aos determinados em laboratório, mesmo em amostras indeformadas retiradas da camada compactada.

As principais causas das diferenças entre permeabilidade de laboratório e de campo são:

* Obtenção de amostra representativa: o volume de solo ensaiado em laboratório geralmente não é grande o suficiente para conter uma distribuição estatisticamente significativa de feições, tais como estratificação, fissuras e juntas; há também uma tendência de selecionar amostras mais uniformes para os ensaios de laboratório, além de se retirar pedregulhos, raízes, conchas etc., que podem condicionar o fluxo no campo.
* Heterogeneidade vertical e espacial no campo em razão de lentes de areia mais permeáveis que facilitam a drenagem mais rápida, elevando a permeabilidade média.
* Método de compactação: estrutura do solo compactado no laboratório pode não reproduzir adequadamente a gerada no campo.
* Direção do fluxo: geralmente, determina-se o coeficiente de permeabilidade vertical no laboratório, enquanto os ensaios de campo medem principalmente o coeficiente de permeabilidade horizontal, que é maior.

* Crescimento de microrganismos: colmatação dos poros por crescimento de matéria orgânica no solo durante o ensaio.
* Grau de saturação da amostra: a permeabilidade aumenta com o grau de saturação e é máxima para o solo saturado.
* Formação de trincas de secagem: o corpo de prova no laboratório geralmente é acondicionado de forma a manter o teor de umidade de moldagem, enquanto no campo as trincas que se formam por secagem podem aumentar significativamente a permeabilidade da camada de solo compactado.

A questão da amostra representativa é fundamental para os solos saprolíticos, que são caracterizados por um perfil de intemperização decrescente com a profundidade e muito heterogêneo em relação à mineralogia e a características e propriedades geotécnicas. A presença de fragmentos de rocha alterada no solo também dificulta a representatividade dos ensaios de laboratório.

A Fig. 5.32 mostra a diferença de porcentagem e tamanho de fragmentos de rocha alterada de duas amostras de um solo saprolítico de filito compactadas no mesmo teor de umidade e energia, uma no laboratório e outra no campo. Os fragmentos de rocha alterada eram muito duros e difíceis de quebrar no campo, mesmo sob a energia modificada, provavelmente em razão de uma elevada sucção. No laboratório, durante o processo de secagem prévia da amostra ao ar, os fragmentos se pulverizaram. O solo depois da compactação de laboratório resultou em um material mais fino e menos permeável do que após a compactação de campo.

Fig. 5.32 *Fragmentos de rocha em solo saprolítico de gnaisse de Caieiras, SP: (a) após compactação de campo; (b) após secagem ao ar; e (c) após compactação de laboratório*
Fonte: Ferrari, 2005.

O coeficiente de permeabilidade dos solos geralmente diminui com o aumento da tensão confinante e do gradiente hidráulico. A norma ASTM D5084-03 (2003) limita o gradiente hidráulico de laboratório para evitar a subestimativa da permeabilidade de campo. Gradientes máximos são recomendados para faixas de permeabilidade, conforme apresenta a Tab. 5.3; para solos com coeficiente de permeabilidade menor ou igual a 10^{-9} m/s, o máximo gradiente recomendado é 30.

Tab. 5.3 GRADIENTE HIDRÁULICO RECOMENDADO

CONDUTIVIDADE HIDRÁULICA (m/s)	GRADIENTE HIDRÁULICO RECOMENDADO
1×10^{-5} até 10^{-6}	2
1×10^{-6} até 1×10^{-7}	5
1×10^{-7} até 1×10^{-8}	10
1×10^{-8} até 1×10^{-9}	20
Menor que 1×10^{-9}	30

Fonte: ASTM D5084-03, 2003.

Pesquisas com solos tropicais compactados têm mostrado que a influência do gradiente e da tensão confinante pode ser pouco significativa na determinação da permeabilidade. A pouca influência da tensão confinante decorre principalmente da tensão de pré-adensamento resultante da compactação, superior aos valores de confinamento normalmente utilizados no laboratório para reproduzir as tensões a que os revestimentos de fundo estão sujeitos no campo.

Diferenças no teor de umidade e no peso específico seco no campo em relação às condições ensaiadas em laboratório, a maior heterogeneidade da compactação no campo e a dificuldade de reproduzir em laboratório a estrutura do solo compactado no campo podem também resultar em permeabilidade de campo maior do que a de laboratório. Esse aspecto é fundamental no caso de solos lateríticos, que apresentam uma grande variação no peso específico aparente seco em função do teor de umidade e, portanto, uma grande variação de permeabilidade em função dos parâmetros de compactação, como exemplifica a Fig. 5.33. Outros solos, contudo, apresentam variação pouco significativa do coeficiente de permeabilidade em função do teor de umidade de compactação. A Tab. 5.4, mostra k (coeficiente de permeabilidade) ao longo de uma curva de compactação para três tensões confinantes, devendo-se lembrar que para esse solo a variação do peso específico seco para a faixa de h (umidade) estudada é muito pequena, como visto na Fig. 5.31b.

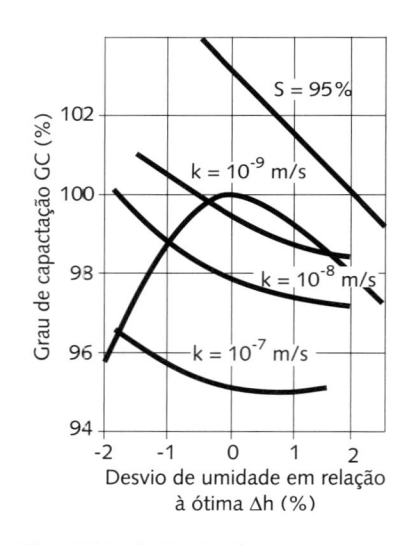

Fig. 5.33 *Variação da permeabilidade em função dos parâmetros de compactação para um solo laterítico argiloso da cidade de São Paulo*
Fonte: Boscov, 2004.

Geotécnicos brasileiros obtiveram bons resultados na previsão da permeabilidade de campo em barragens brasileiras, como mostra a Fig. 5.34, graças a um profundo conhecimento dos materiais locais resultante de extensas campanhas laboratoriais, de rígido controle de compactação e da prática acumulada em obras de barragens e rodovias em uma época de intensiva construção pesada no País.

Tab. 5.4 Variação da permeabilidade de solo siltoso saprolítico de gnaisse da cidade de São Paulo

Tensão confinante (kPa)	Desvio de umidade, $w-w_{ot}$ (%) (energia normal)	Coeficiente de permeabilidade, k (m/s)
50	-3	$4,9 \times 10^{-8}$
	0	$4,1 \times 10^{-8}$
	+3	$7,5 \times 10^{-8}$
100	-3	$4,5 \times 10^{-8}$
	0	$2,5 \times 10^{-8}$
	+3	$2,5 \times 10^{-8}$
150	-3	$2,7 \times 10^{-8}$
	0	$2,1 \times 10^{-8}$
	+3	$2,4 \times 10^{-8}$

Fonte: Stuermer, 2006

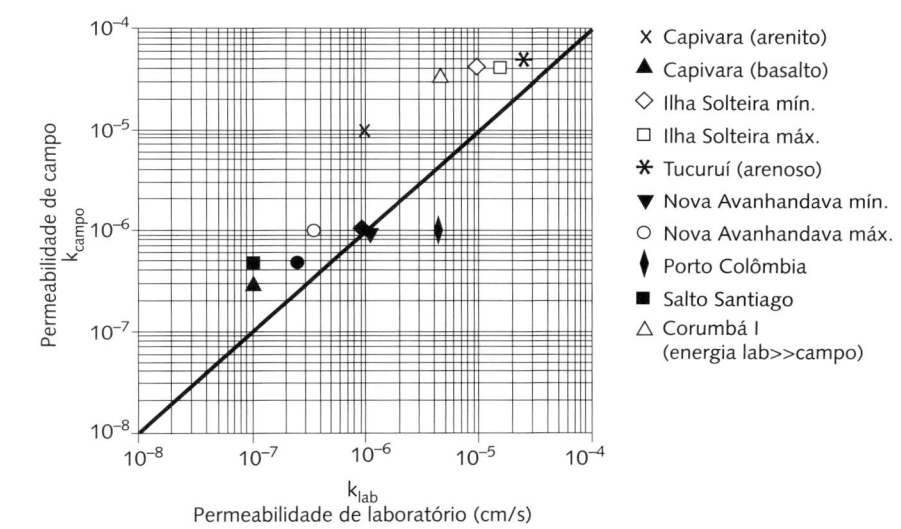

Fig. 5.34 *Comparação entre permeabilidade de laboratório e de campo*
Fonte: Mello e Boscov, 1998.

A manutenção da integridade das camadas de solo compactado depende principalmente da aparição de trincas de secagem, expansão ou resultantes de recalques diferenciais, assim como da compatibilidade com o fluido que percola. No caso de solos lateríticos, é preocupante a formação de trincas de secagem, e nos solos saprolíticos expansivos, de trincas de expansão. As misturas de solo com aditivos exigem controle adicional quanto à homogeneização no campo.

Métodos construtivos podem evitar o surgimento de trincas, como espessura adicional de sacrifício, cobertura temporária ou adição de fibras no caso da contração, ou emprego de sobrecarga inicial ou de aditivos no caso da expansão. A compatibilidade deve ser pesquisada caso a caso, incluindo as modificações na resistência e na compressibilidade; por exemplo, em contato com soda cáustica, o solo pode sofrer drástica perda de resistência e aumento de compressibilidade; no entanto, a permeabilidade pode permanecer constante ou até diminuir.

Controle de qualidade de construção

O controle de qualidade da camada de solo compactado pode ser feito medindo-se a permeabilidade de campo ou controlando-se outras propriedades que correlacionam com a permeabilidade e são mais fáceis de determinar.

A permeabilidade da camada de solo compactado pode ser determinada por ensaios de campo ou ensaios de laboratório com amostras indeformadas. A retirada de amostras indeformadas causa defeitos significativos na camada compactada, que geralmente tem espessura menor ou igual a 1 m. Menores amostradores mais adequados para CCLs já vêm sendo utilizados no exterior.

Os ensaios de campo são preferíveis aos de laboratório, por envolverem maior volume de solo e assim levar em conta efeitos da macroestrutura, mas são mais caros, envolvem longo tempo pelo fato de que o solo compactado não é saturado, e não têm condições de contorno tão bem definidas como em laboratório.

Os ensaios de campo mais utilizados para CCLs são o ensaio em cava tipo Matsuo (ABGE, 1996), o mais utilizado no Brasil, o infiltrômetro de anel duplo selado (ASTM, 2002) e o permeâmetro em furo de sondagem em duas etapas (ASTM, 2006). Lisímetros de campo, sensores elétricos, ou até nanoelementos podem ser boas soluções para a medição da permeabilidade *in situ*.

Fig. 5.35 *Ensaio em cava tipo Matsuo*
Fonte: Ferrari, 2005.

O ensaio tipo Matsuo (Fig. 5.35) é realizado em cavas rasas de seção retangular, de geometria conhecida. A vazão é medida até o estabelecimento do fluxo permanente; em seguida, alarga-se a cava e reinicia-se o processo para a nova seção transversal. O cálculo da permeabilidade é feito com base na diferença de vazões infiltradas nas duas etapas utilizando-se um modelo bidimensional.

O ensaio com o infiltrômetro de anel duplo selado (*sealed double-ring infiltrometer* ou SDRI) ou infiltrômetro de anéis concêntricos (Fig. 5.36) consiste na cravação de dois anéis concêntricos no solo, que são preenchidos com água, com a finalidade de garantir a verticalidade do fluxo pelo anel interno. Mede-se a vazão infiltrada no anel interno em função do tempo e repete-se o processo até a constância da vazão de infiltração.

O ensaio de permeabilidade em furo de sondagem em duas etapas (Fig. 5.37) é feito inicialmente com o furo totalmente revestido, de modo

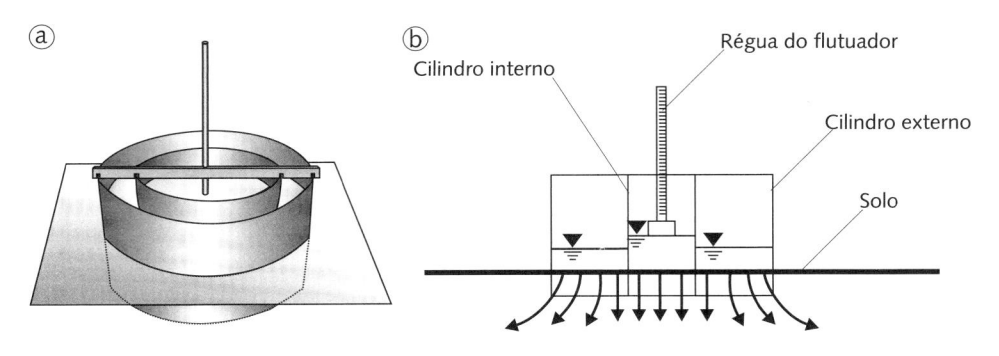

Fig. 5.36 *Ensaio com o infiltrômetro de anel duplo selado: (a) vista geral; (b) e (c) seções transversais*

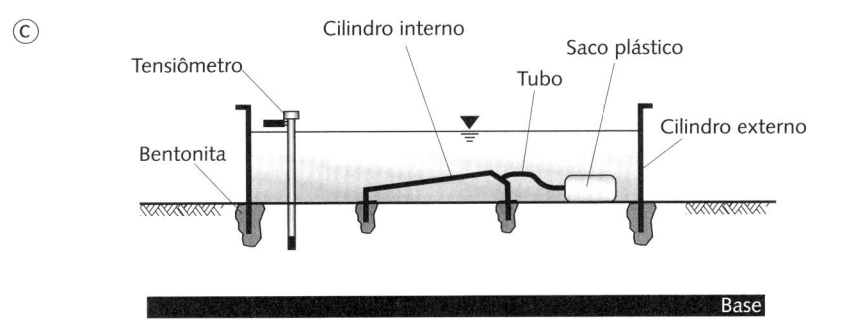

que a infiltração ocorra unicamente pela base do furo, ou seja, em uma situação com máximo efeito do fluxo vertical. A seguir o furo é estendido abaixo da base do tubo de revestimento, ocorrendo também infiltração pelas paredes do trecho de furo não revestido, ou seja, fluxo horizontal. Os coeficientes de permeabilidade horizontal e vertical podem ser calculados com base nos valores das permeabilidades obtidos nas duas etapas do ensaio.

Outra possibilidade é a determinação de propriedades correlatas, como o peso específico seco e o teor de umidade no campo. O peso específico seco *in situ* pode ser determinado pelos métodos do funil de areia, óleo, balança hidrostática, Hilf, MCV (*moisture condition value*), ensaios de penetração e densímetro nuclear, entre outros. Alguns métodos para determinar o teor de umidade *in situ* são: frigideira, álcool, *speedy*, forno infravermelho, forno de microondas, resistividade, densímetro nuclear e TDR (*time domain reflectometry*).

A utilização de ensaios não destrutivos, que não envolvem retirada de amostras da camada compactada, como o densímetro nuclear, é especialmente recomendada para as camadas de solo compactado de sistemas de impermeabilização de aterros de resíduos.

A campanha de ensaios para controle de qualidade de construção (CQC) não pode prescindir de acompanhamento estatístico dos resultados no caso de materiais com grande variabilidade em suas propriedades, como os solos compactados no campo. O Departamento de Qualidade Ambiental de Michigan (EUA), por exemplo, recomenda que o controle de umidade e densidade de campo deve ser de no mínimo 12 ensaios

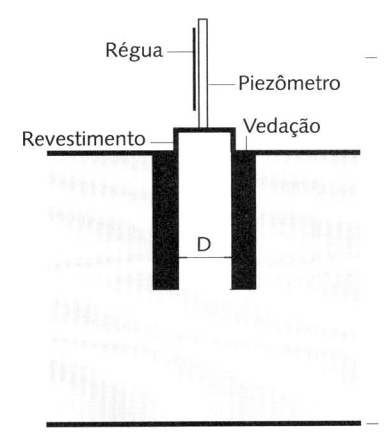

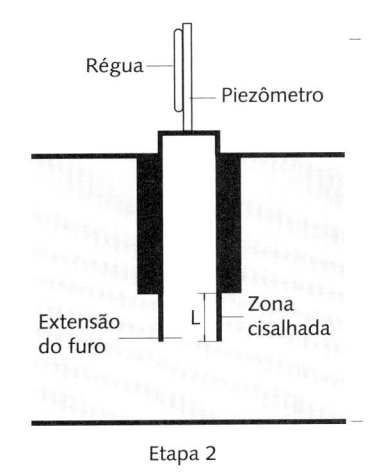

Fig. 5.37 *Ensaio de permeabilidade em furo de sondagem em duas etapas*

a cada 10.000 m² por camada de solo compactado. No Brasil, não há recomendações ou especificações dos órgãos de controle ambiental sobre o número e a frequência de ensaios de controle, que ficam a critério do projetista e do empreendedor. Ainda devem ser criadas regulamentações específicas para aterros de resíduos, incorporando a experiência de controle de qualidade de construção de obras viárias e barragens de terra, já muito desenvolvida no País.

Geossintéticos

O controle de qualidade da instalação de geossintéticos tem evoluído sensivelmente nos últimos anos. Há normalização internacional para armazenamento na indústria, transporte, recebimento, armazenamento na obra, determinação de propriedades e instalação. No Brasil, muitos ensaios de propriedades-índices e de desempenho têm sido normalizados pela ABNT. Emendas, que eram uma importante causa de defeitos nas geomembranas há dez anos, podem atualmente ser bem executadas e testadas na hora. Há problemas de instalação e operação que persistem, como furos associados a dobras e pregas, ancoragem, estabilidade dimensional, resistência ao cisalhamento, entre outros, que são pesquisados e debatidos no meio técnico. Alguns geossintéticos têm problemas específicos, por exemplo, a hidratação dos GCLs, que deve ser completa para que apresentem a baixa permeabilidade esperada.

A correta especificação do produto a ser empregado é fundamental para o sucesso da obra; às propriedades requeridas em projeto devem corresponder as solicitações admissíveis do geossintético, considerando-se os fatores de redução e de segurança parcial inerentes à aplicação (Vidal, 1998).

Bueno (2003) sugere um modelo de especificação para geossintéticos dividido em quatro grupos: índices de identificação ou de classificação do geossintético, propriedades dominantes e essenciais que alicerçam os critérios de projeto, propriedades que estabelecem o desempenho do geossintético durante o período construtivo e propriedades que garantem a durabilidade do geossintético como projetado ao longo de toda a vida útil da obra. Os geossintéticos devem, portanto, ser ensaiados em diversas fases, para a garantia de qualidade do produto produzido, da conformidade entre o material especificado e o entregue em obra, e da qualidade do material instalado.

O desempenho das geomembranas depende em grande parte da qualidade da instalação. Segundo Vidal (2001), entretanto, o item mais importante para a eficácia de uma obra impermeabilizada com geomembrana é a fase de projeto, em que todas as condições críticas dos pontos de vista geotécnico, hidráulico, estrutural e também do produto devem ser analisadas.

As geomembranas são altamente sujeitas a danos por punção e rasgos por acúmulo de tensões em dobras; uma vez puncionadas, não têm capacidade de autocicatrização como os solos. Daí a necessidade de cobrir a geomembrana com uma camada de proteção e controlar os procedimentos de campo para evitar tráfego de pessoal e equipamentos sobre a geomembrana descoberta.

Para uma geomembrana bem colocada, a existência de furos localizados não compromete a permeabilidade global. Quando os furos estão associados a pregas ou rugas, contudo, a permeabilidade aumenta significativamente. Na Tab. 5.5 está apresentada uma comparação entre situações de boa e má qualidade construtiva para CCLs, geomembranas e sistemas compostos.

Observa-se que a Usepa (1991) considera a existência de 2,5 furos por hectare na geomembrana, mesmo em condição de qualidade construtiva excelente. Na condição de qualidade construtiva boa, o número de furos por hectare é igual, mas a área média dos furos é dez vezes maior do que na condição excelente. Já a má qualidade construtiva é caracterizada por 75 furos por hectare. A qualidade construtiva da camada de solo compactado está refletida no coeficiente de permeabilidade: valores de 10^{-8} m/s, 10^{-9} m/s, 10^{-10} m/s correspondem a, respectivamente, qualidade má, boa e excelente.

A Tab. 5.5 mostra que uma camada de solo compactado mal construída permitiria a passagem de 1,12 ℓ/m^2.dia de líquido. Uma geomembrana mal instalada, por sua vez, permitiria um fluxo de 9,35 ℓ/m^2.dia. O sistema composto acarretaria uma notável redução do fluxo para 9,35 x 10^{-2} ℓ/m^2.dia.

Tab. 5.5 Vazões calculadas para CCLs, geomembranas e sistemas compostos

Tipo de revestimento impermeável	Qualidade	Parâmetros adotados	Vazão (ℓ/m^2.dia)
Solo compactado	Má	k = 1 x 10^{-8} m/s	1,12
Geomembrana	Má	75 furos/ha, a = 0,1 cm²	9,35
Sistema composto	Má	k = 1 x 10^{-8} m/s, 75 furos/ha, a = 0,1 cm²	9,35 x 10^{-2}
Solo compactado	Boa	k = 1 x 10^{-9} m/s	0,112
Geomembrana	Boa	2,5 furos/ha, a = 1 cm²	3,09
Sistema composto	Boa	k = 1 x 10^{-9} m/s, 2,5 furos/ha, a = 1 cm²	7,48 x 10^{-4}
Solo compactado	Excelente	k = 1 x 10^{-10} m/s	1,12 x 10^{-2}
Geomembrana	Excelente	2,5 furos/ha, a = 0,1 cm²	0,309
Sistema composto	Excelente	k = 1 x 10^{-10} m/s, 2,5 furos/ha, a = 0,1 cm²	9,35 x 10^{-5}

k – coeficiente de permeabilidade do solo; a = área do furo
Fonte: Usepa, 1991.

Por outro lado, uma camada de solo compactado construída com excelente qualidade apresentaria um fluxo ainda menor do que o sistema composto de má qualidade construtiva; mesmo sendo o CCL o único elemento impermeável, a vazão de escape seria igual a 1,12 x 10^{-2} ℓ/m^2.dia. O fluxo por uma geomembrana instalada com qualidade excelente seria de 0,309 ℓ/m^2.dia, e por um sistema composto excelente, de apenas 9,35 x 10^{-5} ℓ/m^2.dia! Fica patente a necessidade de construir com qualidade, ou seja, de se proceder a um rígido controle da construção.

O Quadro 5.2 apresenta um exemplo de programa de conformidade para geomembranas em aterros sanitários. Ensaios adicionais podem ser necessários, por exemplo, para determinar a resistência de interface da geomembrana com solos ou com outros geossintéticos, para verificar o desempenho da camada de proteção ou avaliar a segurança da ancoragem.

Os geocompostos argilosos para barreira impermeável (GCLs) apresentam a mesma facilidade de instalação das geomembranas, além de capacidade de autocicatrização em torno de pequenos defeitos e de adsorção de poluentes. Quando da hidratação da bentonita, seu peso médio é de 10 kgf/m² (0,1 kPa), provocando, portanto, recalques muito menores que os de uma camada impermeável de argila (1 m de argila compactada car-

Quadro 5.2 PROPRIEDADES E PARÂMETROS PARA CONTROLE DE GEOMEMBRANAS EM ATERROS DE RESÍDUOS

PARÂMETROS E PROPRIEDADES	FREQUÊNCIA
Identificação do rolo	N
Gramatura	A
Densidade	N
Resistência à tração, alongamento e rigidez	N
Resistência à punção	N
Resistência ao rasgo	N
Danos de instalação	A
Perfuração dinâmica	C
Estabilidade em altas temperaturas	A
Coeficiente de expansão térmica	A
Emendas: adesão, cisalhamento, estanqueidade	A
Resistência química	A

N – *necessários em todas as situações, sempre exigidos no controle de recebimento do material*
A – *necessários ao desenvolvimento do projeto, exigidos no controle dependendo das especificações de projeto*
C – *resultados exigidos no controle em situações específicas*
Fonte: *Manassero e Spanna 1998; Bueno, 2003.*

rega o subsolo com aproximadamente 18 kPa). Os maiores problemas em relação ao GCL são a necessidade de hidratação completa para que atinja a permeabilidade desejada, e a possibilidade de reações do percolado com a bentonita, acarretando aumento da permeabilidade por floculação ou abertura de trincas, entre outros. Devem-se considerar também as possibilidades de perda de bentonita durante a instalação, de ocorrência de ressecamento se o GCL não for adequadamente recoberto e de elevação do fluxo ao longo do tempo pela redução da espessura da bentonita sob tensões de compressão.

Comentários finais

O valor máximo de permeabilidade de campo definido pela maioria das legislações e normas para a camada de solo compactado é de 10^{-9} m/s. O critério de projeto do valor máximo do coeficiente de permeabilidade, contudo, não considera sua significativa variabilidade espacial em uma camada de solo compactado. Um passo para a melhoria do projeto e construção de aterros sanitários seria uma especificação baseada em análise estatística, relacionando o valor desejado a um intervalo de confiança; para tal, seria necessário um controle baseado em ensaios rápidos e não destrutivos. Outra possibilidade é especificar faixas de valores aceitáveis para o coeficiente de permeabilidade, como é usual para os parâmetros de compactação.

Observa-se também que, apesar de mais de duas décadas de pesquisas sistemáticas sobre transportes de poluentes em solos e compatibilidade entre solos e chorume, além do recurso cada vez mais acessível da modelagem, a preocupação básica de projetistas e órgãos licenciadores quanto ao revestimento da fundação ainda é a permeabilidade. A evolução nos conhecimentos sobre os processos potencialmente causadores de impacto ambiental poderá permitir maior flexibilidade nos projetos, com a manutenção da segurança desejada. Como exemplo, um solo que não atenda ao requisito de permeabilidade, mas possua uma alta capacidade de imobilização de poluentes, pode ser uma alternativa equivalente, quanto à segurança ambiental, a um solo menos permeável, porém menos efetivo na retenção de poluentes. De maneira geral, tanto no Brasil como em outros países, é necessário incorporar conhecimentos teóricos e práticos mais atualizados às normas ambientais.

Finalmente, a impermeabilização de locais de disposição de resíduos é uma área da Geotecnia Ambiental que evoluiu na última década; os atributos da camada impermeável são claros e devem ser os norteadores dos projetos na utilização de materiais alternativos. Os critérios de projeto devem visar ao desempenho desejado tanto do ponto de vista estrutural como do ambiental.

5.8 Revestimentos de fundo alternativos

A utilização de materiais alternativos na construção do sistema de impermeabilização do revestimento de fundo vem sendo investigada, podendo-se citar:

* Misturas de solo com bentonita, zeólitas ou microssílicas.
* Geotêxteis impregnados com emulsão asfáltica.
* Barreiras asfálticas.
* Camadas estabilizadas quimicamente com cimento, cal ou cinzas volantes.
* Barreiras reativas.
* Barreiras geoquímicas.
* Biobarreiras.
* Barreiras de vidro.
* Barreiras com efeito de membrana.
* Barreiras de gel polimérico.

Misturas de solo com bentonita têm sido utilizadas quando a permeabilidade do solo compactado não atende ao limite mínimo de 10^{-9} m/s. Misturas compactadas com diversos teores de aditivo são ensaiadas à permeabilidade em laboratório para determinar o teor mínimo necessário para diminuir a permeabilidade até o valor especificado. As misturas podem ser feitas na própria praça de compactação ou previamente em equipamentos apropriados para a homogeneização da mistura (*Pulvimixer*). Misturas de zeólitas e microssílicas são outras alternativas semelhantes.

Quando o atual conceito de aterro de resíduos começou a se impor, com o paradigma de contenção dos resíduos, foram inicialmente empregados geotêxteis impregnados com emulsão asfáltica em sistemas impermeáveis compostos. Essa alternativa entrou em desuso com o advento das geomembranas. Por outro lado, camadas de concreto asfáltico continuam a ser uma opção utilizada, embora não frequente, para o sistema impermeável do revestimento de fundo.

As misturas compactadas de solo com cal, cimento e cinzas volantes apresentam melhores propriedades geotécnicas e menor suscetibilidade a alterações estruturais em contato com percolados do que o solo natural, ou seja, melhor compatibilidade; porém, tendem a fissurar, com consequente comprometimento da permeabilidade.

Barreiras reativas são aquelas às quais se adicionam materiais com a finalidade de aumentar sua capacidade de atenuação. Como a atenuação compreende um conjunto de reações físicas, químicas e biológicas que restringem a migração de poluentes, diferentes aditivos podem ser utilizados de acordo com o mecanismo de atenuação que se procura incentivar. Por exemplo, para aumentar a adsorção de metais, podem ser adicionadas zeólitas, que apresentam uma elevada capacidade de troca catiônica. A adição de cal virgem ou hidratada acarreta um aumento do pH do solo, propiciando a ocorrência de precipitação. A adsorção de compostos orgânicos apolares pode ser elevada pela adição de carbono orgânico na forma de cinzas volantes com alto teor de carbono, tiras de pneus ou carvão granular ativado.

Barreiras geoquímicas são aquelas que propiciam a atenuação da migração de poluentes graças à formação de precipitados com alta capacidade de adsorção, resultante de reações de aditivos com minerais do solo. Por exemplo, a aspersão de uma solução de cloreto férrico hidratado sobre uma camada de solo constituído de carbonatos acarreta a precipitação de oxi-hidróxido férrico amorfo, que tem capacidade de adsorver cátions.

Biobarreiras são formadas pela redução do volume de poros e, portanto, da permeabilidade de um material por colmatação biológica resultante do desenvolvimento de microrganismos.

Barreiras de vidro são sistemas compostos de painéis de vidro estrutural dispostos sobre uma camada de solo compactado. O vidro apresenta as vantagens de ser um material homogêneo, inerte, resistente e de baixíssima permeabilidade.

Barreiras com efeito de membrana são barreiras argilosas que exibem um mecanismo de restrição à passagem de solutos adicional à adsorção: o comportamento de membrana semipermeável resultante da eletro-osmose. Ocorre um fluxo de líquido por causa da diferença de concentrações no sentido contrário ao da difusão, ou seja, da região de menor para a de maior concentração, contrapondo-se ao fluxo advectivo. Esse comportamento tem sido observado em solos ricos em montmorillonita sódica; pesquisas recentes indicam que também podem ocorrer em solos tropicais (Musso e Pejón, 2007).

Barreiras de gel polimérico estão em fase de investigação, não tendo ainda sido empregadas na prática. A barreira é constituída de um gel formado pela dissolução de polímeros em água, gerando uma rede tridimensional de cadeias poliméricas, análoga a um meio poroso. O gel polimérico apresenta permeabilidade mais baixa, coeficientes de difusão semelhantes e capacidade de sorção superior à das argilas compactadas.

Para os sistemas de drenagem do revestimento de fundo, também tem sido investigado o emprego de materiais alternativos, tais como garrafas PET, pneus brutos, cortados ou picotados, plásticos e resíduos de construção e demolição.

5.9 Coberturas alternativas

Os seguintes tipos de coberturas alternativas têm sido utilizados:
* coberturas monolíticas ou evapotranspirativas;
* barreiras capilares;
* geomembranas expostas;
* coberturas geoquímicas;
* coberturas de resíduos de papel.

Coberturas monolíticas ou evapotranspirativas são compostas de uma única e espessa camada de solo com alta capacidade de armazenamento de água, recoberta por vegetação. A espessura e a porosidade da camada de solo, assim como o tipo de vegetação e a profundidade das raízes, devem garantir o armazenamento da água que infiltra na época das chuvas e sua posterior devolução à atmosfera por evaporação e transpiração das plantas em épocas de seca, de modo a limitar a quantidade de água que atravessa a cobertura e infiltra na massa de resíduos formando o percolado. O princípio de funcionamento das coberturas evapotranspirativas está ilustrado na Fig. 5.38.

Fig. 5.38 *Balanço hídrico em coberturas: (a) CCL; (b) cobertura evapotranspirativa*

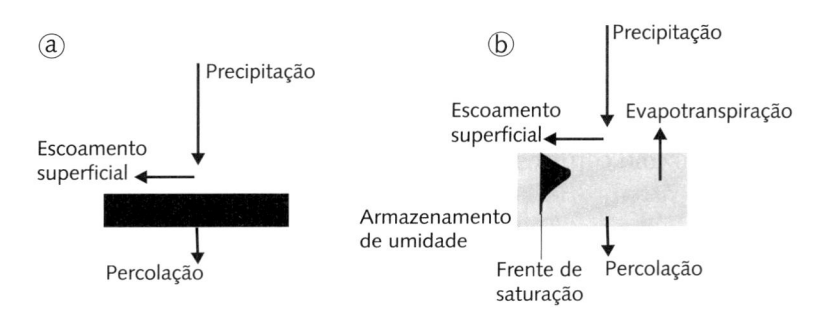

Valores máximos aceitáveis de percolação da cobertura para a massa de resíduos em função do clima foram estabelecidos pela Usepa por comparação com as coberturas prescritivas e estão apresentados no Quadro 5.3.

Quadro 5.3 Percolação equivalente a coberturas prescritivas

Tipo de cobertura prescritiva	Percolação anual máxima (mm/ano)	
	Clima semi-árido e árido (p/PET≤0,5)	Clima úmido (p/PET>0,5)
Camada de solo compactado (CCL)	10	30
Sistemas compostos (CCL e geomembrana)	3	3

P – precipitação; PET – potencial de evapotranspiração
Fonte: ISSMGE, 2006.

Por exemplo, em região de clima úmido onde a prescrição para sistema impermeável de cobertura é uma camada de solo compactado, pode ser aceita como alternativa uma cobertura evapotranspirativa que garanta percolação menor ou igual a 30 mm/ano para dentro da massa de resíduos. Já se a prescrição for um sistema composto, a percolação máxima para que a alternativa de cobertura evapotranspirativa seja aceita é de 3 mm/ano.

Barreiras capilares são constituídas de duas camadas de solos, sendo o solo da camada superior mais fino do que o da camada inferior. Quando a frente de saturação decorrente da infiltração da água de chuva atinge a interface dos dois materiais, apenas uma fração da água é transmitida para a camada de material mais grosso subjacente, por causa da sucção residual no solo fino da camada superior e da permeabilidade mais baixa do material subjacente, sujeito a valores de sucção mais elevados. A adequação do clima e da condição insaturada são requisitos para garantir a eficiência do sistema. A Fig. 5.39 representa esquematicamente o conceito das barreiras capilares, mostrando a entrada da frente de saturação pela camada superior, tanto pelo efeito da gravidade como da sucção. No solo não saturado, a pressão neutra é negativa; à medida que aumenta o grau de saturação, a pressão neutra vai aumentando e tendendo a zero, e na condição de saturação, a pressão neutra é nula ou positiva. Portanto, a carga hidráulica total (piezométrica mais altimétrica) é maior no topo do que na base da camada, e a água percola atravessando-a. Ao chegar na interface com a camada inferior, a água tende a continuar descendo pelo efeito da gravidade; porém, a sucção do solo da camada inferior é menor do que a do solo da camada superior, mesmo estando mais seco do que aquele pelo qual já passou a frente de saturação. Isso ocorre porque é escolhido um solo de poros muito maiores para a camada inferior, de modo que a sucção residual decorrente do ar retido nos poros mais finos do solo da camada superior seja maior do que a sucção do solo granular com menor grau de saturação. Ademais, o solo da camada inferior, estando mais seco, apresenta menor coeficiente de permeabilidade do que o da camada superior. Considerando o efeito da sucção da camada superior e a menor permeabilidade da camada inferior, o fluxo de água para dentro da camada inferior é restringido.

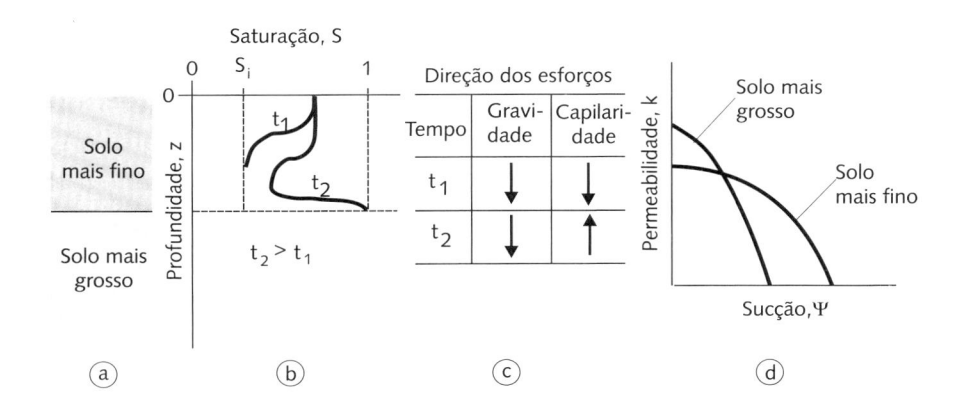

Fig. 5.39 *Cobertura de barreira capilar: (a) seção transversal; (b) frente de saturação; (c) forças atuantes; (d) relações entre permeabilidade e sucção Fonte: Shackelford e Nelson, 1996.*

O solo da camada inferior deve ser mais grosso do que o da camada superior para que ocorra o efeito de barreira capilar; contudo, deve ser filtro do outro, para evitar a ocorrência de *piping*.

A utilização da geomembrana exposta como cobertura tem as vantagens de eliminar os custos associados às outras camadas, reduzir o volume da cobertura e, portanto, aumentar a vida útil do aterro, diminuir os recalques pós-construção e reduzir as exigências de manutenção. Por outro lado, é uma solução de maior vulnerabilidade do ponto de vista do impacto ambiental, pois resulta em maior quantidade e velocidade de escoamento superficial e é esteticamente desagradável. Pode ser utilizada em obras temporárias, taludes muito íngremes, quando o custo de materiais de cobertura é proibitivo, ou quando o aterro expandir verticalmente no futuro. As maiores preocupações são as tensões induzidas pelo efeito do vento, a ancoragem e a exposição aos raios solares.

As barreiras geoquímicas visam diminuir a oxidação de sulfetos de rejeitos de mineração (*e. g.*, pirita) e a geração de drenagem ácida, representadas pelas reações (1) e (2). O sulfeto ferroso, em presença de água, oxigênio e do *Thiobacillus ferrooxidans*, produz uma solução ácida e Fe^{3+}.

$$FeS_{2(s)} + 3,5O_2 + H_2O \rightarrow 2SO_4^{2-} + 2H^+ + Fe^{2+} \tag{1}$$

$$Fe^{2+} + 0,25O_2 + H^+ \rightarrow Fe^{3+} + 0,5H_2O \quad Thiobacillus\ ferrooxidans \tag{2}$$

Adicionando-se cal (CaO) ou calcário moído ($CaCO_3$) aos rejeitos de mineração que contêm sulfetos, ocorrem as reações (3) a (5), com elevação do pH do meio (3) e precipitação de FeO(OH) (4) e/ou $Fe(OH)_3$ (5).

$$SO_4^{2-} + CaCO_{3(s)} + 2H^+ + H_2O \rightarrow CaSO_4.2H_2O_{(s)} + CO_2 \tag{3}$$

$$Fe^{3+} + 2H_2O \rightarrow FeO(OH)_{(s)} + 3H^+ \tag{4}$$

$$Fe^{3+} + 3H_2O \rightarrow Fe(OH)_{3(s)} + 3H^+ \tag{5}$$

Dada a grande quantidade de resíduos de papel gerada no Canadá e nos EUA, estes têm sido empregados na construção de coberturas de aterros sanitários. Os resíduos de papel são compostos por fibras orgânicas e minerais argilosos inorgânicos, têm permeabilidade compatível com a dos sistemas impermeáveis de cobertura de solo compactado, variando entre 10^{-10} e 10^{-9} m/s, e resultam em camadas flexíveis, adequadas aos elevados recalques diferenciais a que estão sujeitas as coberturas de aterros sanitários. Por outro lado, o projeto estrutural deve considerar o comportamento mecânico e hidráulico diferenciado desse material em relação aos materiais geotécnicos convencionais, assim como a possibilidade de biodegradação.

As coberturas de resíduos de papel sugerem a possibilidade de utilizar outros resíduos nas camadas de cobertura diária, intermediária ou definitiva dos aterros de resíduos, desde que os materiais sejam disponíveis em grandes quantidades e bem caracterizados do ponto de vista geotécnico e ambiental, e que o projeto da cobertura considere as particularidades de comportamento dos materiais e o impacto ambiental decorrente de sua utilização.

6 Remediação

A remediação de locais contaminados é uma área de grande aplicação para a Geotecnia, tanto em razão das obras que devem ser implementadas como pela necessidade de tomada de decisões com incertezas – competência dos engenheiros geotécnicos desenvolvida em outras áreas de atuação anteriormente ao surgimento da Geotecnia Ambiental.

Na remediação ambiental, o engenheiro geotécnico geralmente trabalha em equipe com geólogos, químicos, biólogos, toxicologistas, agrônomos, engenheiros ambientais, engenheiros químicos e engenheiros mecânicos. Há também interfaces com advogados, legisladores, gestores e órgãos fiscalizadores. Além da multidisciplinaridade e do caráter forense, outra característica dos trabalhos de remediação é a comunicação com o público e a imprensa, pouco usuais em outras obras de engenharia.

Uma área contaminada pode ser definida como um local ou terreno onde há comprovadamente poluição ou contaminação causada pela introdução de quaisquer substâncias ou resíduos que ali foram depositados, acumulados, armazenados, enterrados ou infiltrados de forma planejada, acidental ou até mesmo natural (Cetesb, 2007).

Os poluentes ou contaminantes podem apresentar-se em diversos estados: gases de menor, igual ou maior densidade do que o ar; fase líquida livre, de densidade menor, igual ou maior do que a água; em solução na água subterrânea; ou ainda na forma de sólidos ou semissólidos. Podem-se encontrar no ar, nos solos, rochas, águas superficiais e subterrâneas, materiais de aterro, construções e tubulações enterradas, a partir de onde podem propagar-se por diversas vias, alterando a qualidade das águas, do ar e do solo e causando impactos negativos ou riscos na própria área ou em seus arredores.

Há uma diferença conceitual entre poluição e contaminação, mas, de maneira geral, os dois termos são considerados sinônimos. As explicações de Nass (2002), apresentadas a seguir, ajudam a diferenciar os dois conceitos.

Poluição é uma alteração ecológica provocada pelo ser humano, que prejudica, direta ou indiretamente, sua vida ou seu bem-estar, trazendo danos aos recursos naturais e impedimento a atividades econômicas.

Porém, nem toda alteração ecológica pode ser considerada poluição; por exemplo, o lançamento de uma pequena carga de esgoto doméstico em um rio provoca a diminuição do teor de oxigênio de suas águas, mas se não afetar a vida dos peixes nem a dos seres que lhes servem de alimento, o impacto ambiental provocado pelo esgoto não é considerado poluição. A contaminação é a presença, em um ambiente, de seres patogênicos ou substâncias em concentração nociva ao ser humano; no entanto, se não resultar em uma alteração das relações ecológicas, a contaminação não é uma forma de poluição. O fator de poluição não precisa agir ativamente sobre o ser vivo, mas de forma indireta retira dele as condições adequadas à sua vida; por exemplo, as alterações ecológicas que provocam a morte dos peixes de um rio que recebe grande quantidade de esgotos não se dão pela ação de uma substância ou ser patogênico letal, mas pelo lançamento de nutrientes em quantidade excessiva.

Neste livro, a exemplo da maioria dos textos de Geotecnia Ambiental e das legislações e regulamentações ambientais, não se faz uma distinção entre poluição e contaminação.

A expressão remediação de áreas contaminadas compreende a recuperação do subsolo e das águas subterrâneas contaminados ou poluídos. Pode significar tanto a limpeza total (*clean up*) da área como a diminuição do impacto da contaminação a limites aceitáveis. O engenheiro geotécnico pode tanto trabalhar no gerenciamento de áreas contaminadas como no projeto de determinada técnica de remediação. Este capítulo apresenta sucintamente alguns conceitos relativos ao gerenciamento de áreas contaminadas e às técnicas de remediação mais difundidas.

A recuperação de áreas degradadas, embora seja um termo geral para a atuação sobre locais que sofreram impacto ambiental, tem sido mais utilizado para impactos não relacionados à introdução de substâncias ou resíduos, como a desertificação e a erosão. No que seja também um campo em que os engenheiros geotécnicos muito podem contribuir, não será abordado neste livro.

6.1 Gerenciamento de áreas contaminadas

Para o gerenciamento de áreas contaminadas, é necessário identificar todos os impactos possíveis causados pela contaminação, antes e após a remediação, tanto os relativos ao solo, águas subterrâneas, flora, fauna, atmosfera, população, edifícios e aparelhos de infra-estrutura urbana, como às pessoas que realizarão investigações para diagnóstico e que participarão da construção e da operação da técnica de recuperação escolhida.

O gerenciamento pode ser baseado em prescrições ou em estudos de risco. Os controles prescritos compreendem valores de concentrações máximas permitidas de elementos ou substâncias nos diversos meios (ar, solo, águas superficiais, águas subterrâneas), medidos diretamente no local ou obtidos em extratos, segundo ensaios normalizados, a partir de amostras coletadas no local.

As análises de risco, por outro lado, focalizam o poluente e o receptor; o dano ou impacto negativo é avaliado no receptor. A principal diferença das metodologias baseadas em risco e dos controles prescritos é considerar a contaminação do solo relevante apenas se tiver potencial para causar danos. A existência de um produto químico com propriedades tóxicas no solo não é necessariamente um problema, se não houver caminhos que levem o produto a receptores.

Risco pode ser definido como o produto da probabilidade de ocorrência de um dano pelo efeito desse dano. A probabilidade está necessariamente entre 0 (não ocorrerá dano) e 1 (ocorrerá dano). Os efeitos dos danos (à saúde humana, financeiros, ecológicos etc.) devem ser quantificados.

A análise quantitativa de risco na gestão de áreas contaminadas subsidia a definição de metas de remediação adequadas para cada problema e permite considerar o uso do local, outros aspectos do meio ambiente além da saúde humana, e a melhor relação custo-benefício. A quantificação de risco em projetos de remediação de áreas contaminadas, porém, depara-se com um grande número de incertezas. Existem incertezas sobre a fonte, as causas, a natureza e a velocidade de espalhamento da contaminação; sobre a extensão do problema e sobre riscos potenciais a seres humanos e ao meio ambiente. Há ainda ausência de dados toxicológicos para um grande número de poluentes, para determinadas vias de exposição e sobre a interação dos diferentes contaminantes. Ademais, ao contrário de outros campos da Geotecnia, a remediação envolve a aplicação de tecnologias novas e de eficácia ainda não totalmente comprovada, havendo incertezas em relação à própria técnica de remediação.

As incertezas relacionadas às estimativas dos parâmetros podem ser avaliadas, considerando-os como variáveis aleatórias, obtendo-se assim para o resultado final da avaliação uma distribuição probabilística, à qual podem ser relacionados intervalos de confiança. À medida que a investigação sobre a área contaminada evolui e mais dados são adquiridos, as incertezas diminuem e os níveis de segurança podem ser melhorados.

Atualmente, existem diversas metodologias para estimativa de riscos em áreas contaminadas, sendo mais utilizada no Brasil a metodologia americana RBCA (*Risk-Based Corrective Action*), normalizada pela ASTM (2004). A metodologia RBCA integra características do contaminante, meio impactado, meios de transporte, vias de ingresso e receptores.

A tendência mundial sugere a adoção de listas orientadoras com valores de referência de qualidade, de alerta e de intervenção como uma primeira etapa no diagnóstico de áreas suspeitas de contaminação, remetendo à avaliação de risco, caso a caso, para as áreas comprovadamente contaminadas. No Estado de São Paulo, a Companhia de Tecnologia de Saneamento Ambiental desenvolveu a lista de valores orientadores para solos e águas subterrâneas (Cetesb, 2005) e de níveis aceitáveis de risco (Cetesb, 1999), estabelecidos sempre que possível com base em dados nacionais e em avaliação de risco à saúde humana. Consisideram-se as seguintes vias de exposição: ingestão de água, solo e tubérculos, folhas e frutos cultivados na área contaminada; inalação de vapores e material particulado originado de um solo contaminado e contato dérmico com o solo/poeira e com a água durante o banho.

O gerenciamento de áreas contaminadas, no sentido mais amplo, compreende as seguintes etapas:
- definição da região de interesse;
- identificação de áreas potencialmente contaminadas;
- avaliação preliminar;
- investigação confirmatória;
- investigação detalhada;
- avaliação de risco;
- investigação para remediação;
- projeto de remediação;
- remediação propriamente dita; e
- monitoramento.

Para áreas reconhecidamente contaminadas, o gerenciamento se inicia na investigação detalhada. A partir do diagnóstico de contaminação, da caracterização da área e da análise de risco, são estudadas as alternativas de remediação.

As abordagens para a diminuição dos riscos são: a alteração do uso da área, a remoção ou a destruição do contaminante ou a redução de sua concentração.

6.2 Classificação das técnicas de remediação

O planejamento e a implementação das estratégias de remediação são muito complexos e necessitam de conhecimentos gerais e específicos multidisciplinares.

A remediação de solos e aquíferos contaminados deve ser feita na fonte poluidora e na pluma da contaminação. A experiência mostra que raramente é possível promover uma limpeza total quando a poluição é intensa. Muitas vezes, é necessário associar diversas técnicas; quando, mesmo assim, não se conseguem atingir as metas de remediação ou os custos para atingi-las se tornam proibitivos, restam as soluções de confinar a área ou remover o solo contaminado.

A remoção do solo contaminado, compreendendo escavação, transporte e disposição, só é possível quando há pleno acesso aos contaminantes, além de acarretar impacto em outra área. O confinamento ou isolamento deve impedir a liberação de material tóxico da área contaminada para o meio ambiente e interceptar o material tóxico já liberado antes que atinja o receptor.

É conhecido como *in situ* o tratamento do contaminante no próprio solo, ou seja, a utilização de técnicas destinadas a extrair ou alterar a natureza química do contaminante para imobilizá-lo ou deixá-lo não tóxico sem movimentar o solo. As técnicas *in situ*, preferíveis por não envolverem deslocamento e exposição de material contaminado, são, por outro lado, desafiadas pela heterogeneidade física, química e biológica do local e dos próprios contaminantes.

O tratamento *ex situ* compreende a remoção do material contaminado, ou seja, escavação do solo e bombeamento de água subterrânea para tratamento em outro local, geralmente em estações de tratamento, possibilitando maior controle das operações. Porém, é desejável não retirar o solo do local, evitando custos e potenciais riscos de transporte de solo contaminado e a reposição com importação de solo limpo.

Quando o tratamento *in situ* não é eficiente, podem ser utilizadas técnicas no local (*on site*) *ex situ*: o material contaminado removido é tratado em estações de tratamento no próprio local.

O Quadro 6.1 apresenta uma classificação das técnicas de remediação, divididas nas categorias contenção e tratamento. Na categoria contenção, o solo contaminado pode ser removido do local e disposto em aterros, o que configura uma solução *ex situ*, ou pode ser isolado *in situ* por barreiras verticais, cobertura e barreiras horizontais, enquanto a água contaminada é coletada e tratada *ex situ*. Na categoria tratamento, são apresentados métodos físicos, químicos, térmicos e biológicos para aplicação *in situ* ou *ex situ*. A Fig. 6.1 detalha um pouco mais as técnicas de tratamento, segundo a estratégia adotada: destruição, separação e imobilização do contaminante.

A remediação de solos e aquíferos contaminados é uma atividade recente, pujante, alvo de pesquisas em todo o mundo e que movimenta muito dinheiro, resultando no contínuo desenvolvimento de novas técnicas, algumas das quais se estabelecem como alternativas dignas de consideração, ao passo que outras não se mostram viáveis ou caem em desuso com o tempo. Há também fatores regionais que influem no sucesso de

Quadro 6.1 CLASSIFICAÇÃO DAS TECNOLOGIAS DE REMEDIAÇÃO DE SOLO CONTAMINADO

REMOÇÃO DO SOLO	CATEGORIA DA TECNOLOGIA	TÉCNICA/ PROCESSO	EXEMPLOS	COMENTÁRIOS
Sim (*ex situ*)	Contenção	Disposição	Aterros	*On site* x *off site* Novo x já existente
	Tratamento	Químico	Neutralização, extração por solvente	Solo tratado pode ser disposto em um aterro ou retornado ao local
		Físico	Lavagem de solo, estabilização, solidificação, vitrificação	
		Biológico	Biopilhas, biorreatores	
		Térmico	Incineração, dessorção térmica	
Não (*in situ*)	Contenção	Bombeamento e tratamento	Poços verticais, poços horizontais	No bombeamento e tratamento (*pump-and-treat*) a função do bombeamento é controlar o gradiente hidráulico e coletar a água contaminada; o tratamento é *ex situ*
		Cobertura	Coberturas tradicionais, alternativas geoquímicas	
		Barreiras verticais	Diafragmas flexíveis, cortinas de injeção, estacas-prancha, biobarreiras, barreiras reativas	
		Barreiras horizontais	Barreiras horizontais de injeção	
	Tratamento	Químico	Oxidação, redução	* Tecnologias que exigem remoção das fases líquida e/ou gasosa e tratamento *ex situ*
		Físico	Lavagem*, estabilização/solidificação, vitrificação, aspersão de ar abaixo do nível freático (*air sparging*)*, extração de vapor do solo*, eletrocinese*	
		Biológico	Atenuação natural monitorada, aspersão de ar acima do nível freático (*bioventing*), bombeamento de água, óleo e gases (*bioslurping*), aspersão abaixo do nível freático (*biosparging*)	
		Térmico	Injeção de vapor*, aquecimento por radiofrequência*, vitrificação*	

Fonte: Shackelford, 1999.

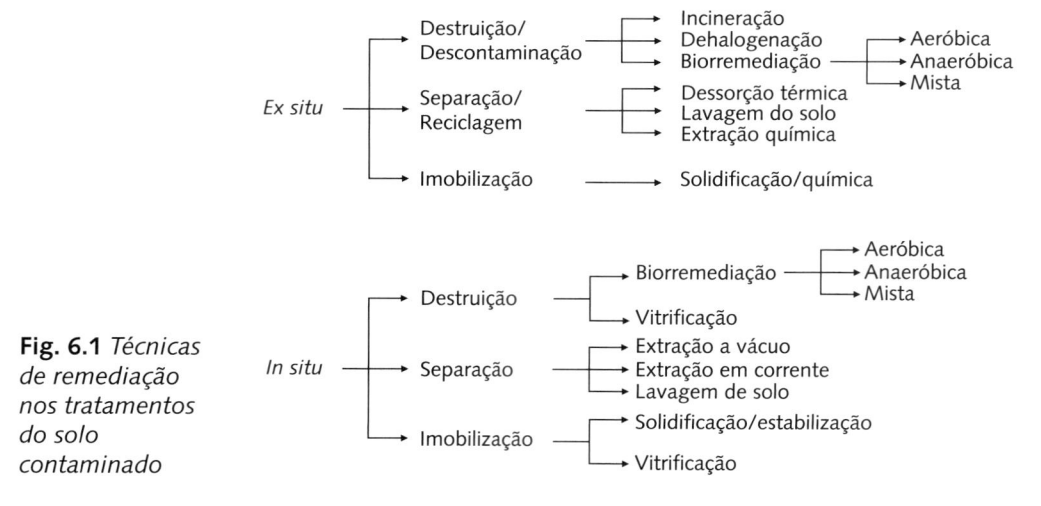

Fig. 6.1 *Técnicas de remediação nos tratamentos do solo contaminado*

Ex situ:
- Destruição/Descontaminação → Incineração, Dehalogenação, Biorremediação → Aeróbica, Anaeróbica, Mista
- Separação/Reciclagem → Dessorção térmica, Lavagem do solo, Extração química
- Imobilização → Solidificação/química

In situ:
- Destruição → Biorremediação → Aeróbica, Anaeróbica, Mista; Vitrificação
- Separação → Extração a vácuo, Extração em corrente, Lavagem de solo
- Imobilização → Solidificação/estabilização, Vitrificação

uma técnica, relacionados ao meio físico, ao desenvolvimento tecnológico e à disponibilidade de recursos.

A Fig. 6.2 mostra as técnicas de remediação implantadas no Estado de São Paulo. Observa-se que as mais utilizadas são: bombeamento e tratamento da água, recuperação da fase livre, extração de vapores, remoção do solo, extração multifásica e aspersão de ar, as quais respondem por 88% das remediações concluídas. Os grupos de contaminantes mais encontrados são os solventes aromáticos e os combustíveis líquidos, que perfazem 63% das contaminações cadastradas; adicionando-se os PAHs (hidrocarbonetos policíclicos aromáticos) e os metais, têm-se 88% das áreas contaminadas.

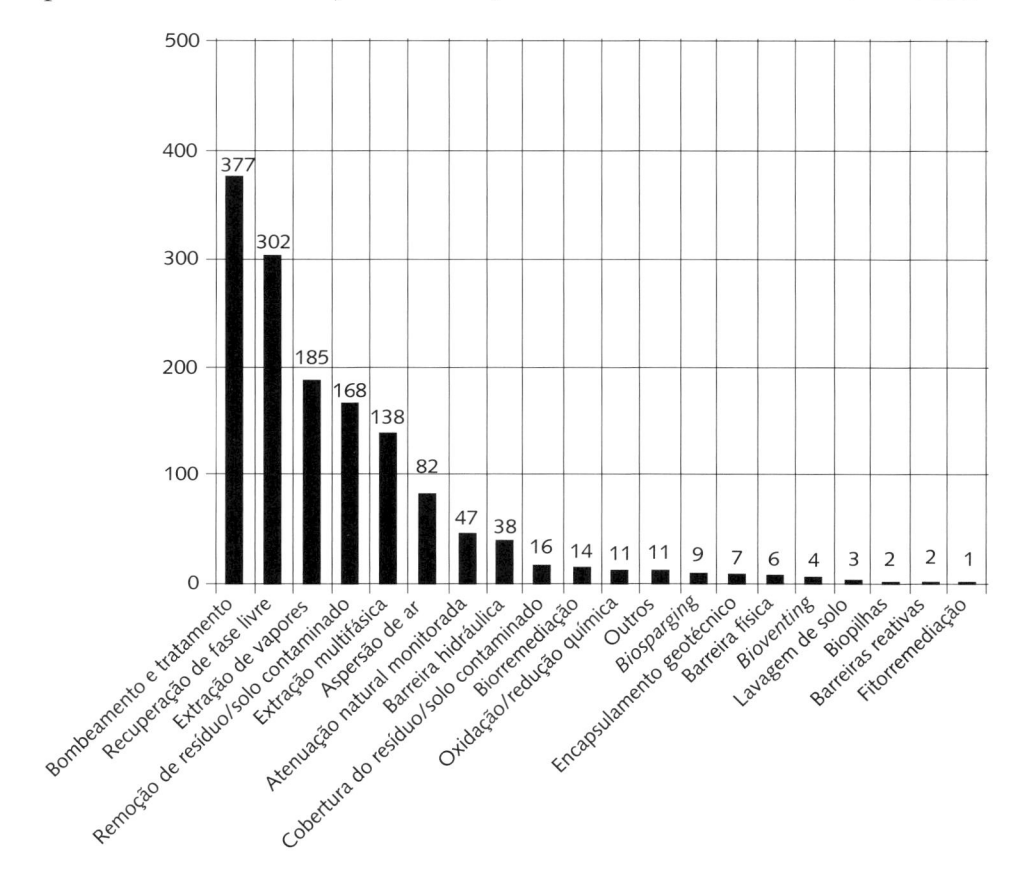

Fig. 6.2 *Técnicas de remediação implantadas no Estado de São Paulo Fonte: Cetesb, 2007.*

6.3 Técnicas de remediação

Encapsulamento geotécnico

O encapsulamento geotécnico consiste no confinamento de um local contaminado por meio de barreiras de baixa permeabilidade, isolando-se a massa de resíduos ou de materiais contaminados dos seres vivos, impedindo seu contato com águas superficiais, evitando a infiltração e a percolação de águas de chuva em seu interior, assim como o escape de vapores para a atmosfera, e diminuindo o aporte de contaminantes ao aquífero. O confinamento é obtido pela utilização conjunta de coberturas, barreiras verticais e horizontais de fundo, que envolvem todo o material a ser isolado.

É uma medida de remediação aceitável quando outras alternativas têm custos proibitivos e/ou eficácia baixa, o que pode acontecer quando o volume de solo a ser tratado é muito grande ou quando há diversos tipos de contaminantes no solo, exigindo uma combinação de técnicas.

O encapsulamento geotécnico impede a continuação do processo de contaminação do subsolo e do nível freático, porém persiste a necessidade de saneamento do aquífero e da interrupção do avanço da pluma de contaminação; é, portanto, geralmente associado à remoção e ao tratamento de águas subterrâneas. O nível d'água é rebaixado sob o confinamento por bombeamento, e a água retirada é tratada e descartada ou reintroduzida no subsolo.

Coberturas

As coberturas são camadas de baixa permeabilidade que visam impedir a entrada de águas de chuva no material confinado, o escape de gases para a atmosfera, o acesso de seres vivos e o contato com águas superficiais. Podem ser construídas com solos, misturas solo-aditivo e geossintéticos, ou ainda com materiais alternativos. Barreiras capilares também podem ser utilizadas quando se deseja evitar a migração ascendente de contaminantes por capilaridade. Dada a similaridade com as coberturas de aterros de resíduos, consultar o Cap. 5 para mais informações.

Barreiras verticais

As barreiras verticais têm como objetivo evitar a contaminação das águas subterrâneas, por meio do impedimento de fluxos horizontais de água contaminada do material isolado para o solo adjacente. A barreira deve fundamentalmente apresentar baixa permeabilidade para limitar o fluxo de água contaminada; porém, outros mecanismos de transporte de poluentes devem ser adicionalmente considerados: a difusão pode ocasionar fluxo significativo de poluentes, mesmo sob percolação desprezível, enquanto a adsorção pode retardar ou atenuar a passagem dos poluentes.

Em geral, são construídas barreiras verticais em todo o perímetro da área contaminada (como ilustrado na Fig. 6.3), usualmente engastadas em estratos naturais de menor permeabilidade; isso não é necessário quando os contaminantes estão localizados perto da superfície do terreno. Podem também ser localizadas em apenas parte do perímetro, a jusante da área contaminada, para melhorar a eficiência do sistema de remoção de água subterrânea, ou a montante, para evitar a entrada de água subterrânea limpa.

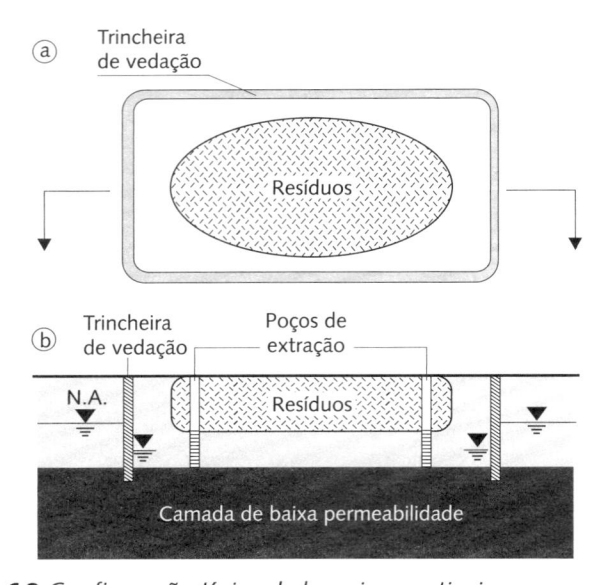

Fig. 6.3 *Configuração típica de barreiras verticais para remediação: (a) planta; (b) seção transversal*

A permeabilidade da barreira deve ser significativamente menor do que a do subsolo natural. As barreiras verticais podem ser constituídas de paredes-diafragma e trincheiras preenchidas com solo-bentonita, cimento-bentonita, concreto plástico ou concreto armado; cortinas de estacas-prancha; cortinas de injeção de cimento; e painéis de geomembranas, entre outros. A Fig. 6.4 mostra a escavação e o preenchimento de uma trincheira.

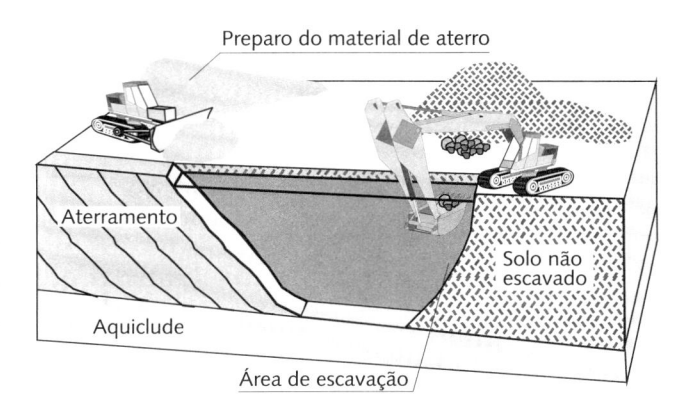

Fig. 6.4 *Escavação de trincheira e preenchimento com mistura solo-bentonita*
Fonte: modificado de Daniel, 1993.

A escolha do tipo e dos materiais das barreiras verticais é feita considerando a profundidade e o comprimento da parede, o limite superior aceitável de permeabilidade, a extensão e o tipo da contaminação, o tipo do solo, as condições da barreira de fundo, a profundidade até o nível d'água, o equipamento de construção disponível, a experiência anterior e custos.

As etapas de construção de uma parede-diafragma estão apresentadas na Fig. 6.5. A Fig. 6.6 ilustra a escavação da parede-diafragma com escavadeira tipo *clamshell*. A lama bentonítica, por ser muito expansiva, garante a estabilidade da vala escavada durante a escavação. Como é muito mole, permite a introdução da armadura e da tubulação para concretagem. O concreto, por ser mais denso do que a lama bentonítica, vai expulsando-a enquanto preenche a vala; a lama deslocada pelo concreto é recuperada para utilização posterior.

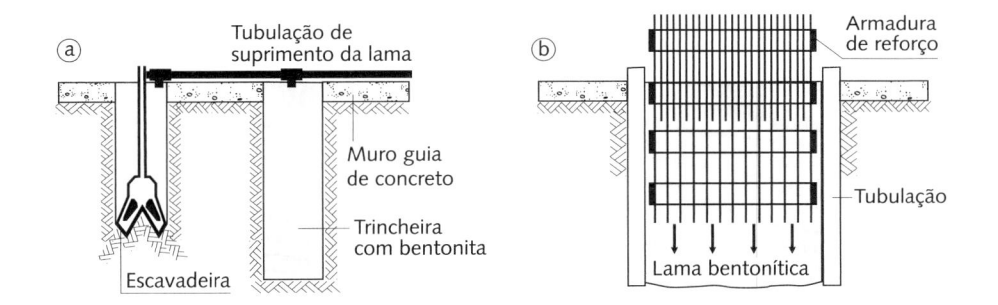

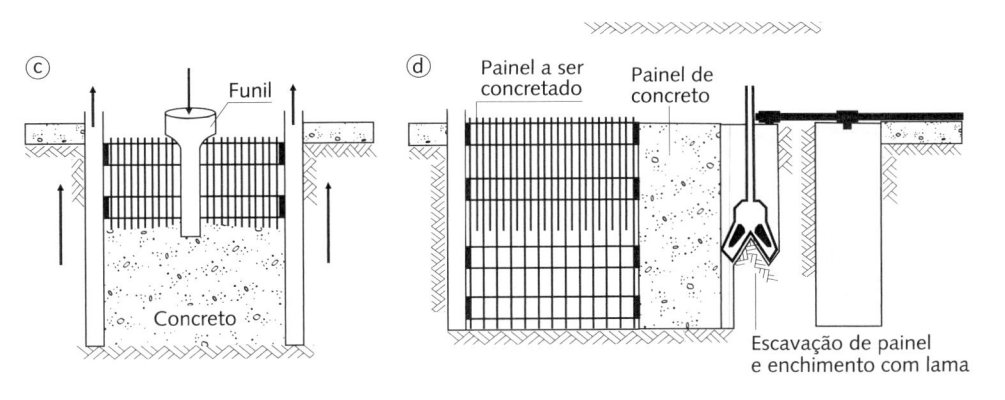

Fig. 6.5 *Etapas de execução de uma parede-diafragma: (a) escavação de um painel com clamshell e preenchimento com lama bentonítica; (b) colocação da armadura; (c) concretagem do painel; (d) os painéis são construídos alternadamente, e o painel intermediário é construído entre dois painéis concluídos*
Fonte: modificado de Daniel, 1993.

Fig. 6.6 *Escavação de parede-diafragma*
Fonte: Maia Nobre et al., 2006.

Barreiras horizontais de fundo

As barreiras horizontais de fundo, assim como as barreiras verticais, visam evitar a contaminação das águas subterrâneas, por meio do impedimento de fluxos verticais de água contaminada do material isolado para o solo subjacente.

São utilizadas quando o estrato natural de baixa permeabilidade é profundo, principalmente quando os contaminantes são líquidos densos não solúveis em água (*Dense Non-Aqueous Phase Liquids* – DNAPL), que migram em sentido descendente pelo subsolo, contaminando-o até grandes profundidades e dificultando o processo de remediação.

As barreiras horizontais de fundo podem ser construídas por superposição de colunas de injeções de cimento (*jet grouting*) (Fig. 6.7), por perfuração direcionada a partir da superfície e preenchimento do furo com material de baixa permeabilidade (Fig. 6.8), por fraturamento hidráulico e preenchimento das fraturas com argamassa bombeada (*block displacement*) e por congelamento do solo.

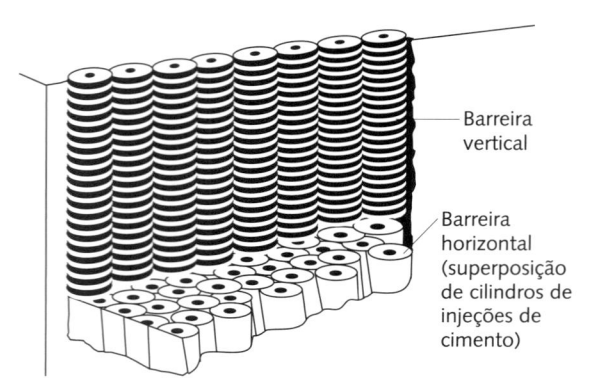

Fig. 6.7 *Barreira horizontal construída por injeções de cimento* (jet grouting)
Fonte: Grassi, 2005.

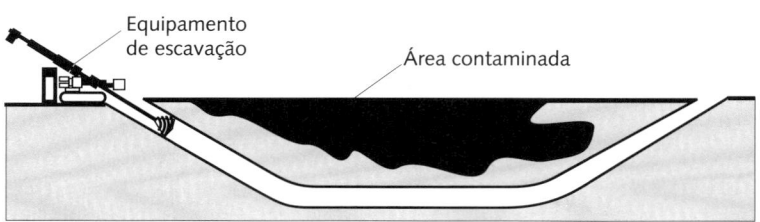

Fig. 6.8 *Barreira horizontal construída por perfuração direcionada a partir da superfície*
Fonte: adaptada de Assessment of Waste Barrier Containment System, 1997.

Bombeamento e tratamento da água

Sistemas de bombeamento e tratamento de água (*pump-and-treat*) têm como objetivo capturar a pluma de contaminação, tratando as águas subterrâneas e, em seguida, descartá-las ou introduzi-las novamente no aquífero. A Fig. 6.9 apresenta a seção transversal de um poço de bombeamento, e a Fig. 6.10 ilustra esquematicamente um típico sistema de bombeamento e tratamento de águas subterrâneas contaminadas.

A utilização do sistema com bomba externa a vácuo somente é possível em poços onde o nível dinâmico (inferior) não ultrapasse a profundidade de aproximadamente 8 m. Para poços profundos, utiliza-se a bomba submersa, instalada dentro do poço, alguns metros abaixo do nível dinâmico.

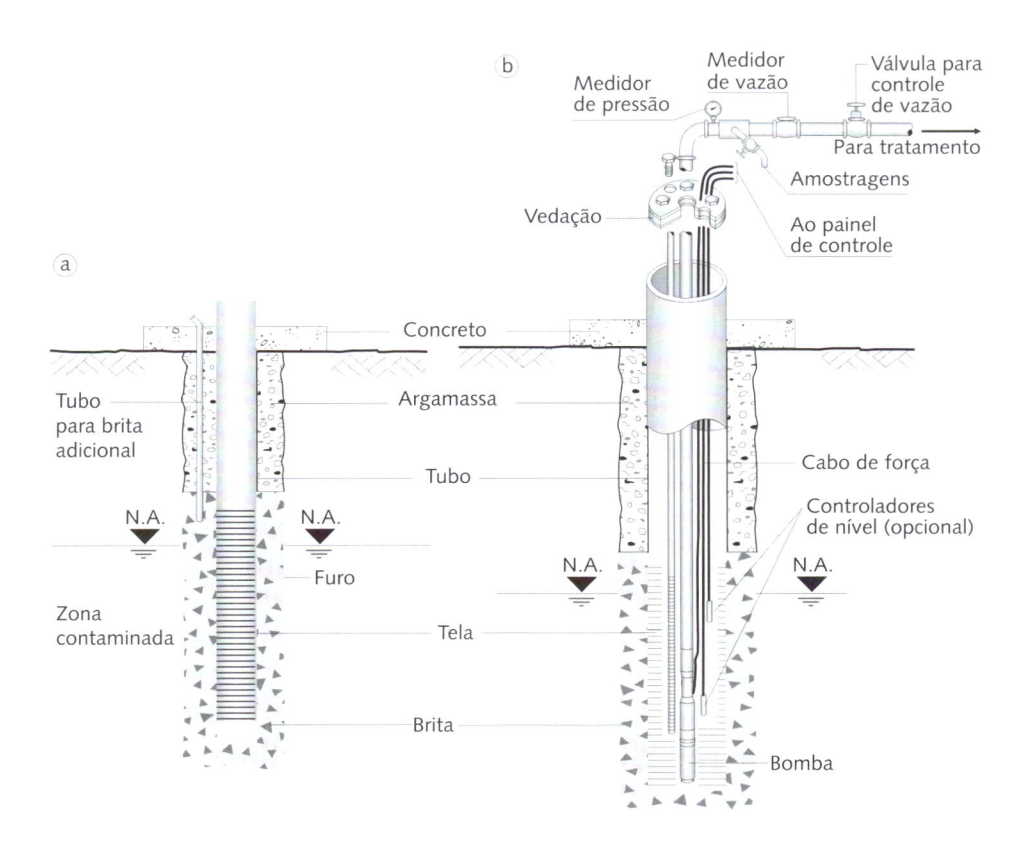

Fig. 6.9 Seção transversal típica de um poço de bombeamento: (a) com bomba externa; (b) com bomba submersa. Fonte: modificado de Daniel, 1993.

As vazões recuperadas em sistemas de bombeamento podem ser calculadas em função do tipo e das propriedades do aquífero e do espaçamento, diâmetro e profundidade dos poços. A máxima vazão de bombeamento depende da transmissividade do aquífero; já o volume retirado por um poço, da capacidade de armazenamento do aquífero. Esses dois parâmetros, essenciais para o projeto do sistema, podem ser estimados por ensaios de bombeamento.

O ensaio de bombeamento objetiva determinar as propriedades hidrogeológicas do aquífero: condutividade hidráulica, transmissividade, coeficiente de armazenamento e raio de influência do poço ensaiado. Esses parâmetros são essenciais para a elaboração de modelos numéricos de fluxo e transporte de contaminantes nas águas subterrâneas, que podem ser utilizados como ferramentas para o projeto de remediação. Durante o ensaio de bombeamento, o nível d'água é acompanhado ao longo do rebaixamento e da recuperação, tanto no poço de bombeamento como em poços de observação localizados próximo a ele. O procedimento do ensaio de bombeamento está normalizado pela norma brasileira NBR 6.023 (ABNT, 2003).

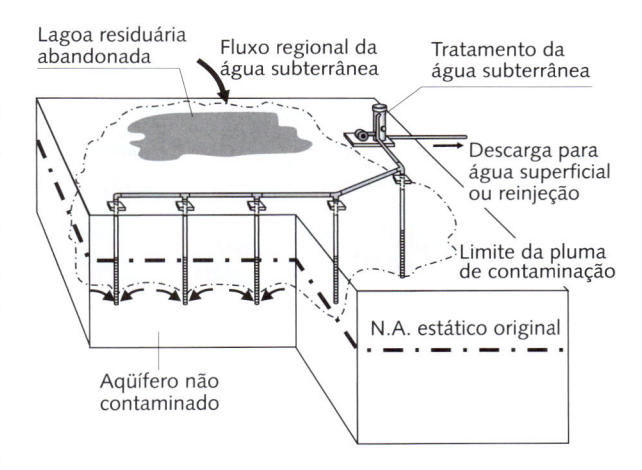

Fig. 6.10 Sistema de bombeamento de águas subterrâneas contaminadas. Fonte: modificado de Daniel, 1993.

Para o projeto do sistema de tratamento, deve-se estimar a massa total de contaminantes com base na distribuição espacial e concentrações determinadas no diagnóstico de contaminação. O tipo de tratamento da água dependerá dos contaminantes, por exemplo, oxidação ou adsorção em carvão granular ativado para compostos orgânicos, captura com ar (*air stripping*) para compostos orgânicos voláteis e precipitação por ajuste de pH para metais.

A estimativa do tempo para concluir a remediação é muito difícil, tanto no que se refere às vazões recuperadas de água contaminada pelos poços, como às concentrações dos contaminantes na água subterrânea, por causa da adsorção destes nas partículas do solo. Pode-se acelerar a remoção dos contaminantes do aquífero por meio de injeção de surfactantes ou de co-solventes, e da complexação de agentes que favoreçam a dessorção ou dissolução.

Com base nas experiências pregressas, acredita-se hoje que o bombeamento de águas contaminadas dificilmente consegue realizar a limpeza total do aquífero; a remediação, em geral, é considerada concluída quando as concentrações do contaminante na água recuperada estão reduzidas aos limites aceitáveis pela regulamentação ambiental.

Remoção e tratamento do solo

Esta alternativa de remediação consiste na remoção do solo contaminado, tratamento e posterior disposição em aterro adequado. Pode ser indicada quando a permeabilidade do subsolo é muito baixa, inviabilizando a utilização de outras alternativas de remediação, ou quando os contaminantes ainda não atingiram o nível freático.

As principais técnicas de tratamento *ex situ* para o solo removido são: dessorção térmica, incineração, lavagem de solo, solidificação, inertização e biorremediação, entre outras.

Barreira hidráulica

A barreira hidráulica tem a finalidade de impedir o avanço da pluma de contaminação e regredi-la quando próxima de rios ou nascentes (Fig. 6.11). Consiste em bombear as águas subterrâneas contaminadas, direcioná-las para uma estação de tratamento e depois descartá-las ou devolvê-las ao aquífero por meio de injeção ou simples infiltração.

A barreira hidráulica pode ser constituída por poços de bombeamento de pequeno e grande diâmetro, ponteiras filtrantes a vácuo, trincheiras drenantes escavadas e drenos horizontais profundos.

Poços verticais de bombeamento e ponteiras filtrantes são instalados ao longo de uma linha, geralmente no limite da pluma de contaminação ou dentro da própria pluma. O número e a disposição de poços e ponteiras filtrantes são objeto de projeto e dependem das propriedades geotécnicas do solo, bem como do local e da profundidade da pluma de contaminação. São eficientes quando implantados em solos permeáveis, com coeficientes de permeabilidade superiores a 10^{-7} m/s e homogêneos, sem presença de camadas mais permeáveis preferenciais para o fluxo. As ponteiras filtrantes têm ainda limite de profundidade, por causa da eficiência da aplicação de vácuo. A utilização dessas duas alternativas é problemática quando há atividade no local a ser remediado, como em fábricas e postos de combustíveis, dado o grande número de perfurações e tubulações necessárias.

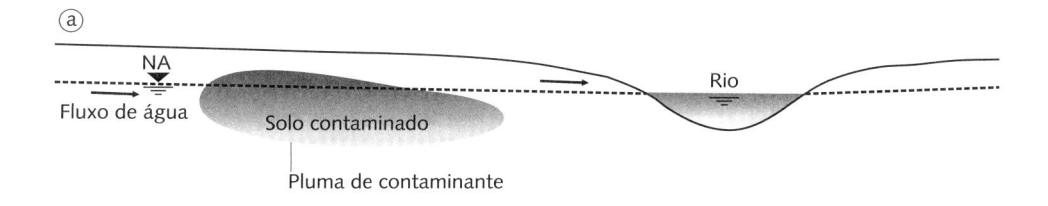

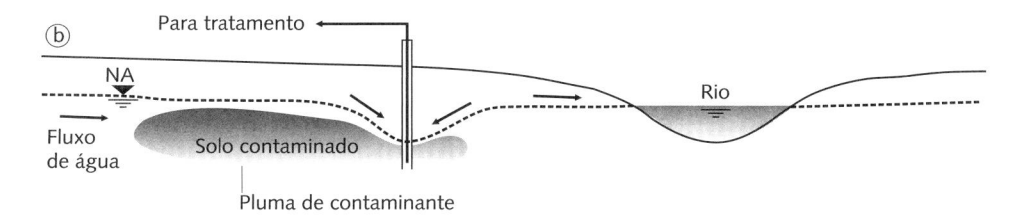

Fig. 6.11 *Princípio de funcionamento de uma barreira hidráulica: (a) avanço da pluma de contaminação; (b) inversão da pluma por ação da barreira hidráulica*
Fonte: Campos, 2003.

As alternativas que envolvem grandes volumes de escavação, como as trincheiras drenantes escavadas e os poços de grande diâmetro, estão atualmente caindo em desuso justamente em razão dos elevados volumes de água e solo contaminados gerados durante a implantação e que devem depois ser dispostos. Ademais, também causam interrupção das atividades do local durante a construção.

A utilização de drenos horizontais profundos (DHPs) em obras geotécnicas é comum, principalmente na estabilização de taludes. Para remediação ambiental, é particularmente interessante quando associada à técnica de perfuração direcionada a partir da superfície, pois a instalação e a operação podem ser executadas sem impedir as atividades cotidianas do local e sem escavar solo contaminado. Contudo, não há equações para o cálculo das vazões e do rebaixamento em função do tempo para DHPs; o diâmetro e a profundidade da tubulação que resultam no rebaixamento necessário são geralmente calculados por equações para valas drenantes, podendo-se também utilizar redes de fluxo, *softwares* que resolvem numericamente a equação tridimensional de fluxo de água em meios porosos, ou, ainda, a formulação para DHPs desenvolvida para prospecção de petróleo com as necessárias adaptações (Campos, 2003; Campos e Boscov, 2006).

A técnica de perfuração direcionada a partir da superfície vem sendo muito utilizada na última década para a instalação de cabos elétricos e telefônicos. Em obras ambientais, é aplicada para a construção de barreiras hidráulicas e barreiras horizontais de fundo, para a drenagem de antigos lixões onde há percolado armazenado no contato entre os resíduos e o terreno, e para a injeção de ar e nutrientes com a finalidade de acelerar a biorremediação. O furo para instalação de DHP é feito por uma perfuratriz que, com o auxílio da injeção de polímeros estabilizadores biodegradáveis, atravessa as camadas do subsolo predefinidas em projeto, aflorando em um ponto também predefinido. O gel formado pela reação dos polímeros injetados com água (*cake*) tem a função de impedir o fechamento do furo e manter seu diâmetro constante, como a lama bentonítica em paredes-diafragma. Para a instalação do tubo dreno no furo, acopla-se o tubo na haste da perfuratriz no ponto de saída do furo, e a perfuratriz percorre o caminho inverso ao da perfuração. A seguir, executa-se a limpeza do furo e a completa retirada do gel da parede do furo com jato de água de mangueira colocada dentro do tubo-dreno. A Fig. 6.12 ilustra a instalação de um DHP, utilizando a tecnologia de perfuração direcionada a partir da superfície.

Fig. 6.12 *Instalação de um DHP por perfuração direcionada a partir da superfície* Fonte: Campos, 2003.

Extração de vapores

A extração de vapores do solo é utilizada para retirar compostos orgânicos voláteis (*Volatile Organic Compound* – VOC – Composto Orgânico Volátil) da zona não saturada do subsolo. É indicada para poluentes originados dos constituintes do petróleo e da manufatura de pesticidas, plásticos, tintas, produtos farmacêuticos, solventes e têxteis.

Instalam-se poços na área contaminada com aplicação de vácuo: o fluxo de ar retira os vapores de VOCs do solo e, à medida que estes vão sendo retirados, mais VOCs passam para a fase de vapor. O ar extraído é descartado na atmosfera, após tratamento, por uma chaminé. A técnica também promove a dessorção de VOCs dos sólidos do solo que também são extraídos à medida que se tornam disponíveis. O ar que entra nos vazios do solo promove a biodegradação dos compostos mais pesados, que não são retirados por extração de vapor.

A extração de vapores é eficiente em solos de permeabilidade relativamente alta. Algumas variações para aumentar a eficiência do método são:

* a instalação de poços horizontais em pilhas;
* a injeção forçada de ar (*air sparging*) na zona saturada do subsolo contaminado, promovendo a oxigenação do meio e o arraste dos VOCs, presentes em fase dissolvida, em direção à zona não saturada;
* extração multifásica (*Multiphase Extraction* – MPE), com a aplicação de alto vácuo e extração simultânea dos vapores da zona não saturada, da fase dissolvida no aquífero e da fase livre sobrenadante ao nível freático; os líquidos se acumulam em uma caixa separadora; o vapor é encaminhado a uma chaminé para tratamento e descarte na atmosfera; a água é reinjetada no solo após resfriamento e ajuste de pH; e o óleo separado é coletado em tambores.

Barreiras reativas

Nas barreiras reativas, o material reativo permeável é colocado dentro do aquífero de modo a ser atravessado pela água contaminada, a qual se move por efeito do gradiente natural. Os processos físicos, químicos ou biológicos que ocorrem dentro da barreira levam à degradação, à imobilização ou à adsorção do contaminante. O princípio de funcionamento de uma barreira reativa é ilustrado na Fig. 6.13.

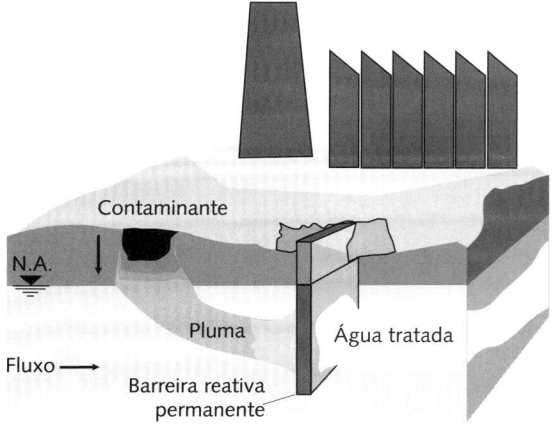

Fig. 6.13 *Princípio de funcionamento de uma barreira reativa Fonte: Di Molfetta e Sethi, 2003.*

Trata-se de um tratamento passivo *in situ* dos contaminantes, com um reator (a barreira reativa permeável) no caminho da pluma de contaminação. Se a pluma for muito larga ou se estender em grandes profundidades, podem ser utilizadas paredes verticais de baixa permeabilidade para direcionar o fluxo de água subterrânea (*funnel and gate*), permitindo que o reator tenha menores dimensões, como ilustrado na Fig. 6.14.

Alguns dos processos de tratamento possíveis nas barreiras reativas são: decloração com metais de valência nula, adsorção e troca catiônica, precipitação, oxidação química e biorremediação. O uso de metais de valência nula para a degradação de solventes clorados é uma das mais frequentes aplicações das barreiras reativas. A Fig. 6.15 mostra o ferro granular de valência nula empregado nas barreiras reativas e a sequência de reações de degradação do PCE e do TCE.

Fig. 6.14 *Combinação de barreira reativa e paredes-diafragma*
Fontes: (a) Gusmão, 1999; (b) Maia Nobre et al., 2006.

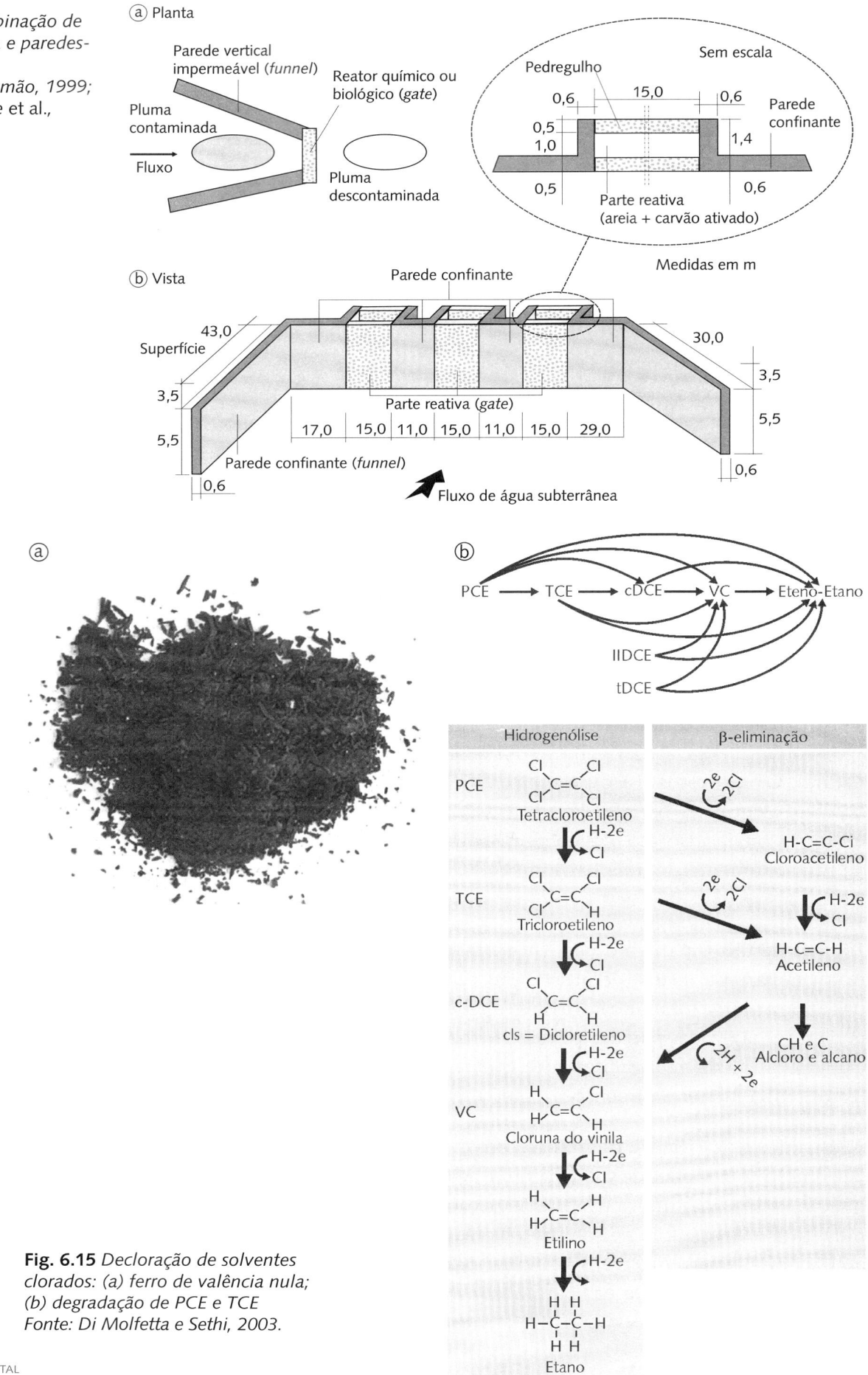

Fig. 6.15 *Decloração de solventes clorados: (a) ferro de valência nula; (b) degradação de PCE e TCE*
Fonte: Di Molfetta e Sethi, 2003.

Os pontos principais no projeto de barreiras reativas são a estimativa da taxa de degradação dos contaminantes; a seleção do material reativo; a localização, a configuração e a permeabilidade do reator; a avaliação da vida útil do reator e a espessura do reator em função das taxas de degradação dos contaminantes e da velocidade de fluxo. Os dados necessários para o projeto de barreiras reativas estão listados no Quadro 6.2.

Quadro 6.2 DADOS NECESSÁRIOS PARA O PROJETO DE BARREIRAS REATIVAS

ELEMENTO	CARACTERÍSTICAS
Contaminante	Tipos e concentrações
	Características e taxas de degradação na presença de metais de valência nula
Pluma de contaminação	Largura, profundidade
Aquitardo	Profundidade, espessura, descontinuidades
Considerações geotécnicas	Estratigrafia, heterogeneidades, permeabilidades e porosidades das camadas
	Presença de sedimentos consolidados, pedregulhos, blocos de rocha
Aquífero	Profundidade do aquífero, velocidade da água subterrânea, gradientes hidráulicos e variações sazonais, padrão de fluxo
Água subterrânea	pH, Eh, oxigênio dissolvido, composição (cálcio, magnésio, ferro, bicarbonato, cloreto, nitrato, sulfato)

Fonte: Gusmão, 1999.

O Quadro 6.3 compara a barreira reativa com o método de bombeamento e tratamento quanto a custos, construção e manutenção. A principal diferença conceitual entre as duas técnicas é que a barreira reativa impede o fluxo de poluentes, e não o fluxo de água subterrânea. É uma técnica recente, implantada pela primeira vez em 1995, nos Estados Unidos; já foi utilizada para remediação de organoclorados, metais e radionuclídeos, entre outros. Algumas inovações ao longo dos anos compreendem o desenvolvimento de técnicas para facilitar a troca do material adsorvente e a utilização de séries de células reativas para tratamento de diversos poluentes ou dos produtos secundários do tratamento das células anteriores.

Biorremediação

Biorremediação é o processo de tratamento de solos e águas subterrâneas contaminadas que utiliza microrganismos, como fungos e bactérias, para degradar ou transformar substâncias perigosas em substâncias menos tóxicas ou não tóxicas.

Quadro 6.3 COMPARAÇÃO ENTRE A BARREIRA REATIVA E BOMBEAMENTO E TRATAMENTO

Técnica	Vantagens	Desvantagens
Bombeamento e tratamento (*pump-and-treat*)	Menor custo de instalação Maior controle do tratamento	Elevado custo de operação e manutenção O tempo de operação pode ser excessivamente longo É praticamente impossível a completa remoção dos poluentes Necessita de contínuo fornecimento de energia para a operação Necessita de uma área para o tratamento de superfície Pode haver problemas técnicos e legais na descarga da água
Barreira reativa	Baixo custo de operação e manutenção Não necessita de fornecimento contínuo de energia Não necessita de área na superfície	Elevado custo de instalação O tempo de operação pode ser excessivamente longo Pode ser necessária a troca do material reativo após certo período de operação Pode haver obstrução da barreira por causa da precipitação de substâncias inorgânicas ou microrganismos

Fonte: Gusmão, 1999.

Os microrganismos digerem os compostos orgânicos para a produção de energia. Para que as técnicas de biorremediação sejam eficientes, é necessário haver crescimento da população de microrganismos, o que pode ser obtido criando-se condições ambientais adequadas. Uma vez degradados os contaminantes, a população de microrganismos morre em virtude da falta de alimento.

Os microrganismos podem ser nativos, também denominados indígenas, ou exógenos, aplicados ao solo por inoculação.

A biorremediação *in situ* compreende o estímulo e o aumento da atividade dos microrganismos indígenas, podendo-se estimular seu crescimento pela adição de nutrientes (nitrogênio, fósforo), introdução de oxigênio e adequação da temperatura. A introdução de oxigênio pode ser feita por:

* injeção de peróxido de hidrogênio, por sistemas de tubos ou asperçores (*sprinklers*) em contaminações superficiais e por poços de injeção em contaminações profundas;
* bioventilação (*bioventing*) ou suprimento de ar acima do nível freático; e
* asperção subaquática (*air sparging*) ou suprimento de ar abaixo do nível freático.

A biorremediação *ex situ* envolve a escavação do solo contaminado ou bombeamento da água subterrânea, e tratamento em outro local, por meio de reatores em batelada (*slurry phase*) ou em fase sólida (*landfarming*, biopilhas e compostagem).

Os fatores que podem limitar a eficiência da biorremediação *in situ* são baixas temperaturas, condições anaeróbicas, baixas concentrações ou baixa disponibilidade (distribuição espacial insuficiente dos contaminantes em relação aos microrganismos) de nutrientes, dificuldade de biodegradação (compostos recalcitrantes) e baixa permeabilidade do solo ao ar e a líquidos.

O envolvimento do engenheiro geotécnico na biorremediação dá-se principalmente na caracterização do local, na determinação da permeabilidade do solo ao ar e à água e no projeto dos poços de injeção ou de bombeamento.

6.4 Atenuação Natural

A atenuação natural é a resposta natural de sistemas hidrológicos à contaminação, envolvendo processos físicos, químicos e biológicos que, sob condições favoráveis, agem sem intervenção humana, reduzindo massa, toxicidade, mobilidade, volume ou concentração de contaminantes no solo ou nas águas subterrâneas com o tempo ou distância da fonte. Esses processos *in situ* incluem biodegradação, consumo por animais ou plantas, dispersão, diluição, difusão, troca catiônica, sorção e dessorção, volatização, complexação, decaimento radiativo e transformação abiótica. O subsolo age como um reator bioquímico, alterando o contaminante em seu caminho da fonte ao receptor.

Os processos de atenuação podem ser classificados em destrutivos ou não destrutivos. A biodegradação é o mais importante mecanismo destrutivo, enquanto mecanismos não destrutivos incluem sorção, dispersão, diluição por causa de recarga e volatização.

A atenuação natural monitorada pode ser considerada uma alternativa de remediação. A Agência de Proteção Ambiental dos EUA a define como a

> confiança nos processos de atenuação natural (dentro do contexto de controle e monitoramento cuidadosos) para atingir objetivos de remediação específicos para cada local dentro de um tempo que é razoável comparado com o oferecido por outros métodos mais ativos (Usepa, 2007).

Para isso são necessárias as avaliações de impactos potenciais de longo prazo, do potencial e das limitações da atenuação natural, bem como o projeto de sistemas para monitorar o desempenho da remediação por atenuação natural.

Como exemplo de estudo para utilizar a atenuação natural monitorada como alternativa de remediação, pode-se citar o caso da pluma de contaminação formada em Cape Cod, EUA, formada por mais de 60 anos de descarte de águas residuárias de uma estação de tratamento de esgoto em bacias de infiltração. A pluma apresentava mais de 6 km de comprimento na direção longitudinal, com a presença de alguns compostos do esgoto não removidos pelo tratamento, quando o descarte foi interrompido, em 1995. A questão frente à alternativa de remediação por atenuação natural monitorada foi o tempo necessário para a recuperação do aquífero.

Foi realizada uma campanha de ensaios químicos em amostras de solo e água subterrânea coletadas na região para prover um diagnóstico preciso da contaminação, que indicou a presença de hidrocarbonetos clorados, detergentes, metais, nitrato e micróbios. A seguir, iniciou-se o monitoramento contínuo de alguns parâmetros das águas subterrâneas. Na Fig. 6.16, estão apresentadas como exemplo as plumas de oxigênio dissolvido e de concentrações de boro nas águas subterrâneas ao longo do eixo longitudinal da pluma nos anos de 1996, 2000 e 2004. Observou-se que a água limpa que percola pelo subsolo está lixiviando os constituintes menos móveis, enquanto os nutrientes, tais como o nitrogênio, não migraram tanto quanto os constituintes mais móveis, embora suas concentrações tenham diminuído substancialmente. Na verdade, o solo está agindo como um reservatório contínuo de constituintes solúveis, como o nitrogênio; consequentemente, as concentrações de oxigênio dissolvido na pluma permanecem praticamente inalteradas por causa da degradação biológica por microrganismos sob as bacias de infiltração.

Foi feita uma também detalhada caracterização hidrogeológica e geotécnica da região para possibilitar a modelagem do desenvolvimento da pluma de contaminação. A previsão é de que o retorno aos níveis de oxigênio característicos de aquíferos limpos no 0,6 km inicial da pluma conta-

Fig. 6.16
Desenvolvimento de uma pluma de águas residuárias
Fonte: Usepa, 2007.

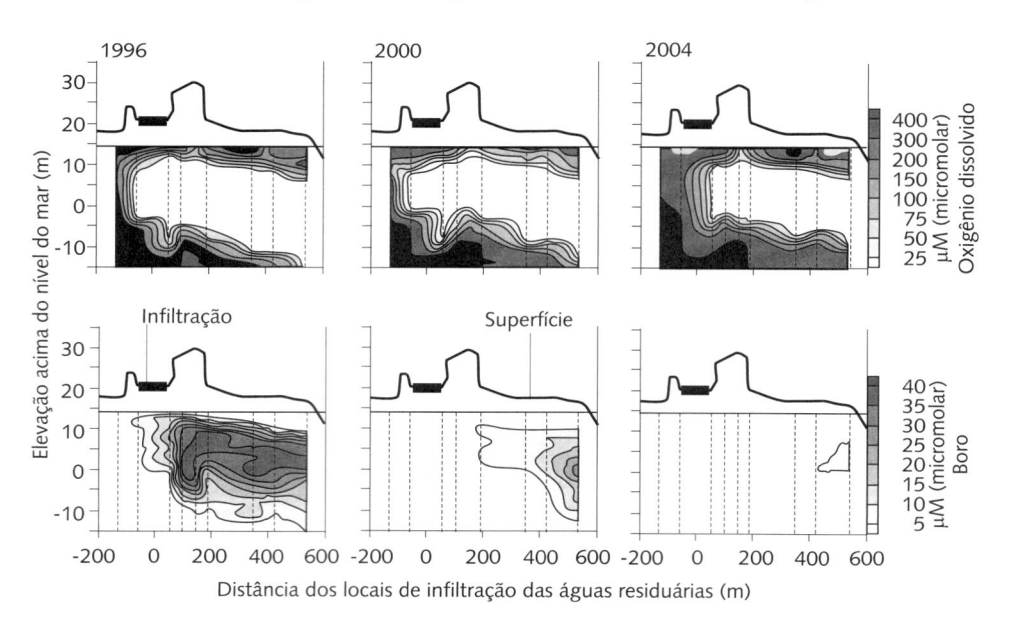

minada ocorrerá entre 2021 e 2028, mais de 30 anos após a prática de disposição de águas residuárias ter sido interrompida. Por outro lado, os constituintes mais móveis, como o boro, foram carregados do 0,6 km inicial da pluma em menos de oito anos pela água limpa do aquífero. A biodegradação contínua de material orgânico retido no solo está mantendo os níveis de oxigênio baixos e o pH elevado; em virtude dessas condições, as concentrações de alguns poluentes, como o fósforo e o zinco, permanecerão elevadas por muitos anos. Os estudos indicam que ainda serão necessárias pelo menos duas décadas para limpar totalmente o aquífero.

Com base no diagnóstico de contaminação, no monitoramento e na modelagem matemática, pode-se decidir se o desempenho da atenuação natural monitorada é adequado como meta de remediação de um local.

Zonas alagadiças (wetlands)

Zonas alagadiças são ambientes de transição entre ecossistemas terrestres (emersos) e aquáticos (submersos), como ilustra a Fig. 6.17. Como exemplos de zonas alagadiças naturais, podem-se citar os pântanos, brejos e manguezais. A Fig. 6.18 ilustra uma zona alagadiça natural.

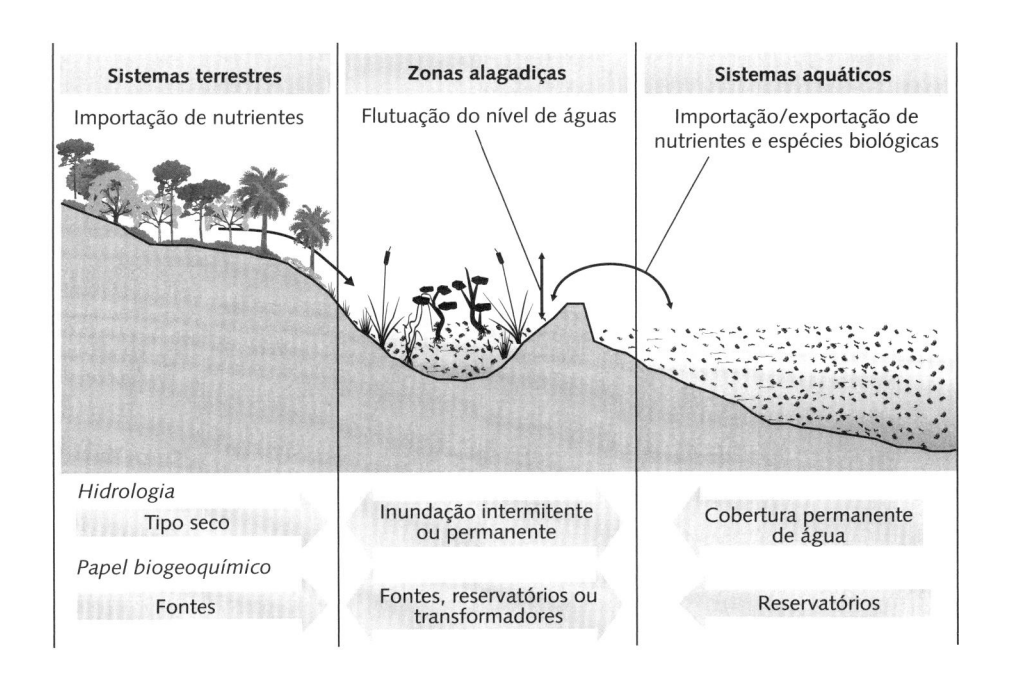

Fig. 6.17 *Zona alagadiça em contexto regional*
Fonte: Dias e Boavida, 2001.

As zonas alagadiças são extremamente eficientes na retenção/remoção de contaminantes, por meio de mecanismos de natureza física (filtração, sedimentação, adsorção, volatização), química (precipitação, oxirredução, hidrólise) e biológica (metabolismo bacteriano, adsorção radicular de substâncias e liberação de exsudados específicos).

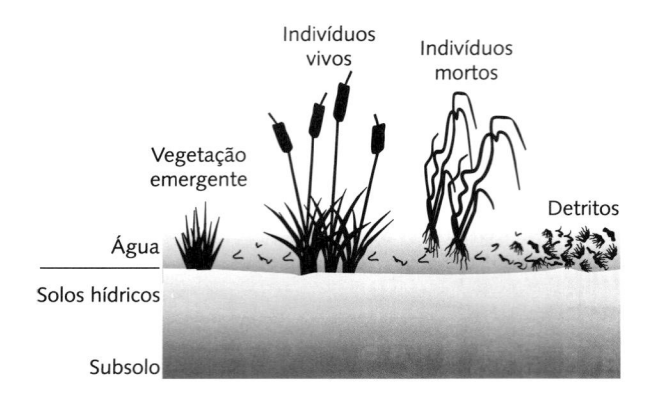

Fig. 6.18 *Zona alagadiça natural*
Fonte: Dias e Boavida, 2001.

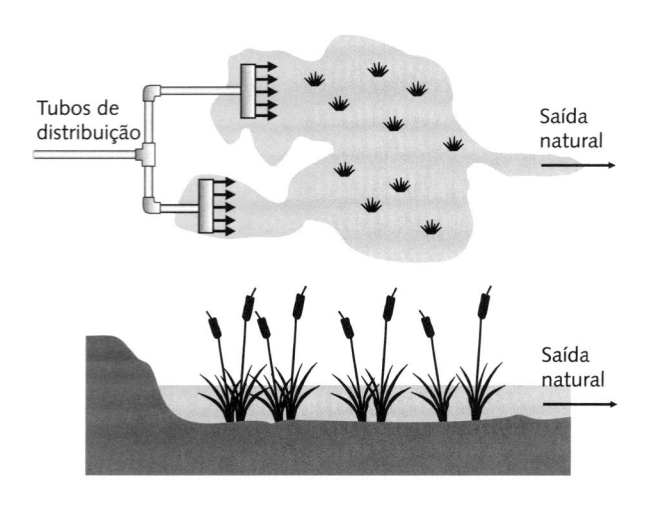

Fig. 6.19 *Zona alagadiça artificial para tratamento de água*
Fonte: Anjos, 2003.

Atualmente há também zonas alagadiças criadas de forma artificial, com fins ambientais, por exemplo, para o tratamento de águas residuárias, chorume, drenagem ácida de mina e efluentes industriais, como ilustrado na Fig. 6.19. Uma aplicação mais recente é a atenuação de plumas de contaminação em aquíferos rasos, para remediação de água contaminada com hidrocarbonetos de petróleo e metais tóxicos, entre outros.

As dimensões da pluma a ser tratada podem ser controladas com a construção de barreiras impermeáveis, tanto horizontais como verticais, para direcionar o fluxo de água contaminada (Santos, 2001). A remediação de aquíferos e o tratamento de águas contaminadas por zonas alagadiças constituem uma solução de baixo custo operacional.

6.5 Contaminação por hidrocarbonetos derivados do petróleo

A contaminação por hidrocarbonetos derivados do petróleo merece destaque, tanto pela frequência de ocorrência, como pela complexidade de sua repartição no solo, exigindo a associação de algumas técnicas de remediação. Ademais, os combustíveis derivados do petróleo são compostos por um grande número de substâncias orgânicas de diferentes propriedades físicas e químicas, como solubilidade, densidade, polaridade, temperatura de vaporização, entre outras.

Os compostos podem ser mais densos do que a água, o que facilita sua percolação em sentido descendente pelo aquífero, ou mais leves que a água, tendendo a flutuar sobre o aquífero.

Em uma área contaminada por hidrocarbonetos derivados do petróleo, os contaminantes podem-se encontrar na subsuperfície nas seguintes fases:

* Residual: apresenta-se na forma de uma fina película envolvendo partículas de solo; compreende a fração retida por adsorção e por formação de filme superficial.
* Dissolvida: é constituída pela dissolução de compostos polares e por uma fração emulsionada; possui maior mobilidade, movimentando-se junto com a água subterrânea.
* Vaporizada: é a fase gasosa dos componentes voláteis.
* Capilar: consiste em bolhas presas por capilaridade nos

vazios do solo; forma-se tanto na migração do poluente da superfície do terreno até o nível freático, como quando o nível do nível freático varia, ou mesmo durante a percolação sobre o nível freático.

✱ Livre: é a fração do óleo que, sujeita a um gradiente hidráulico, percola pelos poros do solo.

A Fig. 6.20 apresenta esquematicamente o comportamento de hidrocarbonetos menos densos e mais densos do que a água.

Ao longo do tempo, pode ocorrer transferência de massa de contaminante entre as fases mencionadas. Por exemplo, o contaminante pode passar da fase residual para a fase dissolvida graças à subida do nível d'água subterrâneo. Nesse caso, a quantidade dissolvida depende da massa de contaminante e da velocidade de dissolução; esta, por sua vez, é afetada pela solubilidade do contaminante, pela velocidade de fluxo do aquífero e pela composição da mistura de fluidos.

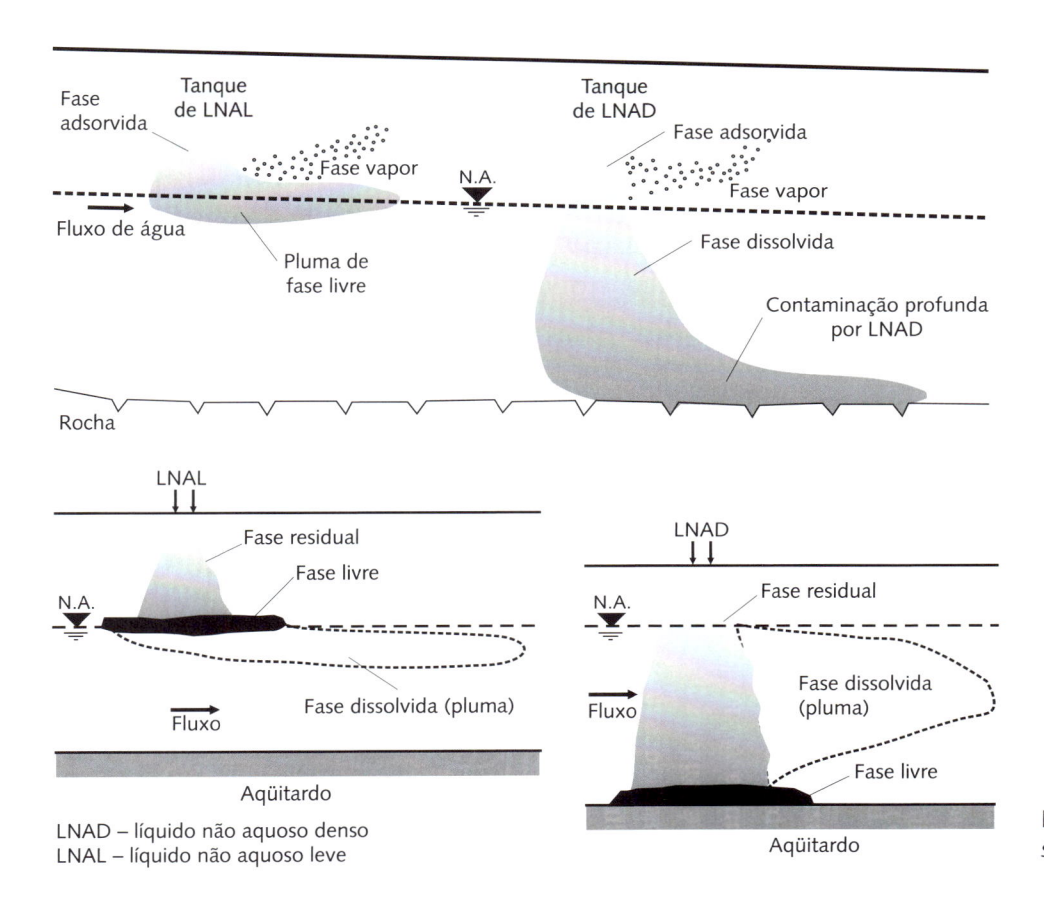

Fig. 6.20 *Contaminação do subsolo por hidrocarbonetos*

As técnicas de remediação para a retirada da fase livre são: poços com escumadeira (*skimmer*) (Fig. 6.21), trincheiras drenantes com escumadeira (Fig. 6.22), barreira vertical associada a poços com escumadeira, bombeamento de água subterrânea e aplicação de vácuo.

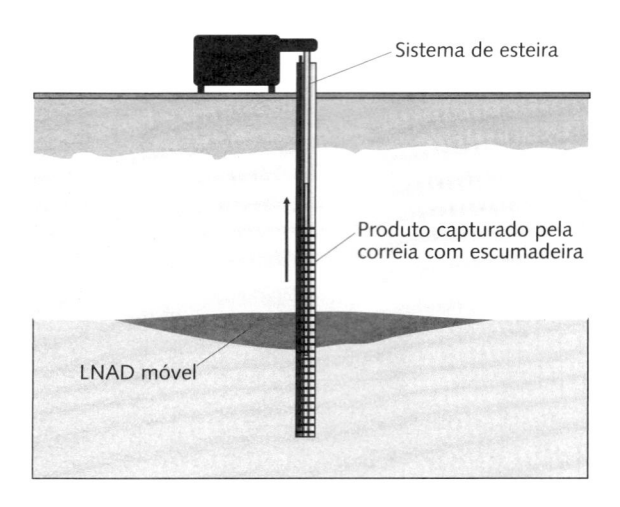

Fig. 6.21 Captação de fase livre por poços com escumadeira
Fonte: API, 2004.

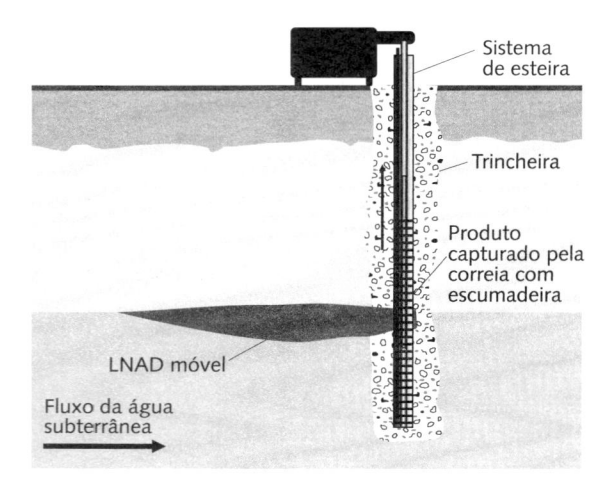

Fig. 6.22 Captação de fase livre em trincheira drenante com escumadeira
Fonte: API, 2004.

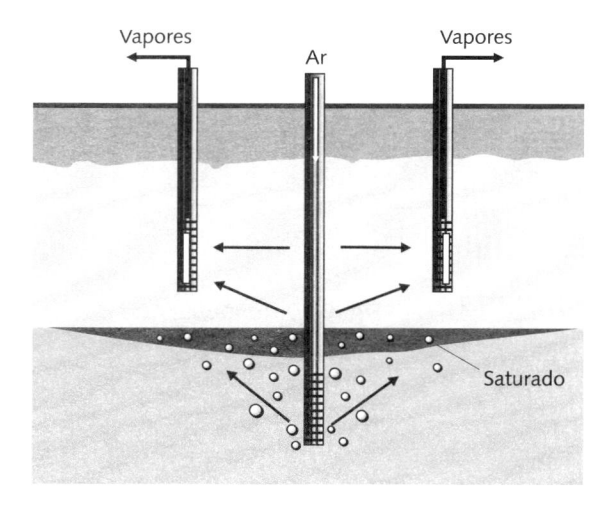

Fig. 6.23 Instalação de sistema de aspersão de ar
Fonte: API, 2004.

Escumadeira é um recipiente dentro do poço ou trincheira que captura o contaminante em fase livre da superfície da água, à semelhança da escumadeira para retirada de filmes ou impurezas da superfície de líquidos.

A aplicação de vácuo pode ter duas configurações:

* O vácuo é gerado dentro do poço para aumentar a eficiência dos poços com escumadeira ou de poços para bombeamento da água subterrânea (*vacuum enhancing*). Essa técnica é utilizada quando o tempo de remediação é um fator relevante, ou quando existe uma pluma de vapores com riscos para a saúde humana ou de explosão, ou para a retirada de vapores de compostos voláteis.

* Um tubo é posicionado logo abaixo do N.A. e, com o vácuo gerado por uma bomba na superfície, bombeiam-se água, óleo e gases da zona insaturada (*bioslurping*). A captação é simples, porém no tratamento do efluente é necessário um bom sistema de separação. A aeração favorece a biodegradação dos contaminantes.

Para remover a fase residual, são utilizadas a atenuação natural monitorada e a injeção de ar (bioventilação) e/ou macronutrientes (N, P, K) para acelerar a biodegradação.

A biorremediação acelerada também utiliza a injeção de oxigênio e macronutrientes, mas destina-se a remover os hidrocarbonetos da fase aquosa, ou seja, a fase dissolvida. Pode ser executada também a recirculação de bactérias no solo, as quais podem ser indígenas ou exógenas.

A fase vaporizada é retirada pela técnica de extração de vapores, às vezes associada à aspersão de ar (*air sparging*), para aumentar a transferência de massa de hidrocarbonetos da fase capilar e dissolvida para a fase vaporizada, como pode ser visto no esquema ilustrativo da Fig. 6.23.

Quando a contaminação é rasa, pode-se remover e tratar o solo contaminado, devolvendo-o a seguir à área remediada ou dispondo-o em outro local.

7 Barragens de rejeitos

A disposição dos resíduos de mineração, principalmente por causa das grandes quantidades geradas, está associada a desmatamento, alteração da superfície topográfica e da paisagem, perda de solos superficiais, instabilização de taludes de corte ou aterro, alteração de corpos de água e níveis freáticos e exposição de áreas a erosão e assoreamento. Esses problemas podem ser evitados ou minimizados por meio do projeto adequado dos locais de disposição, considerando-se a segurança estrutural e ambiental.

Os principais resíduos gerados pelas atividades mineradoras, conforme apresentado no Cap. 1, são os estéreis e os rejeitos.

Os estéreis geralmente são dispostos em pilhas que podem atingir dimensões tão grandes a ponto de gerar alterações significativas na topografia local, como pode se observar na Fig. 7.1.

Fig. 7.1 *Pilhas de estéreis*
Fonte: Geoconsultoria, 2008.

Como os estéreis são compostos basicamente de fragmentos de rochas e solos, as pilhas de estéreis, se projetadas segundo os conceitos da Geotecnia, não apresentam grandes problemas de segurança estrutural. Com um fechamento adequado e cobertura vegetal, podem ainda ser integradas à paisagem. Alguns estéreis, contudo, são fontes potenciais de poluição por causa de sua composição mineralógica.

Os rejeitos, por sua vez, são os resíduos resultantes do beneficiamento do minério, tendo geralmente granulometria mais fina graças aos processos de redução dos fragmentos de minério para facilitar a retirada do produto de interesse. Como os rejeitos são transportados para os locais de disposição em tubulações, por gravidade ou por bombeamento, com grande quantidade de água, a disposição adequada visa evitar o assoreamento e/ou contaminação dos cursos d'água.

A disposição mais comum dos rejeitos é a céu aberto, em barragens localizadas em bacias ou vales. Na Fig. 7.2 é mostrada uma barragem de rejeitos.

Fig. 7.2 *Barragem de rejeitos*
Fonte: Lozano, 2006.

A disposição dos rejeitos pode ser também subterrânea ou subaquática. A subterrânea compreende o preenchimento de câmaras que restam após a extração do minério, com rejeitos bombeados. A disposição subaquática não é muito utilizada por gerar impactos negativos e algumas vezes irreversíveis nos ecossistemas aquáticos. Também existem desposições vinculadas com os sistemas de extração do minério, ou seja, os rejeitos são dispostos a céu aberto ou em câmaras subterrâneas para constituir camadas de fundação para os equipamentos de extração.

As alternativas técnicas para disposição de rejeitos têm evoluído bastante nos últimos anos. Por exemplo, o espessamento e o adensamento de rejeitos de mineração, visando reduzir a quantidade de água no rejeito, permitem uma disposição mais segura ambientalmente, uma vez que a área a ser ocupada pela estrutura de disposição tende a ser menor e é possível uma maior recuperação de água a partir do processo, com consequente economia de recursos hídricos.

A vida útil de uma barragem de rejeitos compreende as seguintes etapas: seleção do local, projeto da instalação, construção, operação e fechamento definitivo.

A seleção de locais é de fundamental importância no custo e na segurança da barragem de rejeitos. Como envolve um grande número de fatores, alguns deles conflitantes, tem-se procurado utilizar métodos racionais para a escolha entre as alternativas.

As barragens de rejeitos apresentam algumas particularidades em relação às barragens convencionais, sendo as mais destacadas:

* o material contido é uma suspensão de grãos minerais em grande quantidade de água ou uma pasta com elevado teor de umidade; em ambos os casos, apresentam elevado adensamento ao longo do tempo; portanto, as barragens de rejeitos retêm materiais semissólidos a sólidos, diferentemente das barragens tradicionais, cuja função é conter água;
* é generalizada a prática de alteamento ao longo do tempo, alternativa pouco comum para barragens que reservam água; constrói-se inicialmente um dique de partida e, à medida que a empresa mineradora prossegue com as atividades mineradoras e resíduos são acumulados, a altura da barragem vai sendo aumentada.

Quando a barragem é construída por alteamentos sucessivos, as etapas de projeto, construção e operação não são independentes, estando fortemente relacionadas.

O fechamento definitivo é atualmente uma etapa tão complexa quanto as demais, pois envolve a garantia da segurança estrutural e ambiental em longo prazo após o encerramento das atividades mineradoras. Deve também compreender um plano de reabilitação, segundo o qual a barragem deverá ser integrada ao ecossistema local.

7.1 Tipos

Materiais de construção

As barragens de rejeitos podem ser construídas com materiais de empréstimo ou com resíduos das atividades mineradoras. Levanta-se inicialmente um dique de partida com solo de empréstimo. Os estágios posteriores (alteamentos) podem ser construídos com material de empréstimo, com estéreis, por deposição hidráulica de rejeitos ou por ciclonagem dos mesmos rejeitos.

As barragens construídas com materiais de empréstimo em nada diferem das barragens tradicionais de terra, como mostra a Fig. 7.3. A utilização de estéreis visa substituir o material granular de maiores dimensões geralmente empregado em barragens tradicionais. Os estéreis são os resíduos provenientes de escavação dos solos e explosão das camadas rochosas sobrejacentes ao minério de interesse, portanto são basicamente constituídos de solos e fragmentos de rochas. Sua aplicação envolve conhecimento de projeto e construção de aterros compactados de solos e rochas, convencional do ponto de vista da Geotecnia.

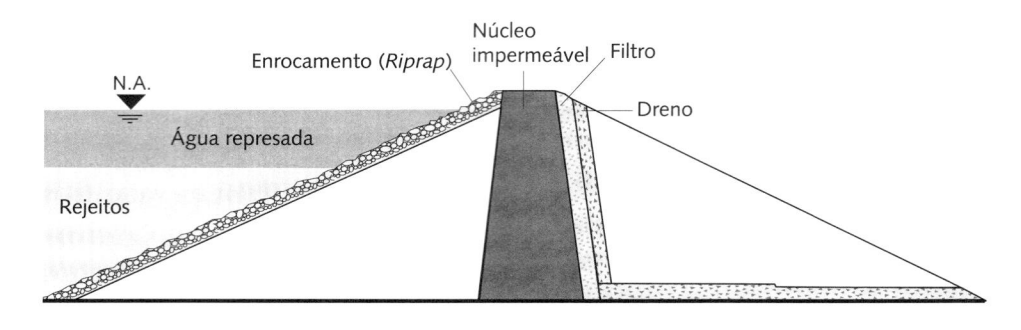

Fig. 7.3 *Barragem de rejeitos construída como uma barragem zoneada tradicional*

A deposição hidráulica ou por ciclonagem de rejeitos já envolve conceitos de aterros hidráulicos. A ciclonagem é feita com um equipamento chamado ciclone, que separa granulometricamente, por efeito da força centrífuga, partículas com diferentes densidades e tamanhos. O meio fluido é submetido a um enérgico movimento de rotação ao ser injetado no ciclone sob forte pressão. A polpa de rejeitos entra no ciclone e é separada em dois fluxos: sobrenadante (*overflow*), composto de partículas mais finas e menos densas que saem pela parte superior do ciclone, e o do fundo (*underflow*), de partículas mais grossas e mais densas que saem pela parte inferior do ciclone. O fluxo do fundo pode ser empregado como material de construção dos alteamentos.

Represamento

A configuração do represamento depende da topografia local. Os tipos mais comuns de represamento são: anel, bacia, meia encosta e vale.

O represamento em anel é apropriado para terrenos planos, onde faltam depressões topográficas naturais. Requer grande volume de aterro em relação ao volume represado. Como o perímetro do reservatório é fechado, eliminam-se as contribuições externas, da bacia hidrográfica, acumulando-se apenas a água da polpa lançada na barragem. Na Fig. 7.4, apresenta-se um esquema ilustrativo de represamento em anel.

O represamento em bacia não difere no arranjo espacial das barragens convencionais para represamento de água; os rejeitos são confinados por uma barragem perpendicular ao fluxo da bacia, localizada em uma depressão topográfica, conforme mostrado na Fig. 7.5. Para impedir a entrada de água da bacia no reservatório e assim garantir a estabilidade estrutural da barragem, constroem-se obras adicionais de drenagem a montante.

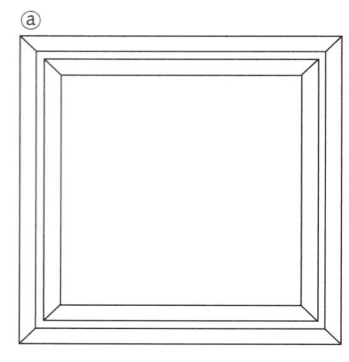

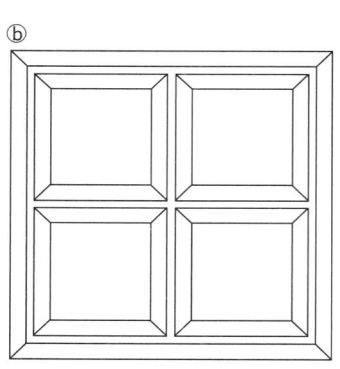

Fig. 7.4 *Represamento em anel: (a) simples; (b) múltiplos*
Fonte: Vick, 1983.

O represamento a meia encosta, apresentado esquematicamente na Fig. 7.6, pode ser usado quando não há drenagem natural na zona de deposição dos rejeitos e os taludes mais íngremes da encosta têm inclinação inferior a 10%. O volume de aterro pode ser excessivo em relação ao volume de armazenamento de rejeitos.

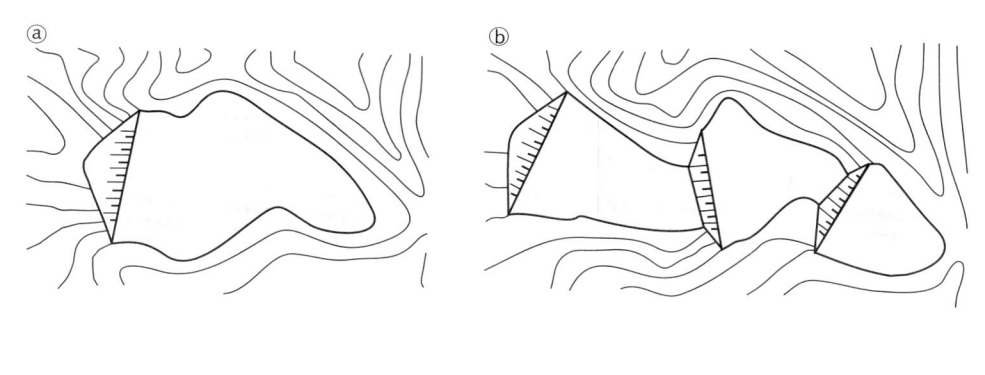

Fig. 7.5 *Represamento em bacia: (a) simples; (b) múltiplos*
Fonte: modificado de Vick, 1983.

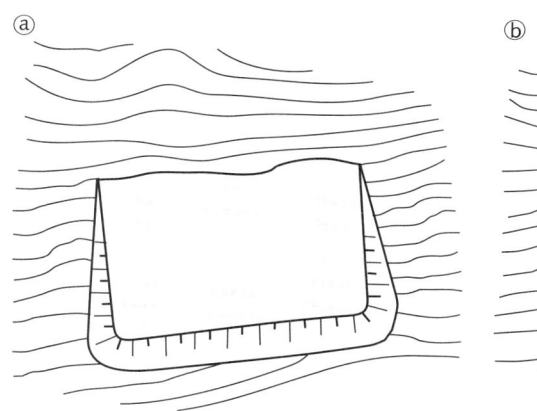

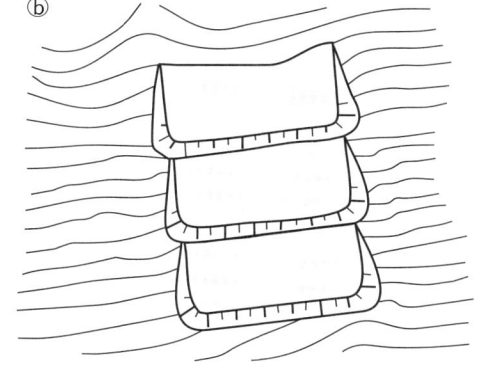

Fig. 7.6 *Represamento a meia encosta: (a) simples; (b) múltiplos*
Fonte: modificado de Vick, 1983.

O represamento em vale é uma combinação dos represamentos em bacia e a meia encosta. É utilizado em vales muito largos quando existem, nas margens, áreas adequadas para a construção da barragem, que não interfiram com a drenagem natural. A Fig. 7.7 apresenta um esquema ilustrativo de represamento em vale. Na construção, deve-se preservar ao máximo o fluxo da área de inundação. O dique de partida deve ser projetado com elevado fator de segurança, além de serem necessárias obras de proteção no pé da barragem, já que as cheias do rio podem causar erosão e afetar a estabilidade da obra.

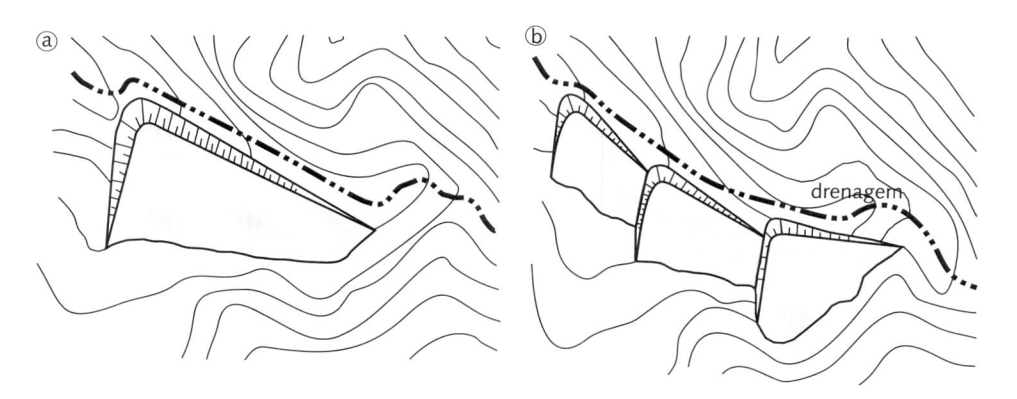

Fig. 7.7 *Represamento em vale: (a) simples, (b) múltiplos*
Fonte: modificado de Vick, 1983.

Aterro hidráulico

As barragens construídas com rejeitos se comportam como aterros hidráulicos, ou seja, aterros construídos por transporte e deposição de solo em meio aquoso. O desenvolvimento da tecnologia do aterro hidráulico foi impulsionado pelo grande número de barragens construídas na Rússia e nas demais repúblicas da ex-União Soviética, na segunda metade do século XX.

As propriedades do aterro hidráulico dependem do método de deposição e da composição da polpa. Como composição da polpa, entendem-se o tipo de fluido de transporte, porcentagem de sólidos, distribuição granulométrica, geometria e densidade dos grãos. A composição define o comportamento de segregação da polpa durante a deposição e influencia a geometria do corpo da barragem. Polpas que não permitem segregação hidráulica produzem praias mais íngremes com características granulométricas constantes e baixas densidades. Depósitos de polpas que segregam são mais planos, apresentando praias mais densas com distribuição granulométrica média que varia com a distância do ponto de descarga.

O projeto de deposição compreende espaçamento, posição e número dos canhões, velocidade de descarga e outros detalhes construtivos.

A segregação hidráulica é mais acentuada para altas vazões, baixas concentrações da polpa e baixas velocidades de fluxo. Por causa da segregação, ocorre uma zona de alta permeabilidade perto do ponto de descarga, uma zona de permeabilidade baixa distante do ponto de lançamento e uma zona de permeabilidade intermediária entre as anteriores. No Quadro 7.1, apresentam-se algumas seções transversais típicas de aterros hidráulicos.

7.2 Métodos construtivos

Inicialmente, constrói-se o dique de partida de material de empréstimo, o qual deve ter uma capacidade de retenção de rejeitos para dois ou três anos de operações da lavra.

A polpa é descarregada ao longo do perímetro da crista do dique, formando uma praia. A descarga pode ser feita com ciclones, ou com uma série de tubulações menores, perpendiculares à tubulação principal, que permitem uma melhor uniformidade na formação da praia. A Fig. 7.8 mostra a descarga por esse sistema de tubos.

Como os rejeitos têm uma distribuição granulométrica ampla, as partículas mais grossas e mais pesadas sedimentam-se mais rapidamente, ficando nas zonas perto do dique, e as partículas menores e menos densas ficam em suspensão e são transportadas para as zonas centrais da bacia de sedimentação.

Quadro 7.1 Seções transversais típicas de aterros hidráulicos

Perfil zonado ou heterogêneo	Seção
Os espaldares são formados pela segregação hidráulica, e o núcleo é constituído por material de empréstimo com coeficiente de não uniformidade menor do que 3. A largura do núcleo é controlada pela distribuição granulométrica do material de empréstimo, especialmente pela porcentagem de finos, e possui baixa permeabilidade	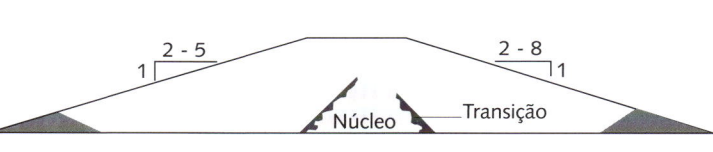 Núcleo — Transição; taludes 2-5:1 e 2-8:1

Perfil homogêneo	Seção
Apresenta taludes abatidos, sendo indicado para barragens com menos de 30 m de altura. Contudo, a prática brasileira apresenta barragens de 70 a 100 m de altura (Xingu, Monjolo). Barragens com esses perfis possuem distribuição granulométrica similar ao longo de toda a seção e material de empréstimo com CNU muitas vezes menor do que 2. Uma outra característica é a não formação de lago durante a construção desse perfil	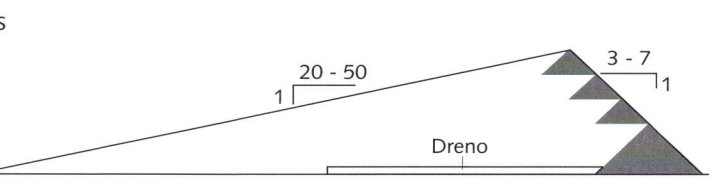 Dreno; taludes 20-50:1 e 3-7:1

Perfil misto	Seção
Composto por uma parte de material depositado de forma mecânica (lançado ou compactado) e outra hidraulicamente. Sua construção começa com material lançado mecanicamente nos espaldares; o espaço entre eles é preenchido hidraulicamente. Limita a largura da barragem, aumentando a resistência contra terremotos	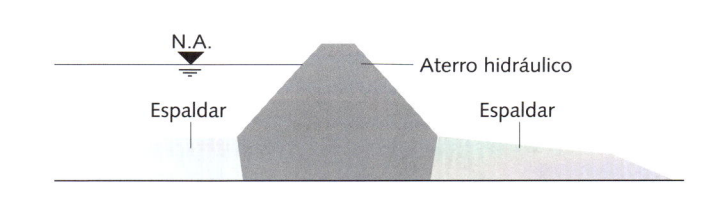 N.A. — Aterro hidráulico; Espaldar / Espaldar

Fonte: adaptado de Espósito, 2000.

Nas etapas posteriores, são construídos diques em todo o perímetro da bacia. O tamanho dos diques nos alteamentos é uma variável que depende das necessidades operacionais da mina. O dique inicial geralmente é maior que os diques das etapas seguintes.

Se os alteamentos forem construídos com rejeitos, é necessário que contenham de 40% a 50% de areia e que, na descarga, a polpa tenha alta porcentagem de sólidos por peso para que rapidamente ocorra a segregação granulométrica; essa alta porcentagem de sólidos pode ser obtida pela ciclonagem da polpa.

Os métodos construtivos de barragens de rejeitos de alteamentos sucessivos podem ser divididos em três classes: método de montante, método de jusante e método da linha de centro, referindo-se à direção em que os alteamentos são feitos em relação ao dique inicial.

Fig. 7.8 *Descarga de rejeitos*

Método de montante

Inicialmente é construído o dique de partida e, nos alteamentos subsequentes, o eixo da barragem se desloca para montante, conforme esquematizado na Fig. 7.9.

Fig. 7.9 *Método de montante*

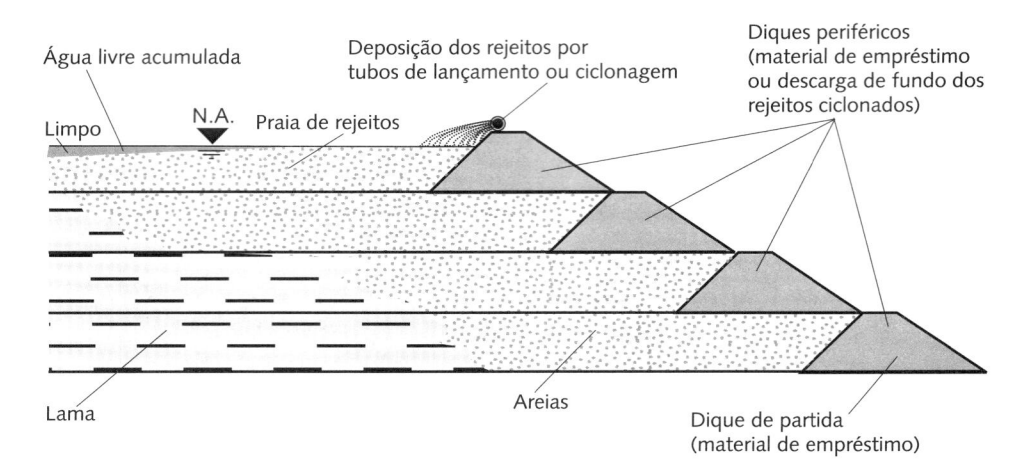

A principal vantagem do método de montante é o menor volume de material necessário para os alteamentos; consequentemente, o custo da construção é menor. Ademais, a barragem pode ser construída em topografias acidentadas com terrenos íngremes, pois o seu crescimento se dá sobre o material depositado no reservatório, não demandando mais área a jusante. Esse método é interessante em áreas onde a restrição principal é a área de deposição. Por outro lado, a capacidade de armazenamento do reservatório vai-se reduzindo com os sucessivos alteamentos.

As desvantagens mais importantes, contudo, relacionam-se à segurança. A fundação dos alteamentos é a própria praia de rejeitos, ou seja, um material heterogêneo e com elevado índice de vazios. A linha freática pode ainda ficar muito próxima ao talude de jusante, configurando uma fundação constituída de areias saturadas fofas não compactadas, com grande susceptibilidade à liquefação por sismos naturais ou vibrações decorrentes do movimento de equipamentos.

Quando a barragem é construída com os próprios rejeitos, e estes são ligeiramente compactados ou não compactados, a superfície crítica de deslizamento passa pelos rejeitos sedimentados. Existe a possibilidade da ocorrência de *piping* em virtude de a linha freática estar muito próxima do talude de jusante e da não compactação dos rejeitos, ou quando ocorre concentração de fluxo entre dois diques compactados. A Fig. 7.10 exemplifica alguns desses problemas.

Método de jusante

É assim chamado porque, nos alteamentos, o eixo da barragem se desloca para jusante. Nesse método, os rejeitos são ciclonados e o fluxo do

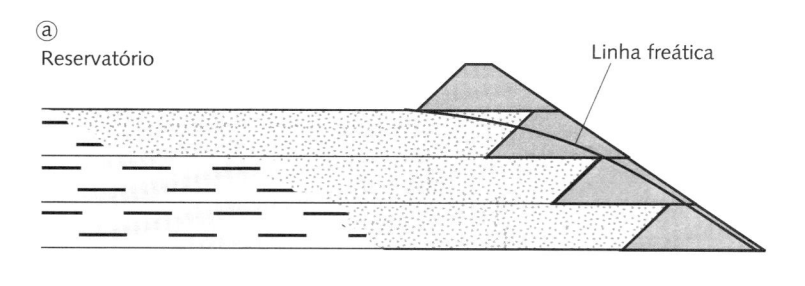

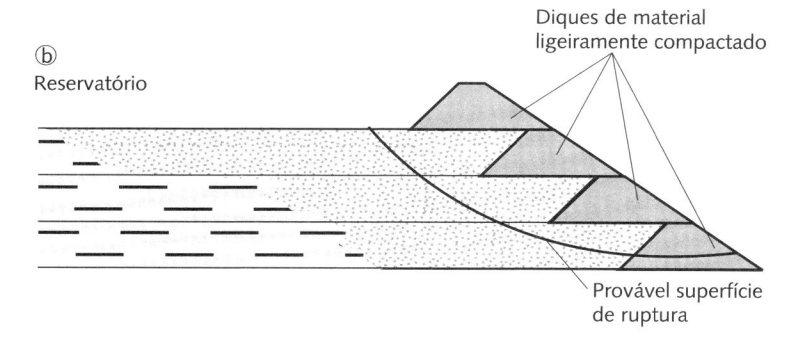

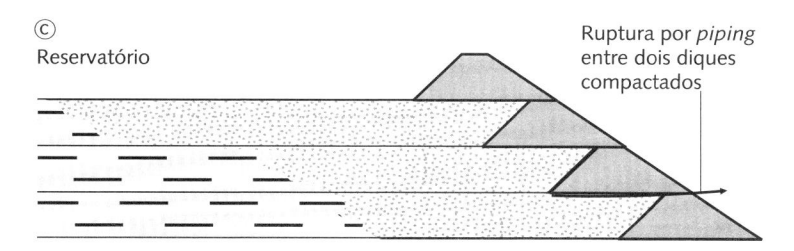

Fig. 7.10 *Desvantagens do método de montante: (a) linha freática elevada; (b) superfície provável de ruptura passa pelos rejeitos; (c) risco de ruptura por piping Fonte: Silveira e Reades, 1973.*

fundo é lançado no talude de jusante. Somente são utilizados os rejeitos grossos no alteamento, os quais serão compactados quando as condições de umidade da zona o permitam. Também se pode utilizar material de empréstimo ou estéril proveniente da lavra.

O dique inicial, de material de empréstimo, deve ser puco permeável ou ter o talude de montante impermeabilizado, assim como drenagem interna para coletar a água que porventura penetre na barragem. Nos alteamentos, continua-se com a impermeabilização do talude de montante e com a construção de drenagem interna. Na Fig. 7.11, é representado esquematicamente o método de jusante.

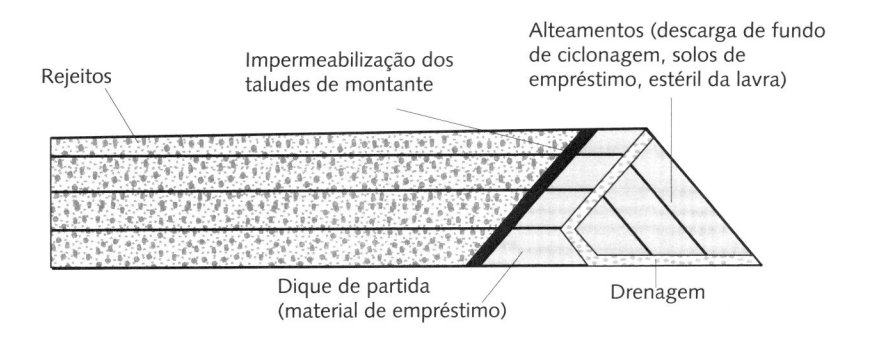

Fig. 7.11 *Método de jusante de Fonte: adaptado de Vick, 1983.*

7 Barragens de rejeitos

O método é eficiente para o controle da linha freática, pois prevê a construção de um sistema contínuo de drenagem. Possibilita também a compactação de todo o corpo da barragem. Proporciona maior segurança graças aos alteamentos controlados, isto é, com disposição da fração grossa dos rejeitos a jusante, compactação e sistema de drenagem. Com isso, as probabilidades de *piping* e de liquefação são muito menores.

As desvantagens são: necessidade de grandes quantidades de rejeitos nas primeiras etapas da construção; por causa da complexidade dos diques de partida e do sistema de drenagem, os investimentos iniciais são altos; em zonas de alta pluviosidade, é possível que os rejeitos a jusante não possam ser compactados adequadamente, devendo-se esperar épocas de estiagem para a operação de equipamentos em cima dos rejeitos; não possibilita a proteção com cobertura vegetal no talude de jusante, tampouco drenagem superficial durante a fase construtiva, por causa da superposição dos rejeitos; é necessário o emprego de ciclones para garantir uma boa separação dos rejeitos.

Existem variantes do método de jusante, como mostra a Fig. 7.12. São construídos um dique inicial e um dique de enrocamento, e os rejeitos ciclonados vão sendo depositados entre essas duas estruturas para formar os alteamentos. Observa-se que, nesse método, a quantidade de rejeitos para realizar os alteamentos é maior do que no método convencional de jusante. A camada impermeável do talude de montante é substituída por um tapete drenante do dique inicial ao dique de enrocamento, para que a linha freática não fique próxima do talude de jusante.

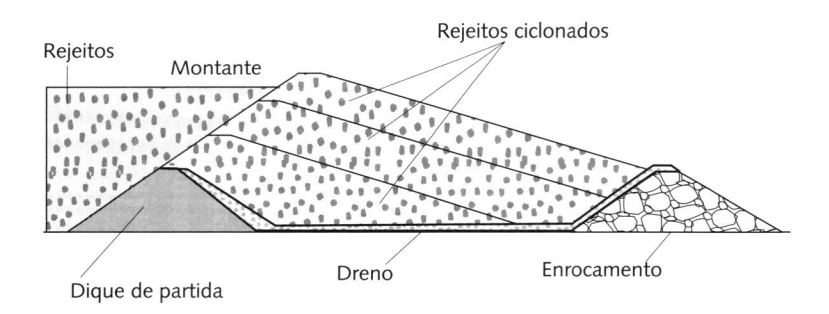

Fig. 7.12 *Método de jusante com enrocamento*
Fonte: adaptado de Nieble, 1986.

Método da linha de centro

O método da linha de centro, assim chamado porque o eixo da barragem é mantido na mesma posição enquanto ela é elevada, é uma solução intermediária dos métodos de montante e de jusante, até mesmo em termos de custo, embora seu comportamento estrutural se aproxime do método de jusante.

Na Fig. 7.13, é apresentado um esquema ilustrativo do método da linha de centro. Inicialmente é construído um dique de partida, e o rejeito é lançado da crista do dique até formar uma praia. O alteamento subsequente é formado lançando-se materiais de empréstimo, estéril da mina ou descarga de fundo de ciclones sobre o limite da praia anterior e no talude de jusante do maciço de partida, mantendo-se o eixo coincidente com o eixo do dique de partida.

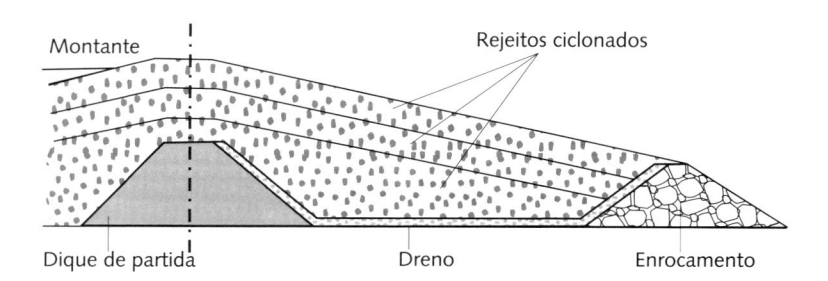

Fig. 7.13 *Método da linha de centro*
Fonte: adaptado de Nieble, 1986.

Há uma redução do volume de rejeitos ciclonados grossos utilizado em relação ao método de jusante; por outro lado, há necessidade de sistemas de drenagem eficientes, sistemas de contenção a jusante e equipamento para deposição mecânica a jusante. Pela complexidade da operação, os investimentos globais podem ser altos.

Na Fig. 7.14, apresenta-se uma comparação das áreas de seção transversal dos três tipos de barragens de rejeitos, considerando-se mesma altura e capacidade de deposição de rejeitos.

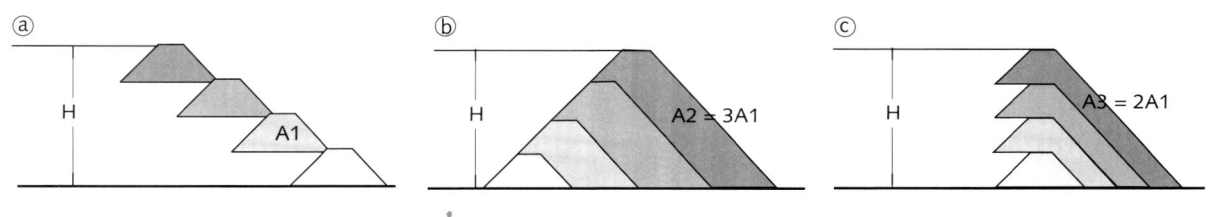

Fig. 7.14 *Comparação de volumes para vários tipos de barragem: (a) método de montante; (b) método de jusante; (c) método da linha de centro*
Fonte: adaptado de Vick, 1983.

As principais características, aspectos de segurança e custos dos três métodos construtivos são compactados no Quadro 7.2, assim como aspectos das barragens de terra convencionais.

O Quadro 7.3 apresenta uma descrição sucinta dos três métodos construtivos, destacando algumas de suas vantagens e desvantagens.

Pode-se verificar que, o método de jusante tem as melhores características de estabilidade; porém, o volume necessário de grossos de ciclonagem, material de empréstimo ou estéril da lavra é três vezes o do método de montante, o que se relaciona, logicamente, aos custos do projeto total. Já o método de montante é o mais econômico, porém mais crítico sob o ponto de vista da segurança.

Quadro 7.2 Comparação entre as características das barragens

	Convencional	Montante	Jusante	Linha de centro
Tipo de rejeito recomendado	Qualquer tipo	Mais de 40% de areia. Baixa densidade de polpa para promover segregação	Qualquer tipo	Areias ou lamas de baixa plasticidade
Requerimentos de descarga dos rejeitos	Qualquer procedimento de descarga	Descarga periférica, e bom controle de água livre acumulada	De acordo com o projeto	Descarga periférica, conservando o eixo da barragem
Armazenamento d'água	Bom	Não recomendado para grandes volumes	Bom	Não recomendado para armazenamento permanente
Resistência sísmica	Boa	Fraca em áreas de alta sismicidade	Boa	Aceitável
Restrições de alteamento	De uma só vez, ou em poucas etapas	Recomendável menos de 5 a 10 m/ano, perigoso se mais alto que 15 m/ano	Nenhuma	Pouca
Requisitos de alteamento	Materiais naturais e/ou estéreis	Solo natural, rejeitos ou estéreis	Rejeitos ou estéreis	Rejeitos ou estéreis
Custo relativo do corpo do aterro	Alto (3 V_m*)	Baixo V_m	Alto (3 V_m)	Moderado (2 V_m)

*V_m = volume da barragem alteada pelo método de montante
Fonte: adaptado de Vick, 1983.

Quadro 7.3 Vantagens e desvantagens dos três tipos de barragens de rejeitos

	Método de montante	Método de jusante	Método da linha de centro
Método construtivo	Método mais antigo e mais empregado. Construção de dique inicial e diques de alteamento no talude de montante com material de empréstimo, estéreis da lavra ou com os grossos de ciclonagem. Lançamento a partir da crista por ciclonagem ou sistema de tubos	Construção de dique inicial impermeável e barragem de pé. Separação dos rejeitos na crista do dique por meio de hidrociclones. Dreno interno e impermeabilização a montante	Variante do método de jusante
Vantagens	Menor custo. Maior velocidade de alteamento. Utilizado em lugares onde há área restrita	Maior segurança. Compactação de todo o corpo da barragem. Podem-se misturar os estéreis da lavra	Flexibilidade do volume de grossos de ciclone necessário com relação ao método de jusante
Desvantagens	Baixa segurança por causa da linha freática próxima ao talude de jusante, susceptibilidade de liquefação, possibilidade de *piping*	Necessidade de grandes quantidades de grossos de ciclonagem (problema nas 1as etapas). Deslocamento do talude de jusante (proteção superficial só no final da construção)	Necessidade de sistemas de drenagem eficientes e sistemas de contenção a jusante

Fonte: adaptado de Lozano, 2006.

Deposição em cavas de mineração subterrâneas

A disposição dos rejeitos nas cavas de mineração subterrâneas tem geralmente o objetivo de proporcionar uma plataforma de trabalho para as atividades de extração de minério ou de apoio às paredes das escavações subterrâneas.

Para isso, os rejeitos devem apresentar alta permeabilidade e baixa compressibilidade. Pode-se diminuir a compressibilidade removendo-se os finos da polpa ou por compactação vibratória, que aumenta a densidade do material. Os rejeitos também devem ser inertes, para evitar a contaminação das águas subterrâneas.

Deposição em cava nos processos de mineração a céu aberto (*pit*)

Este tipo de deposição é feito tipicamente em minas a céu aberto onde não é necessária a construção de diques. Na Fig. 7.15, é mostrada a deposição em cava em duas situações: com a extração do minério concluída e quando a deposição é feita simultaneamente à extração.

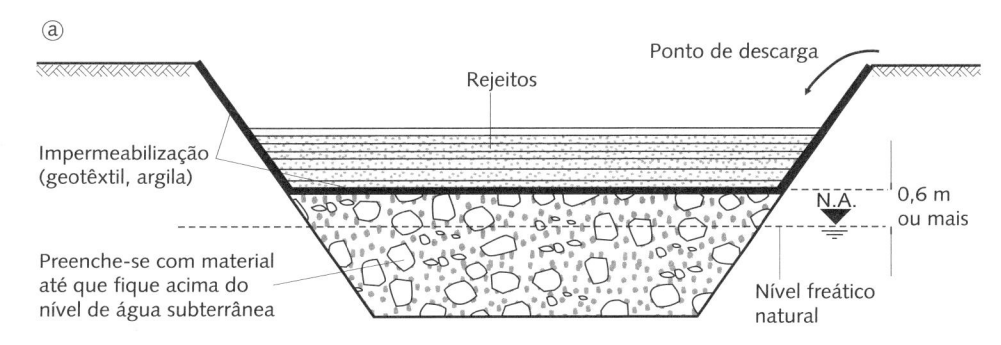

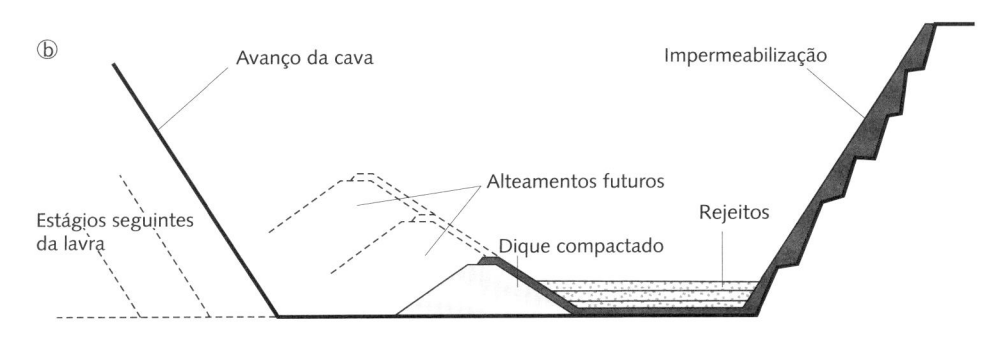

Fig. 7.15 *Deposição em cava: (a) após extração total do minério; (b) deposição feita ao mesmo tempo que a extração do minério*
Fonte: adaptado de Ritcey, 1989.

Nesse tipo de deposição de rejeitos, o projeto de cobertura final é fácil e o risco de ruptura é pequeno, com exceção dos taludes internos da cava. Se a rocha de encaixe do minério não for suficientemente impermeável, é necessária a impermeabilização nos taludes da cava.

Deposição em pilhas controladas

Inicialmente, prepara-se o material pela extração da água da polpa; a seguir, a fração sólida com teor de umidade reduzido é armazenada ou conformada em pilhas em locais adequados. Para garantir a estabilidade de longo prazo da pilha, os rejeitos devem ser misturados com material de empréstimo para melhoria da resistência, ou serem submetidos a uma separação prévia da fração argilosa.

A extração de água e a separação da fração argilosa geralmente são feitas em bacias de barragens de rejeitos existentes. O material seco e modificado é então escavado, transportado em caminhões e depositado nas pilhas, enquanto a cavidade formada na barragem é novamente utilizada para deposição de rejeitos recentes.

Os componentes de uma pilha controlada são: o dique de partida, nesse caso, um dique de menores dimensões, e drenos perimetrais, internos e superficiais.

7.3 Seleção de locais

O projeto de uma barragem de rejeitos, como o de outras obras de engenharia, deve minimizar os custos e atender às exigências de segurança estrutural e ambiental. A escolha do local tem uma influência significativa nos custos operacionais da mina, assim como na estabilidade em longo prazo da barragem de rejeitos.

São muitos os fatores a considerar na escolha de um local para a implantação de barragens de rejeitos. O Quadro 7.4 apresenta um resumo dos aspectos mais relevantes na avaliação de alternativas de locais.

Estes aspectos embasam as alternativas de arranjo de barragem de rejeitos, as quais serão comparadas sob os pontos de vista técnico, econômico (custos de implantação, operação, fechamento e reabilitação) e ambiental. Obras deste porte necessitam de licenciamento ambiental, obtido mediante EIA/RIMA (resolução CONAMA).

Quadro 7.4 Critérios e indicadores para a seleção de local para disposição de resíduos

Aspectos	Fatores
Relevo e topografia	Formas de relevo
	Declividade
	Dinâmica da superfície (erosão, movimentos de massa, subsidências etc.)
	Topografia
	Zonas alagadiças
Arranjo da barragem	Represamento em anel
	Represamento em bacia
	Represamento a meia encosta
	Represamento em vale
	Deposição em cava a céu aberto ou subterrânea
	Opções especiais, isto é, deposição submarina

Quadro 7.4 Critérios e indicadores para a seleção de local para disposição de resíduos (continuação)

Aspectos	Fatores
Mina	Posição da mina, facilidades e infra-estrutura Local e elevação relativa da usina de beneficiamento Localização de outras minas na área
Geológicos/geotécnicos	Localização, quantidade, caracterização de materiais de empréstimo e estéreis Fundações: caracterização geotécnica dos solos e rochas da fundação Mapeamento geológico (caracterização de litologias, estruturas, hidrogeologia)
Hidrogeológicos	Vazão e direção de percolação Caracterização do aquífero (hidrogeológico e geoquímico)
Hidroclimatologia	Drenagem superficial Aluvometria Hidrologia
Uso do solo e vegeação natural	Uso (urbano, pecuária, agricultura, reflorestamento, floresta natural) Vegetação natural Área de proteção ambiental
Socioeconômicos	Impostos (diretos/indiretos) Caracterização das atividades socieconômicas Equipamentos urbanos Infraestrutura de transporte Estética Arqueologia, locais tradicionais

Fonte: modificado de Lozano, 2006.

7.4 Possíveis impactos

O Quadro 7.5 apresenta alguns dos principais impactos ambientais gerados pelas atividades mineradoras no Brasil até 2002. A eles podem ser adicionadas rupturas de barragens de rejeitos ocorridas em Minas Gerais nos últimos anos, como a da barragem de rejeitos de bauxita em Miraí em 2007, que deixou desabrigadas milhares de pessoas e despejou grande quantidade de lama em importantes cursos d'água, comprometendo o abastecimento de diversas cidades ribeirinhas dos estados de Minas Gerais e Rio de Janeiro.

Os minérios, metálicos ou não metálicos, raramente são compostos por um único mineral; em geral ocorrem como uma complexa associação de minerais adicionais ao material de interesse, que podem representar fontes potenciais de poluição.

O beneficiamento do minério pode ser feito por processos físicos, como a separação por diferença de densidade, quando o mineral de interesse é muito mais denso do que os outros que compõem a rocha. Esse é o caso

Quadro 7.5 PRINCIPAIS IMPACTOS AMBIENTAIS DA MINERAÇÃO NO BRASIL

Substância mineral	Estado	Principais problemas	Ações preventivas e/ou corretivas
Ferro	MG	Antigas barragens de contenção, poluição de águas superficiais	Cadastramento das principais barragens de decantação em atividade ou abandonadas; caracterização das barragens quanto à estabilidade; preparação de estudos para estabilização
Ouro	PA	Utilização de mercúrio na concentração do ouro de forma inadequada; aumento da turbidez, principalmente na região de Tapajós	Divulgação de técnicas menos impactantes; monitoramento de rios onde houve maior uso de mercúrio
Ouro	MG	Rejeitos ricos em arsênio; aumento da turbidez	Mapeamento e contenção dos rejeitos abandonados
Ouro	MT	Emissão de mercúrio na queima de amálgama	Divulgação de técnicas menos impactantes
Chumbo, Zinco e Prata	SP	Rejeitos ricos em arsênio.	Mapeamento e contenção dos rejeitos abandonados
Chumbo	BA	Rejeitos ricos em arsênio	Mapeamento e contenção dos rejeitos abandonados
Zinco	RJ	Barragem de contenção de rejeitos de antiga metalúrgica em péssimo estado de conservação	Realização das obras sugeridas no estudo contratado pelo governo do Estado do Rio de Janeiro
Carvão	SC	Contaminação das águas superficiais e subterrâneas pela drenagem ácida proveniente de antigos depósitos de rejeitos	Atendimento às sugestões contidas no Projeto Conceitual para a Recuperação da Bacia Carbonífera Sul-catarinense
Agregados para construção civil	RJ	Produção de areia em Itaguaí/Seropédica: contaminação do nível freático, uso futuro da terra comprometido por causa da criação desordenada de áreas alagadas	Disciplinamento da atividade; estudos de alternativas de abastecimento
Agregados para construção civil	SP	Produção de areia no Vale do Paraíba acarretando a destruição da mata ciliar, turbidez, conflitos nos usos do solo, acidentes nas rodovias causados pelo transporte de areia	Disciplinamento da atividade; estudos de alternativas de abastecimento e de transporte
Agregados para construção civil	RJ e SP	Produção de brita nas regiões metropolitanas do Rio de Janeiro e São Paulo, acarretando: vibração, ruído, emissão de particulados, transporte, conflitos nos usos do solo	Aplicação de técnicas menos impactantes; estudos de alternativas de abastecimento
Calcário	MG e SP	Mineração em áreas de cavernas com impactos no patrimônio espeleológico	Melhor disciplinamento da atividade pela revisão da Resolução Conama nº5 de 6/8/1987 (proteção ao patrimônio espeleológico)
Gipsita	PE	Desmatamento da região do Araripe em razão da utilização de lenha nos fornos de queima da gipsita	Utilização de outros tipos de combustível e incentivo ao reflorestamento com espécies nativas
Cassiterita	RO e AM	Destruição de florestas e leitos de rios	Racionalização da atividade para minimizar os impactos

Fonte: Faria, 2002.

do ferro, por exemplo, cuja massa específica de 7,8 g/cm³ é significativamente superior à da maioria dos minerais (da ordem de 2,7 g/cm³). Já em outros casos, utilizam-se processos químicos, colocando-se o minério em contato com soluções que dissolvam o mineral de interesse. Alguns desses compostos químicos são potencialmente poluentes, por exemplo, o cianeto utilizado no beneficiamento do ouro.

Algumas espécies minerais, estáveis e inócuas para o homem e para o meio ambiente nas condições naturais, podem se tornar potencialmente poluentes, dependendo do processo utilizado no beneficiamento do minério ou na conversão ao produto final, como são os casos do alumínio, estanho, ferro, manganês, talco, titânio e zircônio. Portanto, a poluição potencial de um minério deve levar em consideração a composição da rocha e os processos utilizados para a obtenção do produto desejado. Ademais, alguns materiais não metálicos podem ser poluentes em associação com certos minerais, por exemplo, minerais com arsênio, minerais com bário (barita) associados a chumbo e zinco, minerais com flúor (fluorita e criolita), minerais sulfúricos, entre outros.

Um dos mais graves impactos ambientais associados à atividade de mineração é a drenagem ácida de minas, nome que é dado à solução aquosa ácida resultante da percolação de água (geralmente de chuva) por depósitos de rejeitos ou estéreis que contêm minerais sulfetados. Na presença de água e oxigênio e água, os minerais sulfetados oxidam. A oxidação dos minerais sulfetados é responsável pela diminuição do pH do meio aquoso. A solução ácida tem maior potencial de dissolver metais eventualmente contidos nos materiais pelos quais percola, agindo como agente lixiviante dos resíduos e produzindo um percolado rico em ácido sulfúrico e metais dissolvidos. Caso o percolado atinja corpos hídricos próximos, pode contaminá-los, tornando-os impróprios para o uso por um longo tempo, mesmo após cessadas as atividades de mineração.

Por exemplo, se a rocha contiver sulfetos de ferro, como a pirita e a pirrotita, as reações que ocorrem para formar a drenagem ácida estão expostas a seguir. Inicialmente, no processo de extração, a rocha entra em contato com oxigênio e água, acarretando a oxidação da pirita e da pirrotita, segundo as equações (1) e (2), respectivamente.

$$2FeS_2(s) + 7O_2 + 2H_2O \rightarrow 2Fe^{2+} + 4SO_4^{2-} + 4H^+ \quad (1)$$

$$Fe_7S_8(s) + \frac{3}{2}O_2 + H_2O \rightarrow 7Fe^{2+} + 8SO_4^{2-} + 2H^+ \quad (2)$$

A seguir, o cátion Fe^{2+} é oxidado para Fe^{3+}, segundo a equação (3). A oxidação do ferro depende do pH do meio, sendo que, para valores mais baixos, ocorre mais lentamente. Essa reação é considerada a que determina a velocidade de toda a sequência de reações.

$$4Fe^{2+} + O_2 + 4H^+ \rightarrow 4Fe^{3+} + 2H_2O \qquad (3)$$

O ferro precipita como hidróxido férrico sólido, conforme a equação (4), além de liberar acidez adicional. Para valores de pH inferiores a 3,5, o hidróxido não se forma, e o cátion Fe^{3+} se mantém solúvel.

$$Fe^{3+} + 3H_2O \rightarrow Fe(OH)_3(s) + 3H^+ \qquad (4)$$

A pirita pode também ser oxidada pelo íon férrico (Fe^{3+}) em solução segundo a equação (5); ou seja, o íon férrico pode agir como um catalisador, gerando quantidades muito maiores de íon ferroso, sulfato e acidez.

$$FeS_2 + 14Fe^{3+} + 8H_2O \rightarrow 15Fe^{2+} + 2SO_4^{2-} + 16H^+ \qquad (5)$$

A geração de ácido por ferro é uma reação rápida e continua a ocorrer enquanto houver quantidade suficiente de íon férrico e pirita. A concentração de íons férricos em solução, por sua vez, depende do pH e da ação de bactérias, especialmente as do tipo *Thiobacillus ferrooxidans*. Estas podem acelerar a produção de Fe^{3+} a partir de Fe^{2+} em mais de cinco vezes em relação aos sistemas puramente abióticos. Os processos microbiológicos atuam principalmente quando o pH do meio atinge valores inferiores a 3,5. Por outro lado, o ânion sulfato forma ácido sulfúrico. A drenagem ácida pode ser resumida na equação (6):

$$4\,FeS_2 + 15\,O_2 + 14\,H_2O \rightarrow 4Fe(OH)_3 + 8H_2SO_4 \qquad (6)$$

A ocorrência de drenagem ácida de minas tem sido relatada na extração de ouro, carvão, cobre, zinco ou urânio, entre outros, bem como na disposição inadequada dos resíduos dessas operações. Para prevenir ou minimizar sua ocorrência, é fundamental evitar que as superfícies de rejeitos e/ou estéreis que contêm minerais sulfetados fiquem expostas a condições oxidantes em presença de água

7.5 Projeto geotécnico
Conceitos gerais

A barragem de rejeitos é projetada conceitualmente da mesma forma que uma barragem de terra convencional, englobando a capacidade de carga da fundação, a estabilidade dos taludes, as perdas de água pela fundação e pelo maciço, os elementos de drenagem interna e superficial, a proteção dos taludes contra a erosão e a instrumentação. O reservatório é projetado, a exemplo dos aterros de resíduos, com tratamento da fundação, revestimento impermeável de fundo, sistema de coleta e tratamento e/ou reutilização de percolados, disposição controlada dos rejeitos, proteção contra escape de material particulado, entre outros.

A Fig. 7.16 apresenta o balanço hídrico do sistema, que inclui a água da polpa, o escoamento superficial, a precipitação, a infiltração a partir do lago, a evaporação, a água liberada dos rejeitos durante o adensamento e coletada pelos drenos, a água utilizada no processo produtivo, a infiltração no subsolo e a percolação através da barragem.

Os parâmetros de projeto são: permeabilidade da fundação; resistência ao cisalhamento, permeabilidade e parâmetro de pressão neutra do material de construção da barragem; funções de compressibilidade e permeabilidade dos rejeitos; velocidade de descarga dos rejeitos, teor de sólidos no lançamento; clima, entre outros.

O planejamento da barragem de rejeitos deve incluir programas de ensaios em campo e em laboratório das fundações, rochas e materiais de empréstimo, para avaliar suas propriedades físicas e mecânicas, além das características das águas subterrâneas, sua localização e composição.

No projeto de uma barragem de rejeitos, são fundamentais análises de estabilidade, previsão de recalques, estudo da percolação, controle de erosão, atenuação de impactos ambientais e recuperação ambiental. Na etapa de construção, a instrumentação de campo é importante para assegurar que a obra cumpra as especificações de projeto.

As particularidades do projeto de barragens de rejeitos são a prática de alteamento ao longo do tempo e a utilização dos próprios rejeitos na construção da barragem, de modo que os requisitos de estabilidade e comportamento adequado devem estar verificados para as etapas intermediárias que ocorrerão ao longo da sua vida útil.

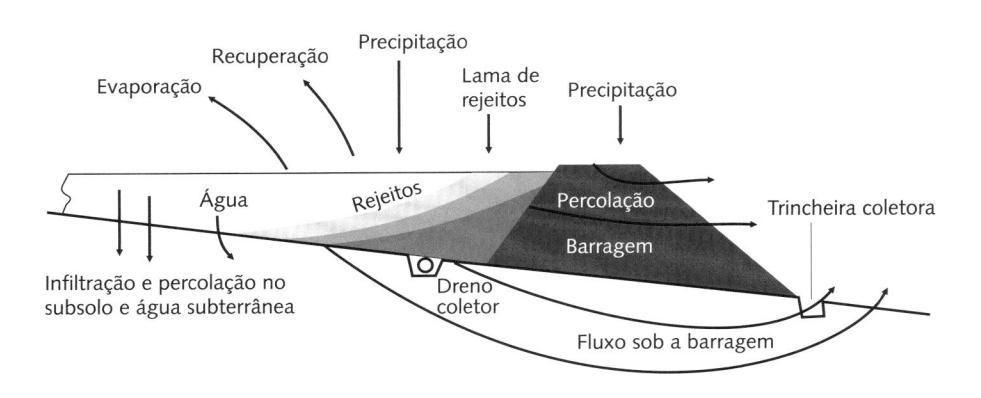

Fig. 7.16 *Balanço hídrico em uma barragem de rejeitos*

Vida útil

A previsão da vida útil da barragem de rejeitos, assim como o planejamento dos alteamentos, baseiam-se no plano de lavra e no sistema de beneficiamento, bem como no comportamento geomecânico dos rejeitos.

O conhecimento do plano de lavra, envolvendo sua geometria final e seu desenvolvimento no tempo, permite uma otimização na estocagem dos rejeitos, por exemplo, com a minimização da área utilizada: uma lavra em faixas permite o lançamento dos rejeitos nas áreas anteriormente lavradas, sem requisitar áreas virgens para a deposição dos rejeitos (Mello, 1992).

A compatibilização do ritmo de produção e lançamento dos rejeitos com suas propriedades geomecânicas, particularmente a compressibilidade, indicam a velocidade de abertura de novas áreas de estocagem ou dos alteamentos da barragem.

Programas computacionais são utilizados para estimar vida útil do reservatório, cotas intermediárias e finais, vazão de água liberada pelos rejeitos (que pode ser reaproveitada no processo produtivo, ou descartada) e a eficiência de medidas alternativas (como a construção de drenos adicionais). Permitem também simular lançamento contínuo, interrupções esporádicas, alternância de períodos de deposição, fechamento da operação do reservatório, e simulações de diferentes sistemas de drenagem de fundo (Mello, 2006).

Esses programas utilizam teorias de adensamento a grandes deformações, e a compressibilidade e a permeabilidade são apresentadas como funções, uma vez que variam significativamente ao longo do tempo durante o adensamento, como mencionado no Cap. 1. As teorias de adensamento a grandes deformações resultam em previsões mais realistas da vida útil do reservatório, da água a ser liberada durante o processo do adensamento e o ganho de resistência ao cisalhamento correspondente.

A lei da compressibilidade é expressa como uma curva exponencial do índice de vazios em função da tensão efetiva, e a da permeabilidade, como uma curva exponencial do coeficiente de permeabilidade em função do índice de vazios.

Os dados de entrada são: a geometria da área de deposição, as condições de drenagem, as propriedades geomecânicas dos rejeitos, o teor de sólidos no lançamento, a velocidade de produção dos rejeitos e o tempo de disposição. Os dados de saída são: o adensamento dos rejeitos, os perfis verticais do teor de sólidos e de pressão neutra em função do tempo. A Fig. 7.17 ilustra a simulação da variação do índice de vazios em perfis verticais ao longo do tempo para enchimento instantâneo de um reservatório de rejeitos de 12 m de espessura.

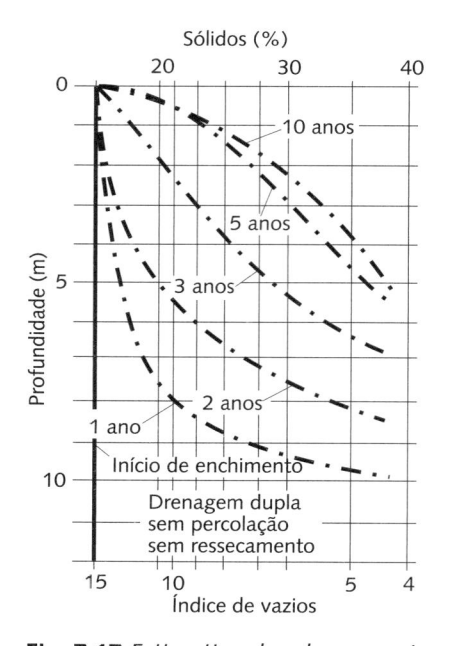

Fig. 7.17 *Estimativa de adensamento de um depósito de rejeitos*
Fonte: Mello, 1992.

As simulações também são importantes para a previsão do comportamento da barragem de rejeitos e para balizar os resultados do monitoramento de recalques, pressões neutras e vazões drenadas da barragem.

Modos de ruptura

As barragens de rejeitos são estruturas que podem crescer ao longo de 20 anos ou mais até atingir sua capacidade final. Durante esse período, podem ocorrer situações com potencial de ruptura com consequentes impactos ambientais e perdas econômicas. É imperativo o controle de construção associado a um monitoramento constante ao longo de toda a vida útil da barragem para garantir segurança estrutural e ambiental. O monitoramento das barragens de rejeitos deve começar no início da construção, estender-se por toda a vida útil e continuar durante um período após sua desativação.

A análise de estabilidade é feita pelo método do equilíbrio limite, utilizando programas computacionais usuais na Geotecnia, como esquematizado na Fig. 7.18. Os fatores que afetam a estabilidade do talude são: sua altura e declividade, propriedades dos solos do maciço e fundação, pressões neutras e as forças externas, como aceleração sísmica. Como a sedimentação e o adensamento dos rejeitos formam um depósito muito heterogêneo, torna-se interessante um enfoque probabilístico e observacional ou análises de sensibilidade com os parâmetros de interesse.

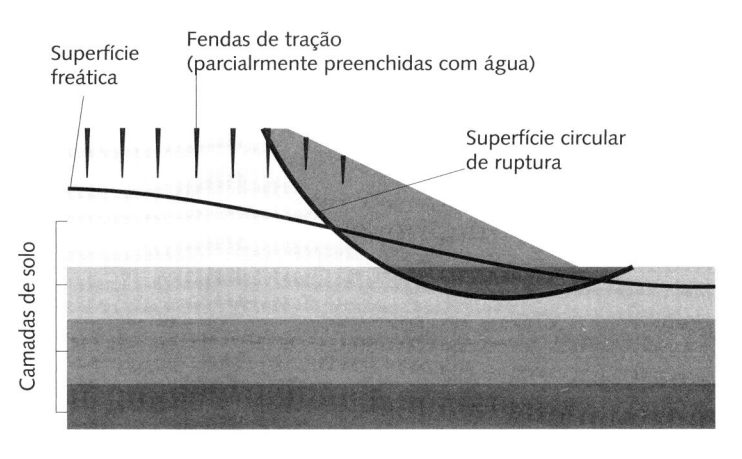

Fig. 7.18 *Esquema ilustrativo de seção transversal de uma barragem de rejeitos para análise de estabilidade*
Fonte: Wise Uranium Project, 2004.

A estimativa da distribuição de pressões neutras é especialmente problemática. O adensamento dos rejeitos forma uma camada de baixa permeabilidade no fundo do reservatório, junto aos sistemas de drenagem de fundo, dificultando a dissipação das pressões neutras. A localização da superfície freática dependerá da permeabilidade da fundação ou da camada de fundo do reservatório, da distância da lagoa até a barragem e da segregação dos rejeitos, conforme mostra a Fig. 7.19.

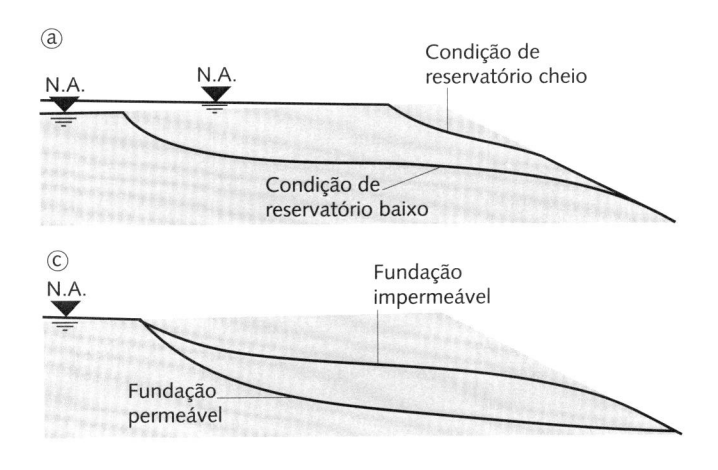

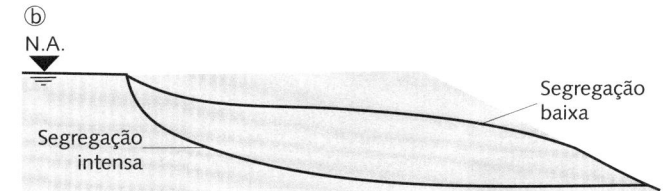

Fig. 7.19 *Fatores que influenciam a localização da superfície freática: (a) efeito da localização da lagoa; (b) efeito da segregação na formação da praia e da variação da permeabilidade lateral; (c) efeito da permeabilidade da fundação*
Fonte: Mello, 2006.

Os principais modos de ruptura de uma barragem de rejeitos são:

* capacidade de suporte da fundação insuficiente: quando o solo ou rocha subjacente não tem resistência suficiente, a ruptura ocorre em um plano sob a barragem, como mostrado na Fig. 7.20;
* elevação excessiva do nível d'água: pode ocorrer em virtude de precipitação intensa, com consequente aumento da umidade do material no reservatório, ou por causa do gerenciamento inadequado do ciclone;
* galgamento: o nível d'água ultrapassa a crista da barragem, erodindo a crista e o talude de jusante;
* *piping*: a ocorrência de erosão interna tubular no corpo da barragem geralmente a leva à ruptura geral;

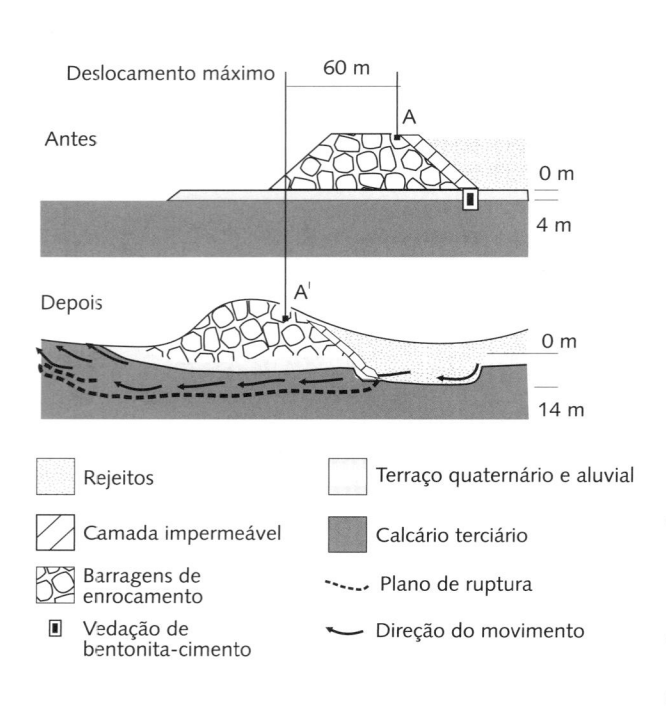

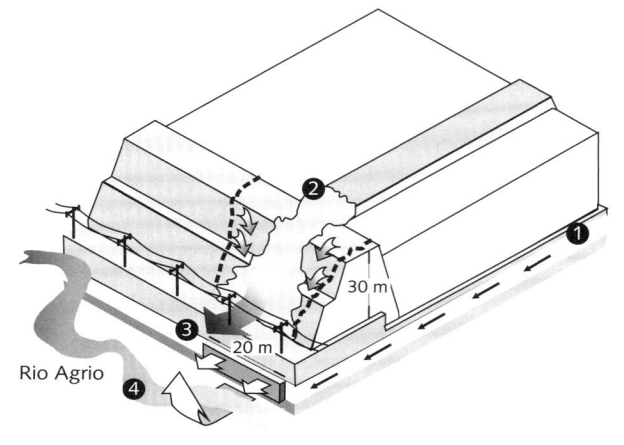

① Uma placa de solo sob a barragem deslizou aproximadamente 1 m em direção ao rio Agrio. A frente do escorregamento tinha aproximadamente 20 m de largura e localizava-se na área de junção de dois reservatórios.

② A barragem trincou e rompeu abruptamente; o muro ruiu e levou junto o dique que separava os dois reservatórios.

③ Entre 5 e 6 milhões de metros cúbicos de água contaminada e rejeitos escaparam pela abertura.

④ O leito do rio Agrio subiu 3 m mudando seu curso e expondo rochas terciárias.

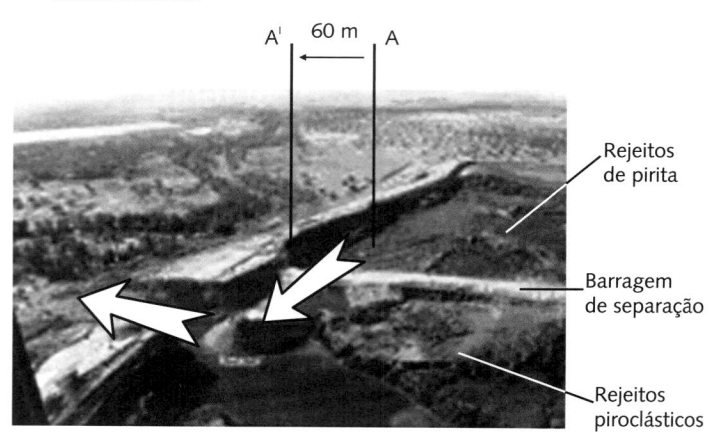

Fig. 7.20 *Ruptura da barragem de rejeitos em Los Frailes, Espanha, decorrente de capacidade de carga insuficiente da fundação*
Fonte: Wise Uranium Project, 2004.

* velocidade de construção muito elevada: a construção mais rápida do que a projetada pode acarretar o aumento excessivo de pressões neutras no corpo da barragem;
* uso de máquinas pesadas acima da pilha e perto de sua borda: a vibração de máquinas pesadas também pode causar liquefação em materiais granulares fofos e saturados;
* escavações no pé do talude; e
* liquefação durante sismo: pode ocorrer na fundação de barragens alteadas para montante ou no próprio corpo da barragem construída com rejeitos, por causa da conjunção de material granular muito poroso e saturado com vibrações intensas que não permitem drenagem.

A Fig. 7.20 mostra um esquema ilustrativo da ruptura da barragem de rejeitos em Los Frailes, na Espanha, decorrente de capacidade de carga insuficiente da fundação.

A ruptura de uma barragem de rejeitos causa o espalhamento do material do reservatório, geralmente ao longo de linhas de drenagem, assoreando e poluindo cursos d'água. Por causa da baixa resistência ao cisalhamento, a massa rompida de rejeitos termina por formar taludes muito abatidos, espalhando-se por grandes áreas. Alguns rejeitos apresentam comportamento viscoso e se acomodam em superfícies praticamente horizontais.

A Fig. 7.21 mostra as consequências da ruptura da barragem de rejeitos de fluorita em Stava, na Itália, em 1985. A área de disposição consistia em duas barragens construídas ao longo de um talude. A barragem superior rompeu e o material deslocado do reservatório galgou a barragem inferior, causando sua ruptura. A massa de 200.000 m³ de resíduos atingiu uma velocidade de até 90 km/h, matando 268 pessoas, destruindo 62 edifícios e afetando uma área total de 43,5 hectares.

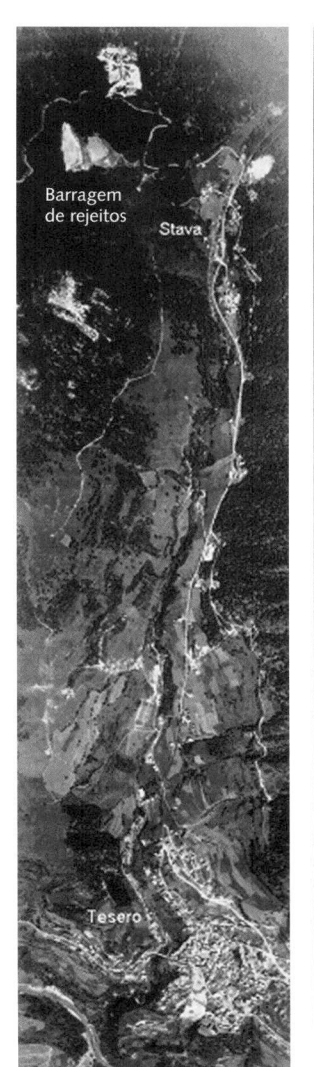

Fig. 7.21 *Ruptura da barragem de rejeitos de Stava, Itália*
Fonte: Wise Uranium Project, 2004.

8 Investigação e monitoramento geoambiental

A investigação geoambiental, em uma área supostamente contaminada, visa verificar a existência de contaminação e, em uma área comprovadamente contaminada, tem a finalidade de determinar o grau de contaminação e a distribuição de contaminantes no subsolo, assim como as propriedades mecânicas e hidráulicas dos materiais envolvidos, para o estabelecimento de uma estratégia de remediação. Tendo em vista o conceito de risco aceitável apresentado no Cap. 6, a investigação geoambiental para remediação deve fornecer subsídios para a avaliação de risco, compreendendo a caracterização do perfil geotécnico e do aquífero, da composição química e distribuição espacial de contaminantes e de fontes e receptores potenciais existentes.

O monitoramento geoambiental é realizado em obras de proteção e de remediação ambiental, com diferentes propósitos. O monitoramento de um aterro de resíduos visa controlar sua segurança estrutural e ambiental, além de constituir uma ferramenta preciosa para estudar o comportamento geotécnico da massa de resíduos e aferir os modelos de previsão utilizados. Similarmente, em um local de disposição de rejeitos, o monitoramento visa controlar a segurança estrutural dos diques e a segurança ambiental da região circunvizinha, provendo também informações para uma boa compreensão do comportamento mecânico e hidráulico dos rejeitos, verificando a adequação dos modelos e melhorando a estimativa de parâmetros desses modelos. Já em uma obra de remediação ambiental, o monitoramento tem o objetivo de acompanhar o desenvolvimento da melhora, verificar a eficiência da técnica adotada e indicar o momento de encerramento dos trabalhos de remediação.

O monitoramento, portanto, pode ter as funções de detectar problemas ou de avaliar desempenhos, sendo essencial para o desenvolvimento de projetos mais seguros e econômicos. A eficiência do monitoramento na detecção de problemas ou na avaliação de desempenhos é maior quando os dados obtidos são comparados com previsões baseadas em possíveis cenários. A investigação e o monitoramento geoambiental compreendem uma série de ensaios de campo, que serão apresentados sucintamente neste capítulo.

8.1 Investigação geoambiental

A investigação geoambiental geralmente é composta de três fases: preliminar, quando são realizados os estudos de gabinete e o reconhecimento de campo para confirmar ou atualizar as informações documentais; exploratória, destinada a testar hipóteses, provar a presença de contaminantes e levantar dados para o planejamento da próxima fase; e detalhada, caracterizada por técnicas de investigação de campo para viabilizar a estimativa de risco e apontar modalidades preferenciais de remediação (Almeida e Miranda Neto, 2003).

A investigação geoambiental engloba a prospecção do subsolo, tal como é tradicionalmente realizada para projetos geotécnicos, e a caracterização da poluição, em geral baseada em ensaios geofísicos de campo e em análises químicas laboratoriais com amostras de solo, água, ar e gases.

Ensaios geotécnicos

Os ensaios geotécnicos para prospecção do subsolo são apresentados nos livros *Curso básico de mecânica dos solos*, de Carlos Sousa Pinto, e *Obras de terra: curso básico de geotecnia*, de Faiçal Massad, e detalhados no livro *Investigação in situ,* de Fernando Schnaid.

Compreendem as sondagens de simples reconhecimento com medida da resistência à penetração, ensaios de penetração do cone, de palheta, pressiométrico, dilatométrico, entre outros. Parâmetros de resistência, deformabilidade e permeabilidade também podem ser determinados por meio de ensaios de laboratório realizados com amostras indeformadas.

Métodos geofísicos

Os métodos geofísicos são utilizados para o mapeamento e o monitoramento de plumas de contaminação, caracterização de feições geológicas e hidrogeológicas dos locais investigados e detecção de estruturas enterradas, como tanques e tambores. Esses métodos baseiam-se no contraste entre propriedades físicas dos diferentes materiais que compõem o subsolo, tais como a condutividade elétrica, o magnetismo e a densidade.

A interpretação dos dados geofísicos pode fornecer informações sobre a litologia, a estratigrafia, a presença de falhas, a profundidade do nível d'água e direção do fluxo subterrâneo; ademais, em locais onde houve disposição de resíduos, permite estimar a localização e o volume dos resíduos.

Como essas informações provêm da análise de contrastes de propriedades físicas, e não da verificação direta por meio de escavação e retirada de amostras, os ensaios geofísicos são denominados métodos indiretos de prospecção do subsolo. As principais vantagens em relação aos métodos diretos são a rapidez para investigar grandes áreas e a possibilidade de realizar levantamentos espacialmente contínuos.

Os métodos geofísicos geralmente são utilizados para mapear a contaminação, mostrando as tendências de variação de concentração de poluentes em planos horizontais e em profundidade, definindo, assim, a locação de poços de monitoramento e dos melhores pontos para a realização de ensaios diretos ou de retirada de amostras para uma investigação mais detalhada.Dentre os métodos geofísicos, Fig. 8.1, são mais utilizados na investigação geoambiental os sísmicos, os geoelétricos e o cone de resistividade.

Os métodos sísmicos utilizam a velocidade de propagação de ondas elásticas geradas artificialmente (por explosivos, ar comprimido, queda de pesos ou vibradores) pelo subsolo. Nas interfaces onde mudam as propriedades do meio, as ondas podem sofrer difração, refração ou reflexão. As ondas percorrem determinada distância no subsolo e retornam à superfície, onde são captadas por sensores chamados geofones. Os sinais captados pelos geofones são transformados em registros sísmicos, cuja

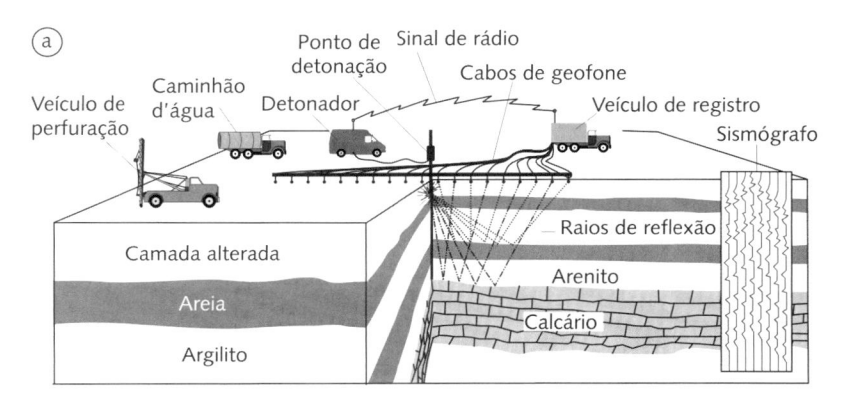

Fig. 8.1 *Métodos geofísicos:*
(a) método sísmico por reflexão;
(b) método sísmico por refração;
(c) método de eletrorresistividade
Fonte: Sociedade Brasileira de Geofísica, 2007

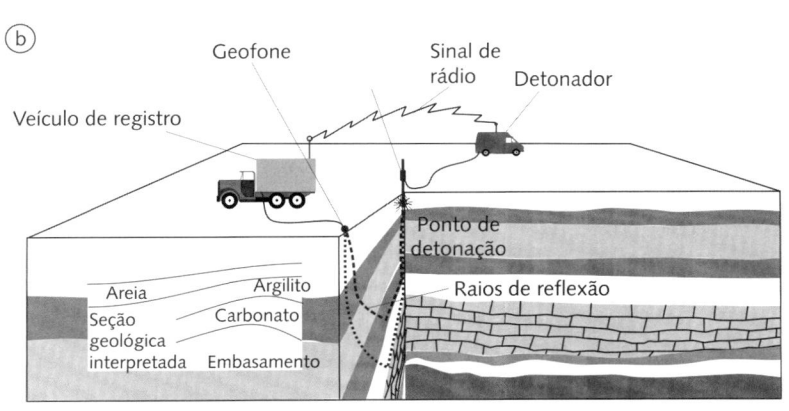

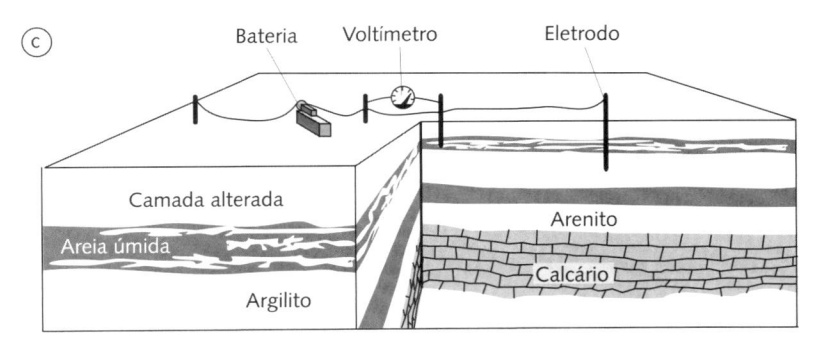

interpretação possibilita a caracterização de camadas de diferentes materiais no subsolo. As ondas podem ser geradas na superfície do terreno ou dentro de furos de sondagem.

Os métodos geoelétricos baseiam-se em parâmetros elétricos do solo, como condutividade, resistividade, potencial elétrico espontâneo, polarização e campo eletromagnético para investigar o subsolo. O método da eletrorresistividade utiliza uma corrente elétrica artificial que é introduzida no terreno por meio de dois eletrodos, com o objetivo de medir o potencial elétrico gerado em outros dois; pode ser realizado na direção vertical (sondagem elétrica) ou paralelamente à superfície do terreno (caminhamento elétrico); a propriedade física medida é a resistividade elétrica. A resistividade de solos e rochas depende da composição mineralógica, porosidade, teor de umidade e quantidade e natureza de sais dissolvidos. O método eletromagnético indutivo compreende a propagação de campos eletromagnéticos de baixa frequência, que induzem correntes elétricas, gerando um campo secundário, o qual é medido em uma bobina receptora; os ensaios são geralmente realizados em perfil; a propriedade física medida é a condutividade elétrica. O georradar investiga as camadas mais rasas; uma onda eletromagnética de alta frequência é transmitida ao solo; uma antena transmite o sinal eletromagnético, e outra recebe os sinais refletidos ou refratados; a propriedade física medida é a permissividade dielétrica. A magnetometria mede a suscetibilidade magnética, e é utilizada na prospecção de materiais magnéticos, como minérios de ferro, ou para detectar tanques e tambores enterrados.

No Quadro 8.1 é apresentado um resumo das principais aplicações de métodos geofísicos em áreas contaminadas. A Fig. 8.1 ilustra os métodos sísmicos por reflexão e refração sendo utilizados para a caracterização das

Quadro 8.1 Principais aplicações de métodos geofísicos em áreas contaminadas

Método	Georradar	Eletromagnético	Eletrorresistividade	Magnetométrico
Profundidade de investigação	Até 30 metros Depende de: Antenas utilizadas Geologia local	Até 60 metros Depende de: Equipamento Geologia local	100 metros ou mais Depende de: Abertura dos eletrodos Corrente injetada no solo Geologia local	Até 20 metros Depende de: Quantidade de material ferroso enterrado
Suscetibilidade a interferências	Rede elétrica Objetos metálicos próximos	Rede elétrica Objetos metálicos próximos	Mau contato dos eletrodos com o solo Outras correntes elétricas no solo	Linhas de alta tensão Qualquer objeto metálico próximo
Características mais destacadas	Método de maior definição Detecção de qualquer tipo de material enterrado	Detecção de contaminantes disseminados no solo Determinação rápida de variações laterais	Determinação da resistividade em profundidade Grande profundidade de investigação	Detecção e quantificação de objetos metálicos

Fonte: Cetesb, 1999.

camadas de solos e rochas que compõem o subsolo, e um ensaio geoelétrico de condutividade elétrica para investigar a salinidade da água subterrânea.

Piezocone de resistividade (RCPTU)

É um piezocone padrão acrescido de um módulo que permite medir continuamente a resistência a um fluxo de corrente elétrica aplicada ao solo (Giacheti *et al.* 2006), conforme ilustrado na Fig. 8.2.

O ensaio de penetração com piezocone é bastante difundido na Geotecnia para identificação do perfil geotécnico e para a estimativa de parâmetros de projeto. O ensaio consiste em introduzir no solo uma ponteira cônica, conectada a um conjunto de hastes, a uma velocidade constante de 2 cm/s. A resistência à penetração do cone é medida continuamente por meio de células de carga alojadas na ponta do cone e em uma luva de atrito; e as pressões neutras são medidas por meio de transdutores de pressão.

A adição a esse conjunto do módulo de resistividade proporciona a aplicação de um método geofísico que permite detectar a presença ou estimar a concentração de certas substâncias presentes nas águas subterrâneas. A resistividade é sensível a sais dissolvidos e a contaminantes orgânicos de baixa solubilidade.

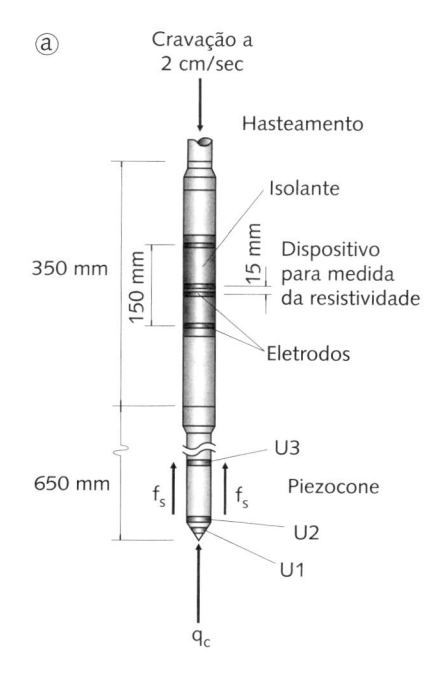

Fig. 8.2 *Piezocone de resistividade: (a) desenho esquemático; (b) disposição dos eletrodos*
Fonte: Mondelli, 2003.

8.2 Monitoramento de aterros de resíduos

O aterro de resíduos pode ser considerado uma obra de terra, para a qual é necessário controle sistemático da estabilidade estrutural. Rupturas em aterros de resíduos têm ocorrido com frequência em razão do projeto ou da operação inadequada, em parte em virtude do conhecimento insuficiente sobre o comportamento geotécnico de resíduos e os materiais de construção utilizados.

Ademais, em virtude de sua finalidade intrínseca, que é dispor adequadamente materiais que podem provocar danos ao meio ambiente, é também essencial a contínua avaliação do impacto ambiental do aterro de resíduos no próprio local e nas regiões circunvizinhas.

O monitoramento geotécnico e ambiental tem a função de fornecer informações para o controle, respectivamente, da estabilidade estrutural e do impacto ambiental do aterro de resíduos. É também útil para o avanço do conhecimento sobre o comportamento geotécnico e ambiental dos resíduos e dos materiais utilizados na construção dos diversos sistemas componentes do aterro de resíduos.

O monitoramento também pode ter o propósito de caracterizar a situação atual de um local de disposição de resíduos para transformá-lo em um aterro, segundo os requisitos desejados, e/ou recuperar áreas contaminadas. Nesse caso, são elaborados programas de investigação *in situ* e campanhas de ensaios de laboratório com amostras coletadas no campo, para diagnosticar a contaminação, obter parâmetros de projeto e avaliar alternativas de remediação.

O monitoramento dos aterros de resíduos geralmente compreende: inspeção visual para buscar indícios de erosões, trincas ou cavidades; medição de recalques e deslocamentos horizontais, de pressões de percolado e gases, da pluviometria, de vazões de percolado coletadas pelo sistema de drenagem do revestimento de fundo, e análise química de amostras de água coletadas nos poços de monitoramento.

8.3 Monitoramento em obra de remediação

O monitoramento geoambiental em obras de remediação visa verificar a eficiência da solução de remediação adotada. A partir do diagnóstico de contaminação e do projeto de remediação, são construídos poços de monitoramento e selecionados outros pontos de controle para coleta de amostras de solo, ar, gases do solo, águas superficiais, plantas e outros, conforme tenham sido identificados os receptores, caminhos e vias de exposição na análise de risco.

Para casos de atenuação natural monitorada, a auscultação é fundamental para avaliar a própria aceitabilidade da técnica. Com base no diagnóstico de contaminação e na modelagem matemática da composição e velocidade de avanço da pluma de contaminação, são traçados cenários que devem ser confrontados continuamente com os resultados do monitoramento para decidir se o desempenho da atenuação natural monitorada é adequado para a meta de remediação de um local.

O projeto de monitoramento em obras de remediação é desenvolvido para cada caso, pois decorre do diagnóstico de contaminação e das características hidrogeológicas e climáticas de cada local. Os elementos do monitoramento, porém, não diferem dos já mencionados no monitoramento de aterros sanitários, tratando-se basicamente de coleta de amostras e realização de análises químicas, com frequência determinada no projeto com base na modelagem matemática, na análise de risco ou nas exigências das regulamentações ambientais vigentes.

A análise dos resultados do monitoramento, contudo, não é tarefa simples. Como lembram Mello e Azambuja (2003), além da dificuldade de a modelagem matemática representar adequadamente a heterogeneidade do subsolo, há a própria limitação no estágio atual de conhecimentos da Geotecnia Ambiental sobre a variedade de processos físicos, químicos e biológicos que podem ocorrer com os contaminantes no subsolo, alguns bastante distantes do universo geotécnico. A presença de um microrganismo que utilize um dos contaminantes em seu metabolismo, modificando concentrações e características do meio, tais como pH ou temperatura, pode acarretar uma evolução das concentrações das substâncias monitoradas ao longo do tempo diferente do esperado.

Geralmente, o monitoramento ainda é um recurso para indicar o término do tratamento, por ter se atingido as metas e concentrações específicas. Porém, ao mesmo tempo em que avançam os conhecimentos relativos aos processos de contaminação e descontaminação dos solos, as técnicas de amostragem e os aparelhos amostradores também têm evoluído.

O desenvolvimento dos ensaios não intrusivos, como os métodos geofísicos, e o aumento da versatilidade da técnica de piezocone resistivo têm resultado no emprego cada vez mais frequente da prospecção geofísica na investigação ambiental para diagnóstico de contaminação. Esses ensaios também têm um grande potencial de utilização na investigação para monitoramento geoambiental.

8.4 Monitoramento geotécnico

O sistema de monitoramento geotécnico consiste geralmente no controle de deslocamentos verticais (recalques) e horizontais, por meio de marcos superficiais, placas de recalque e inclinômetros; controle dos níveis de percolado e pressões de gases por meio de piezômetros; e controle de vazões drenadas de percolado por medidores de vazão. A frequência das medições e da inspeção visual é geralmente definida em projeto, e os dados são apresentados em relatórios periódicos, geralmente mensais. A partir desses dados, é realizada a análise de estabilidade e de recalques para garantir a integridade do aterro durante sua vida útil e após o encerramento. Adicionalmente, o monitoramento de gases é fundamental para seu tratamento ou aproveitamento energético, enquanto a análise de recalques permite prever o eventual prolongamento da vida útil do aterro.

Esquemas ilustrativos de monitoramento geotécnico composto de marcos superficiais e piezômetros estão apresentados nas Figs. 8.3 e 8.4, respectivamente, em perspectiva e em corte.

Não existe ainda uma norma brasileira para a avaliação da estabilidade de um maciço sanitário com base na instrumentação de campo. A norma brasileira de Estabilidade de Taludes NBR-11682 (ABNT, 1991) indica modelos, critérios e limites de avaliação para julgamento do comportamento de maciços terrosos com base na instrumentação. A grandeza, a distribuição e o modo de ocorrência de deslocamentos horizontais, recalques e pressões neutras nos maciços sanitários, porém, são diferentes daqueles que ocorrem em maciços terrosos.

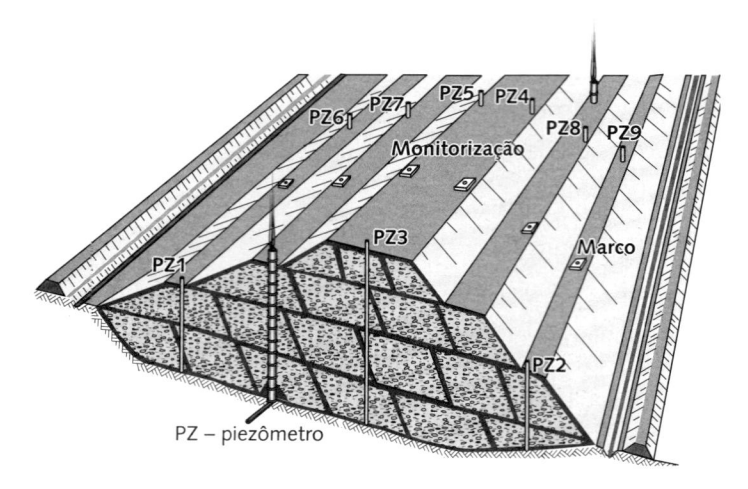

Fig. 8.3 *Monitoramento geotécnico de aterro sanitário*
Fonte: IPT, 2000.

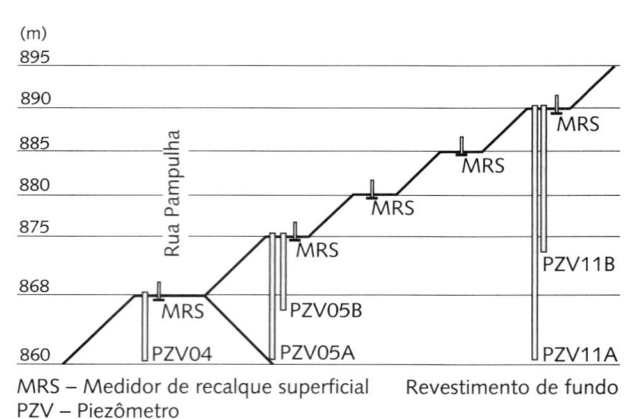

Fig. 8.4 *Seção monitorada da central de tratamento de resíduos sólidos da BR-040 em Belo Horizonte, MG*
Fonte: Simões et al., 2006.

Kaimoto e Abreu (1999) propuseram uma metodologia para a avaliação da estabilidade dos maciços sanitários com base no monitoramento geotécnico, cujos procedimentos são:

* estabelecimento de parâmetros iniciais de resistência, com base na observação de eventos significativos;
* estabelecimento de um modelo inicial de comportamento mecânico, considerando-se os processos e as etapas operacionais, e a geração e a distribuição das pressões neutras;
* verificação das condições de estabilidade, mediante essas hipóteses;
* implantação sequencial de instrumentos de medição das pressões neutras e de deslocamentos;
* inserção, iterativa e sequencial, dos dados de monitoramento ao modelo e às análises efetuadas, procedendo-se ao reposicionamento e ajustes necessários; e
* análise conjunta do comportamento teórico e de campo.

Na análise de estabilidade dos taludes do aterro sanitário, geralmente determinam-se o fator de segurança e o círculo crítico com programas computacionais usuais da Geotecnia, que aplicam métodos de equilíbrio limite, como o de Bishop Simplificado ou de Spencer. Na entrada de dados são empregadas leituras dos piezômetros; caso a densidade e a resistência ao cisalhamento da massa de resíduos também tenham sido monitoradas, utilizam-se os resultados de campo na análise de estabilidade.

Controle de recalques e deslocamentos horizontais

Marco superficial é um elemento pré-moldado de concreto com um pino de metal engastado na face superior, instalado na superfície do aterro, conforme apresentado na Fig. 8.5. Acompanhando seu deslocamento sabe-se da movimentação do aterro naquele ponto.

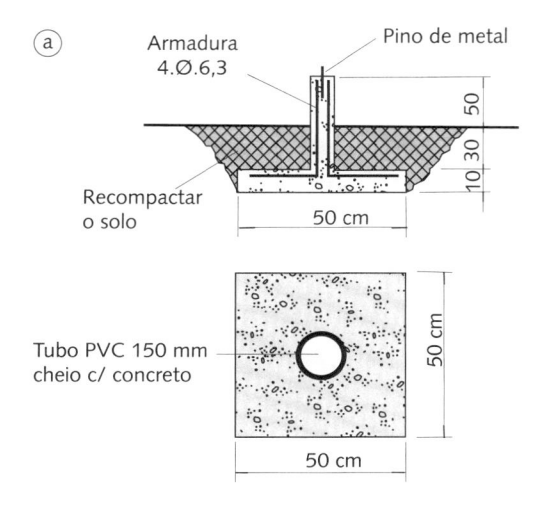

Fig. 8.5 Marco superficial:
(a) esquema ilustrativo;
(b) antes da instalação;
(c) e (d) após instalação
Fontes: (a) Grassi, 2005; (b), (c) e (d) Abreu, 2000; Monteiro et al., 2006.

O levantamento topográfico de cota e das coordenadas pode ser feito com teodolito, nível de precisão ou estação total (GPS – *Globe Positioning System*), geralmente com periodicidade semanal.

O deslocamento vertical ou recalque é a diferença entre os valores da cota atual e da inicial (recalque total) ou entre os valores da cota atual e a da última leitura (recalque parcial). O deslocamento horizontal é calculado com as leituras das coordenadas Este e Norte. A velocidade de deslocamentos é a razão entre um deslocamento parcial e o número de dias transcorridos entre as duas leituras. Um exemplo de planilha de cálculo de recalques é apresentado na Tab. 8.1, enquanto a Fig. 8.6 ilustra o deslocamento total observado em um marco superficial.

A título de exemplo, o deslocamento vertical total no dia 10/8/2005 do marco MS-01 é igual ao deslocamento vertical total obtido na última medição, -25,330 cm, acrescido do deslocamento vertical parcial obtido entre os dias 3/8/2005 e 10/8/2005, +0,070 cm, resultando -25,260 cm. A velocidade de deslocamento vertical do marco MS-01 entre os dias 3/8/2005 e 10/8/2005 é calculada pela diferença entre os deslocamentos totais medidos nesses dois dias, respectivamente -25,330 cm e -25,260 cm, dividida pelos sete dias decorridos entre as duas leituras.

Tab. 8.1 LEITURAS DE MARCOS SUPERFICIAIS

					\multicolumn{4}{c	}{Deslocamento}		
		\multicolumn{3}{c	}{Coordenadas}	\multicolumn{2}{c	}{Horizontal}	\multicolumn{2}{c	}{Vertical}	\multicolumn{2}{c	}{Velocidade}

Marco	Data	Norte (m)	Este (m)	Cota (m)	Parcial (cm)	Total (cm)	Parcial (cm)	Total (cm)	Horiz. (cm/dia)	Vertical (cm/dia)
	3/8/2005	7.410.326,370	340.873,108	769,126	1,122	16,771	-0,270	-25,330	0,160	0,039
	10/8/2005	7.410.326,371	340.873,100	769,126	0,813	16,310	0,070	-25,260	0,116	0,010
MS-01	17/8/2005	7.410.326,371	340.873,104	769,124	0,473	16,496	-0,210	-25,470	0,068	0,030
	24/8/2005	7.410.326,370	340.873,109	769,122	0,500	16,860	-0,230	-25,700	0,071	0,033
	31/8/2005	7.410.326,368	340.873,103	769,120	0,657	16,669	-0,190	-25,890	0,094	0,027

Fonte: modificado de Grassi, 2005.

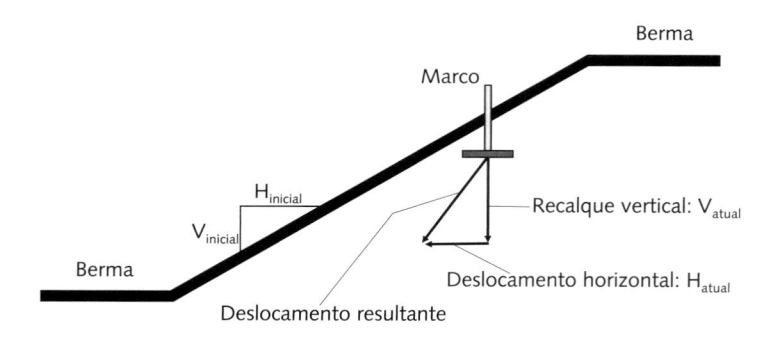

Fig. 8.6 Deslocamento de um marco superficial

No caso de taludes e maciços terrosos, tem-se como referência valores característicos de deslocamentos e velocidades de deslocamento para diferentes graus de risco, conforme a Tab. 8.2, extraída da norma brasileira NBR-11682, Estabilidade de Taludes (ABNT, 1991). Esses valores resultam do diagnóstico de um grande número de casos analisados, sob domínio das características intrínsecas da região (no caso da Tab. 8.2, da Região Sudeste).

Tab. 8.2 MOVIMENTOS DE MASSA PARA MACIÇOS DE SOLO

Grau de risco	Deslocamento característico (cm)		Velocidade característica média (mm/dia)	
	HORIZONTAL	VERTICAL	HORIZONTAL	VERTICAL
alto	> 20	> 10	> 20	> 20
médio	5 a 20	2 a 10	1 a 20	1 a 20
baixo	< 5	< 2	< 1	< 1

Fonte: ABNT, 1991.

Não há ainda referências semelhantes para aterros sanitários, que, ademais, apresentam particularidades em relação aos maciços de solo: os deslocamentos verticais e horizontais são muito superiores aos dos maciços de solo, sem por isso indicar instabilidade; variam significativamente com o tempo, o carregamento, a espessura e o grau de decomposição do maciço sanitário.

O estabelecimento de critérios de análise tem sido feito geralmente em função do histórico de dados do aterro sanitário e da experiência anterior da empresa responsável pelo monitoramento. Por exemplo, um resumo do histórico de dados do Aterro Sanitário Bandeirantes, em São Paulo, está apresentado a seguir, compreendendo recalques específicos (Fig. 8.7a), velocidades de recalque (Fig. 8.7b) e velocidades de deslocamento horizontal (Fig. 8.8) ao longo do tempo. Os respectivos valores mínimos e máximos encontram-se na Tab. 8.3, observando-se que não foi registrado nenhum comportamento anômalo com respeito à estabilidade dos taludes monitorados.

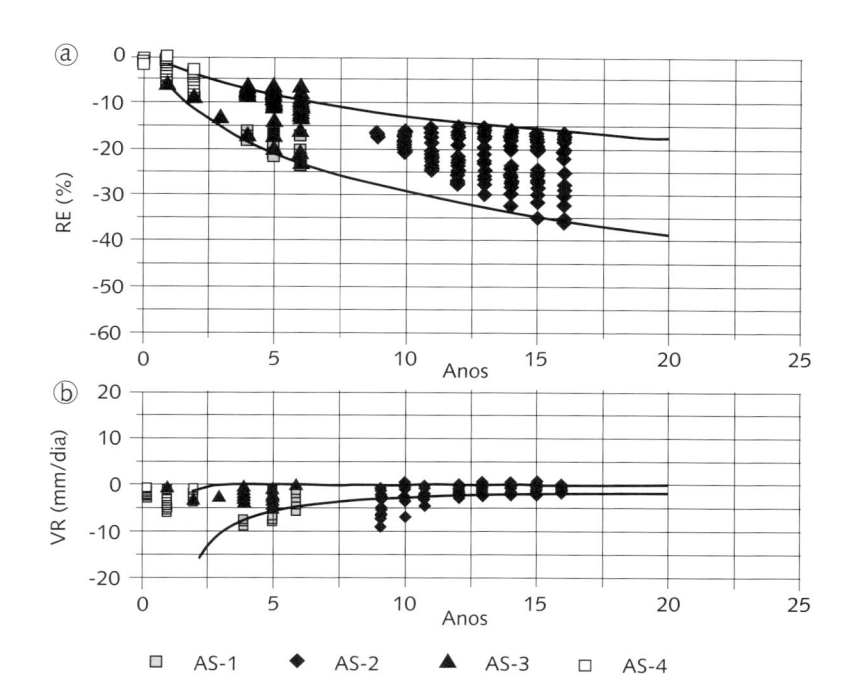

Fig. 8.7 *Envoltórias de valores médios de recalques: (a) recalque específico; (b) velocidade de recalque*
Fonte: Boscov e Abreu, 2000.

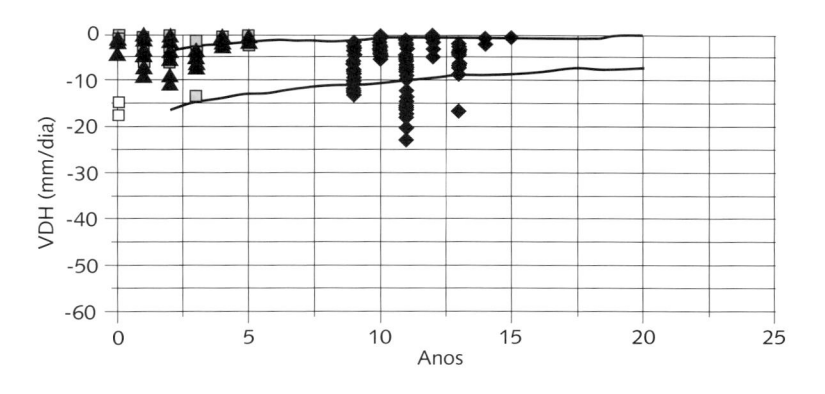

Fig. 8.8 *Envoltória de valores médios para velocidade de deslocamento horizontal*
Fonte: Boscov e Abreu, 2000.

Tab. 8.3 Valores mínimos e máximos do histórico de dados do Aterro Sanitário Bandeirantes

Tempo (anos)	RE (%)		VR (mm/dia)		VDH (mm/dia)	
	MÍN.	MÁX.	MÍN.	MÁX.	MÍN.	MÁX.
1	0	7	1,0	14,0	9,0	15,0
5	3	22	-2,0	5,0	4,5	11,0
10	4	32	-3,0	2,5	2,0	9,5
15	6	38	-4,0	2,0	1,0	7,0

RE – recalque específico; VR – velocidade de recalque; VDH – velocidade de deslocamento horizontal
Fonte: Boscov e Abreu, 2000.

Outro exemplo semelhante de critérios para a análise de velocidades de deslocamento consta no Quadro 8.2, para o Aterro Sanitário CDR Pedreira, em São Paulo.

Quadro 8.2 Critérios para velocidades de deslocamento no Aterro CDR Pedreira

Nível de alerta	Velocidade de deslocamento horizontal e vertical (cm/dia)	Periodicidade recomendada para as leituras	Critérios de decisão e ações preventivas
1	Menor que 0,25	Semanal	Aceitável
2	Entre 0,25 e 1,0	Dois dias	Verificação *in situ* de eventuais problemas
3	Entre 1,0 e 4,0	Diária	Verificação *in situ* e intervenções localizadas
4	Entre 4,0 e 14,0	Diária	Paralisação imediata das operações no aterro e intervenções localizadas
5	Maior que 14,0	Diária	Declaração de estado de alerta, paralisação imediata das operações, acionamento da defesa civil para as providências cabíveis

Fonte: adaptado de Grassi, 2005.

A Fig. 8.9 apresenta um exemplo de medidas de deslocamento vertical para um marco superficial do Aterro CDR Pedreira, São Paulo. Os dados obtidos são o deslocamento vertical parcial, o deslocamento vertical total e a velocidade de deslocamento vertical. Confrontando-se os valores obtidos com os níveis de alerta, observa-se que a velocidade de deslocamento vertical está bem abaixo do nível de alerta 1.

Na análise dos dados, são considerados os comportamentos individuais de cada marco e o geral do aterro. As ocorrências de nível de alerta acima de 1 são verificadas *in situ*, para excluir erros de leitura e decidir sobre a necessidade de realizar intervenções.

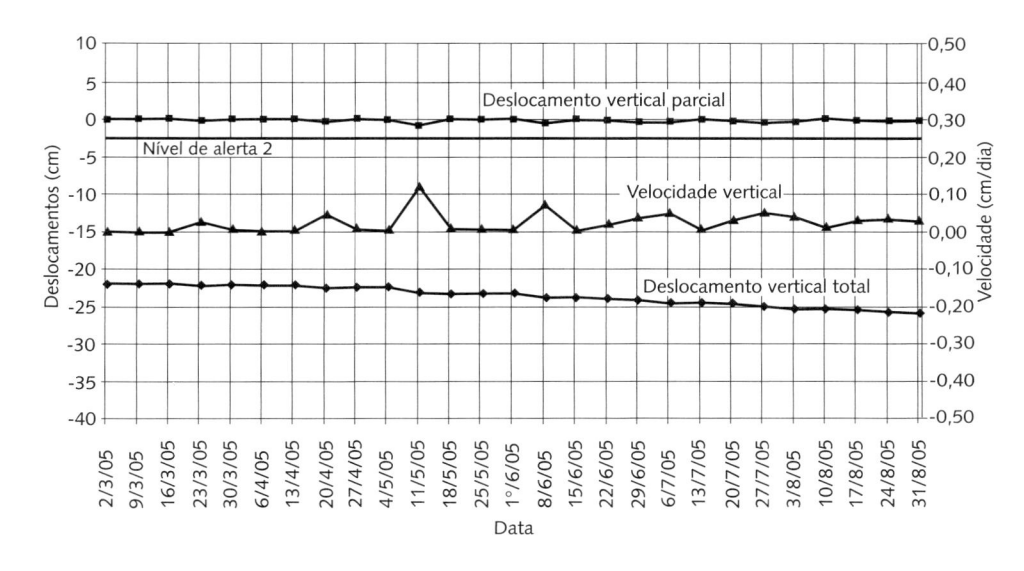

Fig. 8.9 *Deslocamentos verticais de um marco superficial*
Fonte: Grassi, 2005.

Para utilizar critérios como os das Tabs 8.2 e 8.3 em outros aterros sanitários, deve-se lembrar que a cada aterro sanitário correspondem características próprias para o desenvolvimento de recalques, deslocamentos horizontais e respectivas velocidades. Fatores de grande influência são a geometria do aterro, a composição dos resíduos, o clima e os sistemas de drenagem implementados.

Os marcos superficiais permitem, portanto, o controle dos deslocamentos verticais e horizontais superficiais. Adicionalmente, os recalques e os deslocamentos horizontais em profundidade também podem ser monitorados. Os deslocamentos horizontais são geralmente medidos por inclinômetros (Fig. 8.10). Estes consistem em um conjunto de segmentos de tubos plásticos ou de alumínio, montados por meio de luvas telescópicas em uma posição vertical ou ligeiramente inclinada em relação à vertical. Os tubos têm dois pares de ranhuras diametralmente opostas, que servem de guia para o torpedo, onde se localiza o sensor que realiza as leituras. A instalação do inclinômetro pode ser feita em um furo de sondagem, cuja base deve estar em uma camada indeformável ou não afetada pelo carregamento de superfície, preenchendo-se o espaço entre os tubos e o furo com uma mistura de solo, cimento e bentonita. À medida que o aterro é elevado, novos tubos vão sendo emendados.

Existem diversos instrumentos para leitura de recalques em profundidade: magnético, KM, telescópico, hidrostático, entre outros.

Uma mudança brusca nos recalques em alguma cota poderia indicar o início de uma instabilização da massa de resíduos. O monitoramento permite que se tomem ações reparadoras e preventivas antes que seja deflagrado um processo de ruptura.

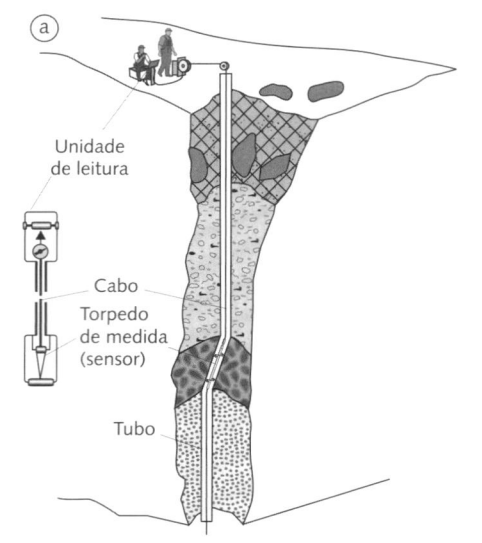

Fig. 8.10 *Inclinômetro para medição de movimentos internos do maciço: (a) esquema de utilização; (b) torpedos com sensor; (c) tubos com ranhuras; (d) seção transversal do tubo com o torpedo; (e) princípio de funcionamento*
Fontes: (a) Aguiar et al, 2005., (b) DGSI, 2007; Lumans, 2007; (c) Lumans, 2007.

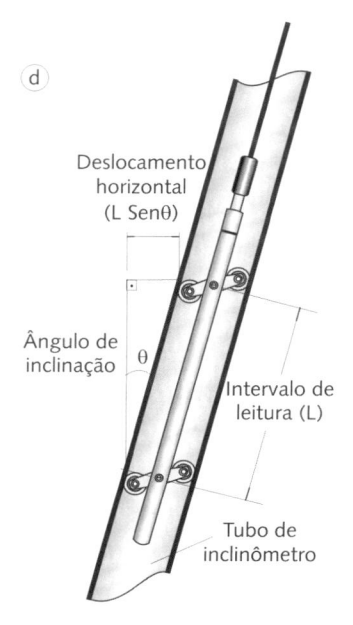

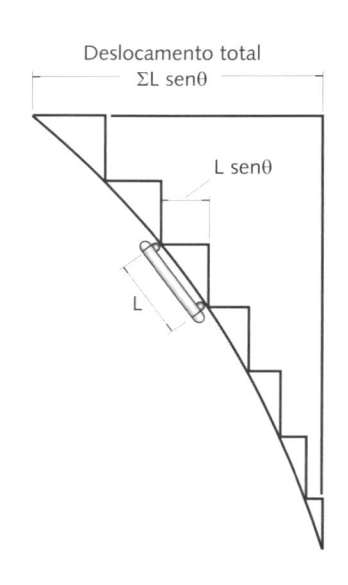

Controle de pressões neutras e níveis de percolado

As medidas de pressões neutras no interior das células são feitas com piezômetros e medidores de nível d'água, geralmente com periodicidade semanal. Na Fig. 8.11, são apresentados esquemas ilustrativos do piezômetro tipo Casagrande, o mais simples e utilizado deles, e do medidor de nível d'água.

O medidor de nível d'água é constituído de um tubo perfurado colocado em um furo no solo. O espaço entre o tubo e a parede do furo é preenchido com material drenante em todo o seu comprimento, com exceção da região próxima à extremidade superior, onde se utiliza um material impermeável para evitar interferências da superfície do terreno. A água subterrânea atravessa o material drenante e penetra no tubo pelos furos, estabilizando-se em relação ao nível freático como um vaso comunicante: a cota da superfície da água no furo coincide com o nível d'água

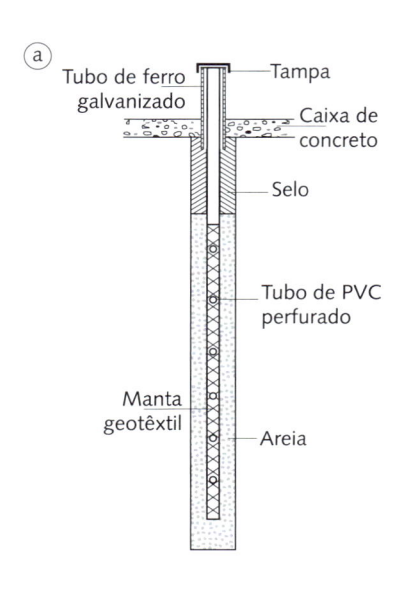

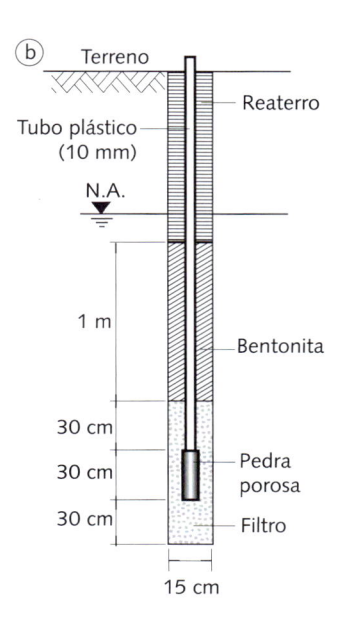

Fig. 8.11 *Medidas de pressão neutra e nível d'água: (a) medidor de nível d'água; (b) piezômetro Casagrande com ponta porosa*

subterrâneo. A leitura do nível d'água dentro do tubo é feita por sua extremidade superior.

O piezômetro tipo Casagrande é constituído de um tubo colocado em um furo no solo até a profundidade onde se deseja medir a pressão neutra. A extremidade inferior do tubo, onde é feita a medição, pode ser perfurada ou constituída por uma pedra porosa cerâmica e envolvida por material drenante. No restante do comprimento do tubo, o espaço entre o tubo e o furo é preenchido com material impermeável. A leitura do nível d'água dentro do tubo, como no medidor do nível d'água, é feita pela extremidade superior do tubo.

O topo do piezômetro ou do medidor de nível d'água deve ser protegido, com tampa, contra intempéries, vandalismo e acesso não permitido.

Para medir as pressões neutras em níveis diferentes, quando há um estrato impermeável no subsolo, podem ser instalados piezômetros de diferentes comprimentos no mesmo furo. Na Fig. 8.12, são mostrados piezômetros simples e de câmara dupla. Nesta figura pode-se observar a caixa de proteção do piezômetro na superfície do terreno. Os poços onde

Fig. 8.12 *Piezômetros: (a) simples; (b) câmara dupla (c) sensor indicador de nível d'água*
Fontes: (a) Monteiro et al., 2006; (b) Kaimoto et al., 2006; (c) DGSI, 2007.

se localizam medidores de nível d'água e piezômetros são fechados para proteger contra as intempéries e o vandalismo.

A medição do nível d'água também está ilustrada. O indicador de nível d'água é introduzido no piezômetro, e a mangueira vai sendo desenrolada até que seja emitido um sinal, o que ocorre quando a ponteira atinge a superfície da água. O comprimento da mangueira necessário para a obtenção do sinal indica a profundidade do nível d'água dentro do piezômetro.

Nos aterros sanitários, podem ocorrer diversos níveis de percolado ao longo da profundidade, em razão da configuração em células estanques sobrepostas. As pressões neutras de gás e percolado, em uma célula, independem das células adjacentes, dada a separação pela cobertura intermediária. A hipótese de variação linear da pressão neutra com a profundidade, geralmente utilizada nas análises de estabilidade, não representa de forma adequada a distribuição de pressões neutras de percolado dentro de um maciço sanitário. A interpretação das leituras dos piezômetros é bastante complexa; não raramente, bolsões de gás aprisionados nas células drenam para a atmosfera pelo tubo do piezômetro durante a medição, fazendo o percolado jorrar e inutilizando, portanto, a leitura.

Sistema de drenagem de percolado

Munnich e Bauer (2006) observaram que algumas das maiores catástrofes em aterros sanitários ocorridas na última década (Quadro 8.3), com rupturas envolvendo grandes volumes, foram causadas por um alto grau de saturação do maciço sanitário, decorrente da combinação de chuvas fortes com sistema de drenagem inexistente ou insuficiente, e pela compactação insuficiente dos resíduos, entre outros fatores.

Essas causas de ruptura indicam a importância do funcionamento do sis-

Quadro 8.3 CATÁSTROFES EM ATERROS SANITÁRIOS NA ÚLTIMA DÉCADA

Ano	Local	Causa da ruptura	Volume deslocado
1997	Bogotá, Colômbia	Pressões neutras decorrentes da recirculação de chorume	800×10^3 m³
1997	Durban, África do Sul	Pressões neutras decorrentes da co-disposição de efluentes	160×10^3 m³
2000	Manila, Filipinas	Ruptura por cisalhamento após chuvas fortes	$13 - 16 \times 10^3$ m³
2005	Bandung, Indonésia	Ruptura mecânica causada por fogo e chuvas fortes	2.700×10^3 m³

Fonte: Munnich e Bauer, 2006.

tema de drenagem de percolado na estabilidade da massa de resíduos. O monitoramento do sistema de drenagem geralmente é feito indiretamente, pela análise das pressões neutras de percolado na massa de resíduos e da vazão de percolado. Esta, por sua vez, é geralmente medida apenas no ponto de descarga do tubo coletor no reservatório de percolado, fornecendo informações sobre o sistema de drenagem de percolado todo. Na Alemanha, a regulamentação exige a distribuição de tubos coletores com comprimento máximo de 400 m e espaçamento máximo entre tubos de 30 m no revestimento de fundo; portanto, a medida de vazão de cada tubo coletor refere-se a uma área de 12.000 m², o que, dependendo da altura do aterro, pode representar um grande volume de resíduos.

Munnich e Bauer (2006), considerando que o ideal seria medir o volume coletado de percolado em qualquer ponto do sistema de drenagem, desenvolveram um aparelho para ser utilizado em aterros concluídos ou em operação, que permite o monitoramento de tubos até então inacessíveis. Trata-se de uma câmara acoplada a sistemas de medição de vazão, temperatura e condutividade elétrica, que pode percorrer o interior de um tubo coletor (Fig. 8.13). As investigações realizadas pelos autores desde 2000 em um aterro mostraram que a distribuição das vazões de percolado no sistema de drenagem do revestimento de fundo é muito irregular, não só comparando diferentes tubos, mas também diferentes trechos ao longo de um único tubo.

Os autores também desenvolveram um aparelho para medição contínua de vazão e qualidade do percolado para tubos coletores no ponto de descarga. A Fig. 8.14 apresenta os resultados medidos em um tubo coletor ao longo do tempo.

Fig. 8.13 *Aparelho para monitoramento do sistema de drenagem de percolado*
Fonte: Munnich e Bauer, 2006.

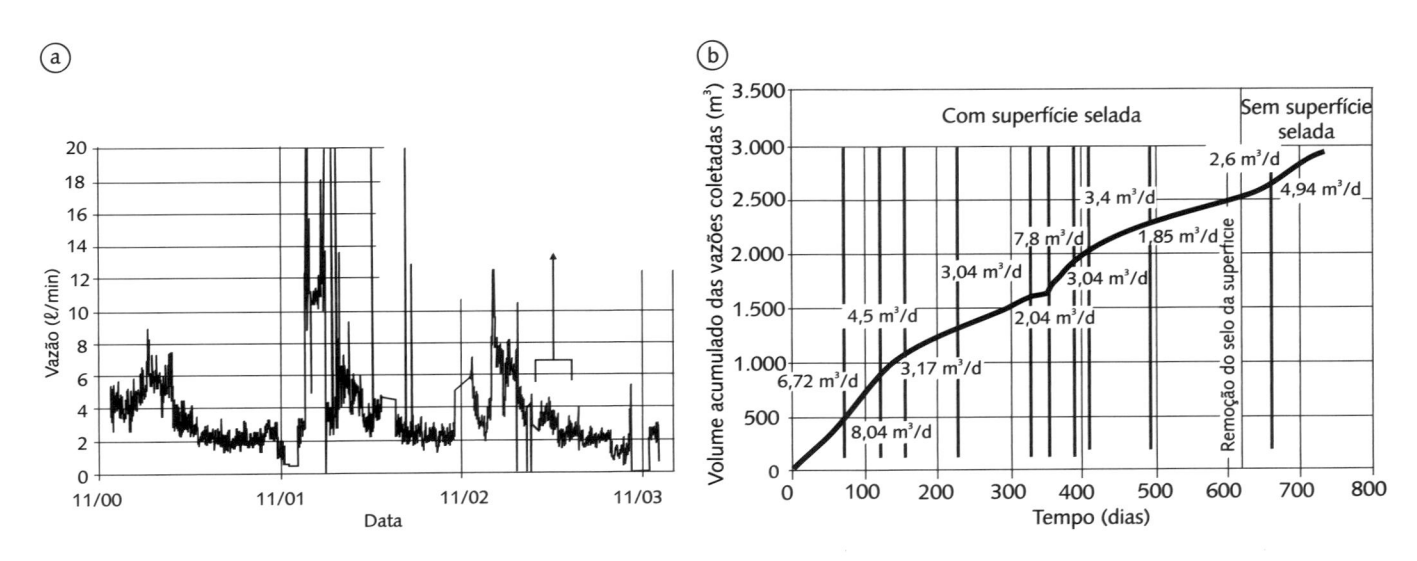

Fig. 8.14 *Medição contínua em tubo coletor de percolado: (a) vazões; (b) valores das vazões acumuladas*
Fonte: Munnich e Bauer, 2006.

Outras medições

Outras medições no monitoramento geotécnico de aterros sanitários, menos usuais, são:

* tensões totais com células de carga para estimar a densidade dos resíduos;
* prova de carga para determinar parâmetros de resistência e deformabilidade;
* permeabilidade do revestimento de base, cobertura e resíduos com o permeâmetro Guelph (Fig. 8.15a);
* permeabilidade dos resíduos por meio de ensaio de perda de água em furo de sondagem;
* permeabilidade dos resíduos com o percâmetro (Figs. 8.15b, c);
* sondagem a percussão (*Standard Penetration Test* – SPT);
* ensaio de penetração de cone (*Cone Penetration Test* – CPT).

8.5 Monitoramento ambiental

Fig. 8.15 *Ensaios de permeabilidade:*
(a) permeâmetro Ghelph;
(b) e (c) percâmetro instalado no campo
Fontes: Carvalho, 2006; Mahler e Carvalho, 2004.

O monitoramento ambiental consiste geralmente no controle da qualidade da água subterrânea, da qualidade de águas superficiais, da poluição do ar e da pluviometria.

Para o controle das águas subterrâneas, são coletadas amostras de poços de monitoramento, mensalmente ou a cada dois ou três meses. Geralmente com a mesma frequência, são coletadas amostras de corpos d'água a montante e a jusante do aterro. A pluviometria, também importante para o monitoramento geotécnico, em geral, é medida diariamente.

Podem também fazer parte do monitoramento ambiental o controle dos vetores propagadores de doenças, a análise físico-química do percolado e a caracterização da composição dos resíduos.

A Fig. 8.16 mostra a coleta de amostras de um curso d'água e do reservatório de percolado, e a Fig. 8.17, o controle da pluviometria.

Fig. 8.16 *Coleta de amostras: (a) curso d'água; (b) reservatório de percolado*
Fonte: Monteiro, 2006.

Poços para monitoramento do aquífero

Os poços de monitoramento permitem a coleta de amostras de águas subterrâneas para análise química em laboratório, a medida da pressão piezométrica e a medida da permeabilidade.

A norma brasileira NBR 13895, "Construção de poços de monitoramento e amostragem" (ABNT, 1997), recomenda que a rede de monitoramento do aquífero possua um ou mais poços de montante para avaliar a qualidade original da água subterrânea e pelo menos três poços de jusante não alinhados e dispostos transversalmente ao fluxo subterrâneo de água. Os poços de montante devem ser localizados a uma distância segura de uma eventual difusão de poluentes, e os poços de jusante devem estar próximos à área de disposição para que a pluma de contaminação seja identificada rapidamente.

Fig. 8.17 *Controle da pluviometria*
Fonte: Monteiro, 2006.

Na Fig. 8.18, é apresentado um esquema conceitual da localização dos poços de monitoramento em um aterro de resíduos.

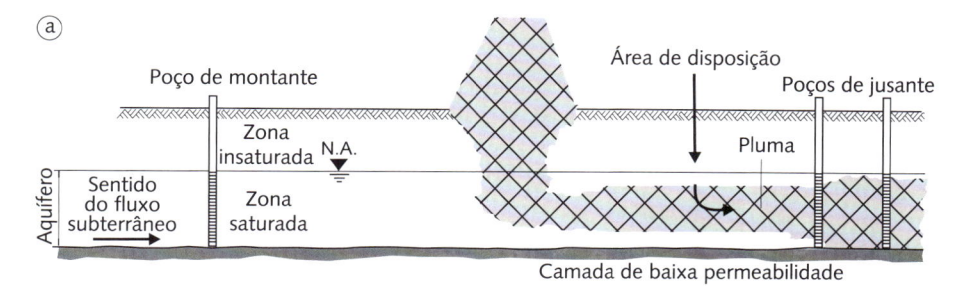

Fig. 8.18 *Localização de poços de monitoramento para controle da qualidade da água subterrânea em aterro de resíduos: (a) corte; (b) planta*
Fontes: (a) Ferrari, 2005; (b) ABNT, 1997.

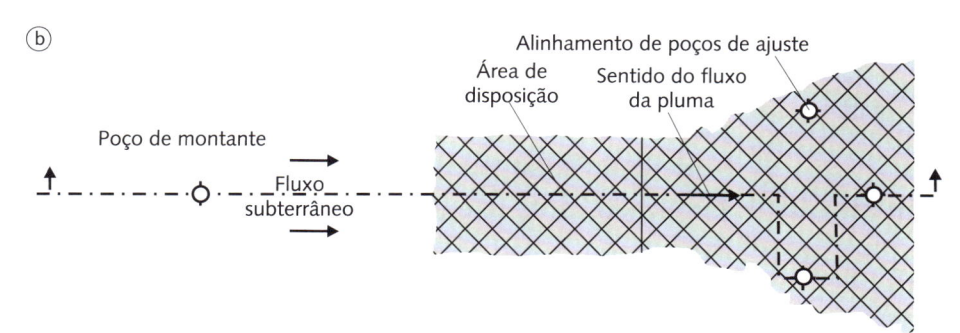

8 Investigação e monitoramento geoambiental

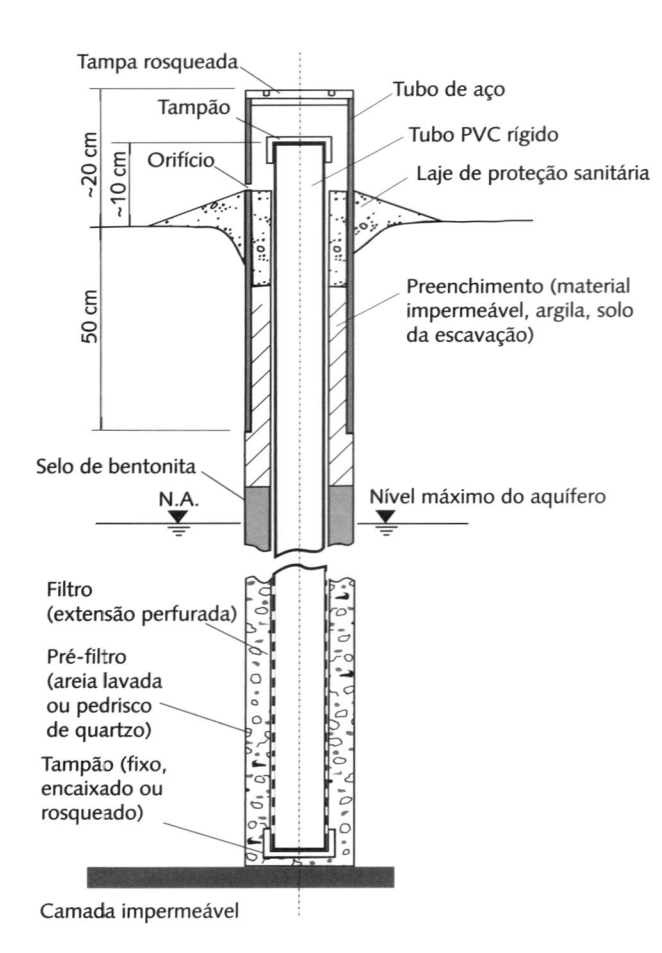

Fig. 8.19 *Perfil esquemático de um poço de monitoramento*
Fonte: Cetesb, 1999.

Fig. 8.20 *Coleta de amostras em poço de monitoramento*

O plano de monitoramento compreende estabelecer o número e a localização dos poços de monitoramento em função das características hidrogeológicas do local e do tamanho do aterro, selecionar os parâmetros a serem monitorados, especificar os procedimentos para coleta e preservação das amostras, avaliar os valores naturais dos parâmetros (brancos ou *background*) e indicar a frequência de amostragem.

Os poços de monitoramento são constituídos de revestimento interno, filtro, pré-filtro, proteção sanitária, tampão, caixa de proteção, selo, preenchimento e guias centralizadoras, conforme esquematizado na Fig. 8.19.

Os procedimentos para coleta e preservação de amostras de água subterrânea, assim como uma lista dos parâmetros a serem monitorados, constam na norma NBR 13896 (ABNT, 1997). Na Fig. 8.20, observa-se a coleta de amostra em um poço de monitoramento.

A Companhia de Tecnologia de Saneamento Ambiental do Estado de São Paulo adota a lista de valores orientadores de qualidade, prevenção e intervenção de 84 substâncias para solos e águas subterrâneas (Cetesb, 2005) apresentada na Tab. 8.4.

Os limites para a contaminação de solo estão expressos em massa de poluente por massa seca de solo (mg/kg), e para contaminação da água como massa de poluente por volume de água (mg/ℓ ou µg/ℓ).

A definição da Cetesb (2005) para os valores orientadores é:

✶ Valor de Referência de Qualidade (VRQ) é a concentração de determinada substância no solo ou na água subterrânea que define um solo como limpo ou a qualidade natural da água subterrânea. É estabelecido por interpretação estatística de resultados de análises físico-químicas de amostras de diversos tipos de solos e amostras de águas subterrâneas de diferentes aquíferos do Estado de São Paulo. Deve ser utilizado como referência nas ações de prevenção da poluição do solo e das águas subterrâneas e de controle de áreas contaminadas.

Tab. 8.4 Valores orientadores para solos e águas subterrâneas estabelecidos para o Estado de São Paulo

Substância	CAS N°	Solo (mg.kg^{-1} de peso seco)$^{(1)}$					Água subterrânea (μg.ℓ^{-1})
		Ref. qualidade	Prevenção	Intervenção			
				Agrícola APM$_{AX}$	Residencial	Industrial	Intervenção
Inorgânicos							
Alumínio	7429-90-5	—	—	—	—	—	200
Antimônio	7440-36-0	< 0,5	2	5	10	25	5
Arsênio	7440-38-2	3,5	15	35	55	150	10
Bário	7440-39-3	75	150	300	500	750	700
Boro	7440-42-8	—	—	—	—	—	500
Cádmio	7440-48-4	< 0,5	1,3	3	8	20	5
Chumbo	7440-43-9	17	72	180	300	900	10
Cobalto	7439-92-1	13	25	35	65	90	5
Cobre	7440-50-8	35	60	200	400	600	2.000
Cromo	7440-47-3	40	75	150	300	400	50
Ferro	7439-89-6	—	—	—	—	—	300
Manganês	7439-96-5	—	—	—	—	—	400
Mercúrio	7439-97-6	0,05	0,5	12	36	70	1
Molibdênio	7439-98-7	< 4	30	50	100	120	70
Níquel	7440-02-0	13	30	70	100	130	20
Nitrato (como N)	797-55-08	—	—	—	—	—	10.000
Prata	7440-22-4	0,25	2	25	50	100	50
Selênio	7782-49-2	0,25	5	—	—	—	10
Vanádio	7440-62-2	275	—	—	—	—	—
Zinco	7440-66-6	60	300	450	1.000	2.000	5.000
Hidrocarbonetos aromáticos voláteis							
Benzeno	71-43-2	na	0,03	0,06	0,08	0,15	5
Estireno	100-42-5	na	0,2	15	35	80	20
Etilbenzeno	100-41-4	na	6,2	35	40	95	300
Tolueno	108-88-3	na	0,14	30	30	75	700
Xilenos	1330-20-7	na	0,13	25	30	70	500
Hidrocarbonetos policíclicos aromáticos$^{(2)}$							
Antraceno	120-12-7	na	0,039	—	—	—	—
Benzo(a) antraceno	56-55-3	na	0,025	9	20	65	1,75
Benzo(k) fluoranteno	207-06-9	na	0,38	—	—	—	—
Benzo(g,h,i) perileno	191-24-2	na	0,57	—	—	—	—
Benzo(a) pireno	50-32-8	na	0,052	0,4	1,5	3,5	0,7
Criseno	218-01-9	na	8,1	—	—	—	—
Dibenzo(a,h) antraceno	53-70-3	na	0,08	0,15	0,6	1,3	0,18
Fenantreno	85-01-8	na	3,3	15	40	95	140
Indeno(1,2,3-c,d) pireno	193-39-5	na	0,031	2	25	130	0,17
Naftaleno	91-20-3	na	0,12	30	60	90	140

Tab. 8.4 VALORES ORIENTADORES PARA SOLOS E ÁGUAS SUBTERRÂNEAS ESTABELECIDOS PARA O ESTADO DE SÃO PAULO (CONTINUAÇÃO)

Substância	CAS Nº	Solo (mg.kg⁻¹ de peso seco)[1]					Água subterrânea (µg.ℓ⁻¹)
		Ref. qualidade	Prevenção	Intervenção			
				Agrícola APMax	Residencial	Industrial	Intervenção
Benzenos clorados[2]							
Clorobenzeno (Mono)	108-90-7	na	0,41	40	45	120	700
1,2-Diclorobenzeno	95-50-1	na	0,73	150	200	400	1.000
1,3-Diclorobenzeno	541-73-1	na	0,39	—	—	—	—
1,4-Diclorobenzeno	106-46-7	na	0,39	50	70	150	300
1,2,3-Triclorobenzeno	87-61-6	na	0,01	5	15	35	(a)
1,2,4-Triclorobenzeno	120-82-1	na	0,011	7	20	40	(a)
1,3,5-Triclorobenzeno	108-70-3	na	0,5	—	—	—	(a)
1,2,3,4-Tetraclorobenzeno	634-66-2	na	0,16	—	—	—	—
1,2,3,5-Tetraclorobenzeno	634-90-2	na	0,0065	—	—	—	—
1,2,4,5-Tetraclorobenzeno	95-94-3	na	0,01	—	—	—	—
Hexaclorobenzeno	118-74-1	na	0,003[3]	0,005	0,1	1	1
Etanos clorados							
1,1-Dicloroetano	75-34-2	na	—	8,5	20	25	280
1,2-Dicloroetano	107-06-2	na	0,075	0,15	0,25	0,50	10
1,1,1-Tricloroetano	71-55-6	na	—	11	11	25	280
Etenos clorados							
Cloreto de vinila	75-01-4	na	0,003	0,005	0,003	0,008	5
1,1-Dicloroeteno	75-35-4	na	—	5	3	8	30
1,2-Dicloroeteno – cis	156-59-2	na	—	1,5	2,5	4	(b)
1,2-Dicloroeteno – trans	156-60-5	na	—	4	8	11	(b)
Tricloroeteno – TCE	79-01-6	na	0,0078	7	7	22	70
Tetracloroeteno – PCE	127-18-4	na	0,054	4	5	13	40
Metanos clorados							
Cloreto de metileno	75-09-2	na	0,018	4,5	9	15	20
Clorofórmio	67-66-3	na	1,75	3,5	5	8,5	200
Tetracloreto de carbono	56-23-5	na	0,17	0,5	0,7	1,3	2
Fenóis clorados							
2-Clorefenol (o)	95-57-8	na	0,055	0,5	1,5	2	10,5
2,4-Diclorofenol	120-83-2	na	0,031	1,5	4	6	10,5
3,4-Diclorofenol	95-77-2	na	0,051	1	3	6	10,5
2,4,5-Triclorofenol	95-95-4	na	0,11	—	—	—	10,5
2,4,6-Triclorofenol	88-06-2	na	1,5	3	10	20	200
2,3,4,5-Tetraclorofenol	4901-51-3	na	0,092	7	25	50	10,5
2,3,4,6-Tetraclorofenol	58-90-2	na	0,011	1	3,5	7,5	10,5
Pentaclorofenol (PCP)	87-86-5	na	0,16	0,35	1,3	3	9
Fenóis não clorados							
Cresóis		na	0,16	6	14	19	175

Tab. 8.4 VALORES ORIENTADORES PARA SOLOS E ÁGUAS SUBTERRÂNEAS ESTABELECIDOS PARA O ESTADO DE SÃO PAULO (CONTINUAÇÃO)

Substância	CAS n°	Solo (mg.kg^{-1} de peso seco)[1]					Água subterrânea (µg.ℓ$^{-1}$)
		Ref. Qualidade	Prevenção	Intervenção			Intervenção
				Agrícola APMax	Residencial	Industrial	
Fenol	108-95-2	na	0,20	5	10	15	140
Ésteres ftálicos							
Dietilexil ftalato (DEHP)	117-81-7	na	0,6	1,2	4	10	8
Dimetil ftalato	131-11-3	na	0,25	0,5	1,6	3	14
Di-n-butil ftalato	84-74-2	na	0,7	—	—	—	—
Pesticidas organoclorados							
Aldrin[2]	309-00-2	na	0,0015[3]	0,003	0,01	0,03	(d)
Dieldrin[2]	60-57-1	na	0,043[3]	0,2	0,6	1,3	(d)
Endrin	72-20-8	na	0,001[3]	0,4	1,5	2,5	0,6
DDT[2]	50-29-3	na	0,010[3]	0,55	2	5	(c)
DDD[2]	72-54-8	na	0,013	0,8	3	7	(c)
DDE[2]	72-55-9	na	0,021	0,3	1	3	(c)
HCH beta	319-85-7	na	0,011	0,03	0,1	5	0,07
HCH-gama (Lindano)	58-89-9	na	0,001	0,02	0,07	1,5	2
PCBs							
Total		na	0,0003[3]	0,01	0,03	0,12	3,5

[1] Procedimentos analíticos devem seguir SW-846, com metodologias de extração de inorgânicos 3050b ou 3051 ou procedimento equivalente.
[2] Para avaliação de risco, deverá ser utilizada a abordagem de unidade toxicológica por grupo de substâncias.
[3] Substância banida pela Convenção de Estocolmo, ratificada pelo Decreto Legislativo n° 204, de 7/5/2004, sem permissão de novos aportes no solo.
na – não se aplica para substâncias orgânicas.
(a) somatório para triclorobenzenos = 20 µg.ℓ$^{-1}$
(b) somatório para 1,2-dicloroeteno = 50 µg.ℓ$^{-1}$
(c) somatório para DDT-DDD-DDE = 2 µg.ℓ$^{-1}$
(d) somatório para Aldrin e Dieldrin = 0,03 µg.ℓ$^{-1}$

Fonte: Cetesb, 2005.

★ Valor de Prevenção (VP) é a concentração de determinada substância acima da qual podem ocorrer alterações prejudiciais à qualidade do solo e da água subterrânea. Esse valor indica a qualidade de um solo capaz de sustentar as suas funções primárias, protegendo-se os receptores ecológicos e a qualidade das águas subterrâneas. Foi determinado para o solo com base em ensaios com receptores ecológicos. Deve ser utilizado para disciplinar a introdução de substâncias no solo; quando ultrapassado, a continuidade da atividade será submetida a nova avaliação, devendo os responsáveis legais pela introdução das cargas poluentes proceder ao monitoramento dos impactos decorrentes.

★ Valor de Intervenção (VI) é a concentração de determinada substância no solo ou na água subterrânea acima da qual existem riscos potenciais, diretos ou indiretos, à saúde humana, considerado um cenário genérico de exposição.

Por exemplo, amostras de solo apresentando 15 mg/kg de mercúrio em uma área agrícola indicam a necessidade de intervenção. Esse valor, entretanto, não seria considerado indicativo de intervenção de uma área residencial ou industrial. Para o cádmio, os limites são mais baixos: 15 mg/kg de cádmio no solo representariam uma situação de intervenção tanto para áreas agrícolas como para residenciais.

Para a água subterrânea, consideraram-se valores de intervenção as concentrações que causam risco à saúde humana listadas na Portaria 518, de 26 de março de 2004, do Ministério da Saúde (MS), complementada com os padrões de potabilidade do Guia da Organização Mundial da Saúde (OMS) de 2004, ou calculadas segundo adaptação da metodologia da OMS utilizada na derivação desses padrões. Em caso de alteração dos padrões da Portaria 518 do MS, os valores de intervenção para águas subterrâneas serão consequentemente alterados. A área será classificada como Área Contaminada sob Investigação quando se constatar a presença de contaminantes no solo ou na água subterrânea em concentrações acima dos Valores de Intervenção, indicando a necessidade de ações para resguardar os receptores de risco.

Para a água subterrânea, observa-se a inexistência de alguns parâmetros importantes na avaliação da contaminação, como DBO, DQO, alcalinidade, condutividade, pH e outros.

Controle da qualidade das águas superficiais

Os parâmetros geralmente determinados para controle de qualidade das águas superficiais são: alcalinidade, dureza, pH, fosfato, nitrogênio, sólidos totais dissolvidos, oxigênio dissolvido, demanda química de oxigênio, demanda bioquímica de oxigênio, cloretos, sulfatos, metais tóxicos (ferro, zinco, cobre, níquel, cromo, cádmio, chumbo), coliformes totais e coliformes fecais.

Para a coleta, conservação e análise das amostras há alguns procedimentos normalizados, por exemplo, os adotados pela Companhia de Saneamento Ambiental do Estado de São Paulo (Cetesb, 2006).

A planilha do Quadro 8.4 exemplifica o relatório anual de resultados de parâmetros e indicadores de qualidade das águas interiores do Estado de São Paulo. No exemplo do Quadro 8.4, as águas do rio Paraíba do Sul apresentaram, entre os dias 25/2/2004 e 8/12/2004, pH dentro da faixa de padrão de águas Classe 1. As concentrações de alumínio e fósforo total estiveram acima dos limites em algumas leituras, assim como as de coliformes.

Quadro 8.4 Relatório de qualidade de águas interiores

Resultados dos parâmetros e indicadores de qualidade das águas							
Código do ponto: 01SP02616JAGJ00200			Classe: 0 – Especial			Ano: 2004	
UGRHI: Paraíba do Sul							
Local: Reservatório do Jaguarí – UGRHI 02 – Ponte na rodovia SP 056 que liga Santa Isabel a Igaratá, no município de Santa Isabel							
Descrição do parâmetro	Unidade	Padrão Conama Classe 1	26/2 2004 11h30	29/4 2004 9h00	23/6 2004 9h20	24/8 2004 11h50	13/10 2004 11h15	8/12 2004 10h50
Parâmetro: Campo							
Chuva 24h	–		Sim	Não	Não	Não	Não	Não
Coloração	–		Amarela	Verde	Verde	Verde	Verde	Verde
pH	U.pH	entre 6 e 9	6,4	6,15	6,31	6,58	6,23	6,34
Temp. Água	°C		20,6	22,7	18	20,3	23,5	25,9
Temp. Ar	°C		20	20	19	21	25	27
Parâmetros: Físico-químicos							
Absorb. no UV	m		0,082	0,068	0,042	0,06	0,042	0,022
Alumínio	mg/ℓ	máximo 0,1	*0,97	< 0,1	*0,2	< 0,06	< 0,06	< 0,06
Cádmio	mg/ℓ	máximo 0,001	i < 0,005	i < 0,005	i < 0,005	i < 0,002	i < 0,002	i < 0,002
Chumbo	mg/ℓ	máximo 0,03	i < 0,1	i < 0,1	i < 0,1	< 0,02	< 0,02	< 0,02
Cloreto total	mg/ℓ		3,2	6	6,6	2,5	1,8	3,5
Cobre	mg/ℓ	máximo 0,02	0,02	< 0,01	< 0,01	< 0,004	< 0,004	< 0,004
COD	mg/ℓ		3,25	3,94	2,81	5,33	4,71	280
Condutividade	µS/cm		52	49	51	34	40	37
Cromo total	mg/ℓ		< 0,01	< 0,01	< 0,01	< 0,002	< 0,002	< 0,002
DBO (5,20)	mg/ℓ	máximo 3	2,1	0,5	0,5	0,3	*3,8	*14
DQO	mg/ℓ		11	< 4	7	< 4	11	36
Fenóis	mg/ℓ	máximo 0,001	< 0,001	< 0,001	< 0,001	i < 0,004	< 0,001	< 0,001
Ferro total	mg/ℓ		1,82	0,26	0,23	0,09	0,18	0,1
Fosf. orto sol.	mg/ℓ		0,01	0,01	0,01	0,01	0,01	0,01
Fósforo total	mg/ℓ	máximo 0,025	0,02	*0,12	0,02	0,01	*0,03	*0,04
Manganês	mg/ℓ	máximo 0,1	0,06	0,01	0,02	0,06	0,03	0,008
Mercúrio	mg/ℓ	máximo 0,0002	< 0,0001	< 0,0001	< 0,0001	< 0,0001	< 0,0001	< 0,0001
N. amoniacal	mg/ℓ		0,07	0,05	0,02	0,04	0,14	0,01
N. nitrato	mg/ℓ	máximo 10	0,49	0,02	0,07	0,04	< 0,01	< 0,01
N. nitrito	mg/ℓ	máximo 1	0,006	< 0,007	< 0,001	0,006	< 0,001	< 0,001
Níquel	mg/ℓ	máximo 0,025	< 0,02	< 0,02	< 0,02	< 0,008	< 0,008	< 0,008
NKT	mg/ℓ		0,38	0,23	0,29	2,5	0,15	0,2
OD	mg/ℓ	mínimo 6	*5,4	*1,5	*3,9	6,2	*2,2	*2,4
Pot. form. THM	µg/ℓ		378		164	97		206
Res. filtrável	mg/ℓ	máximo 500	64	6	67	72	105	37
Res. total	mg/ℓ		74	8	70	74	108	38

Quadro 8.4 Relatório de qualidade de águas interiores (continuação)

Descrição do parâmetro	Unidade	Padrão Conama Classe 1	26/2 2004 11h30	29/4 2004 09h00	23/6 2004 09h20	24/8 2004 11h50	13/10 2004 11h15	8/12 2004 10h50
Res. volátil	mg/ℓ		12	2	64	34	44	18
Sulfato	mg/ℓ	máximo 250	< 10	< 10	< 10	< 10	< 10	< 10
Surfactantes	mg/ℓ	máximo 0,5	< 0,01	< 0,01	< 0,01	< 0,01	< 0,01	< 0,01
Turbidez	UNT	máximo 40	39	1,1	1	0,74	1,4	0,88
Zinco	mg/ℓ	máximo 0,18	0,04	< 0,02	< 0,02	< 0,008	< 0,008	< 0,008
Parâmetros: Microbiológicos								
Coli Termo	NMP/100 mℓ	máximo 200	*330	*230	23	*4.900	< 1,8	2
Parâmetros: Ecotoxicológicos								
Toxicidade	—		Não tóxico	Não tóxico	Não tóxico	Crônico	Crônico	Não tóxico
Parâmetros: Hidrobiológicos								
Clorofila-a	µg/ℓ		1,6	1,34	1,335	0,135	0,8	0,4
Feofitina-a	µg/ℓ		1,01	0,16	1,19	1,83	1,72	2,22
N. cél. cianobact.	N. Células		40	350	0	0	130	0

(*) Não atendimento aos padrões de qualidade da Resolução Conama 20/86
(i) Conformidade indefinida quanto ao limite da classe, em razão de a análise laboratorial não ter atingido os limites legais
UFC – Unidade Formadora de Colônia
Emitido pelo EEQI – Setor de Águas Interiores
Fonte: Cetesb, 2004.

Cetesb
Banco Interáguas

Caracterização do percolado

Os parâmetros geralmente determinados para a caracterização do percolado são os mesmos mencionados para o controle de qualidade das águas superficiais: alcalinidade, dureza, pH, fosfato, nitrogênio, sólidos totais dissolvidos, oxigênio dissolvido, demanda química de oxigênio, demanda bioquímica de oxigênio, cloretos, sulfatos, metais tóxicos (ferro, zinco, cobre, níquel, cromo, cádmio, chumbo), coliformes totais e coliformes fecais.

A caracterização do percolado em geral é feita para a verificação da eficiência do sistema de tratamento adotado.

Como exemplo, o Quadro 8.5 mostra os resultados de análises físicas, químicas e microbiológicas no chorume do lixão do município de Visconde do Rio Branco, Minas Gerais.

Quadro 8.5 CARACTERIZAÇÃO DO CHORUME DO LIXÃO DO MUNICÍPIO DE VISCONDE DO RIO BRANCO (MG)

PARÂMETRO	VALOR
Condutividade elétrica (µS/cm)	18,84
pH	6,15
Nitrogênio amoniacal total (mg/ℓ)	655,5
Alcalinidade total (mg/ℓ)	1.680,8
DBO (mg/ℓ)	517,33
DQO (mg/ℓ)	1.475,0
Ni (mg/ℓ)	0
Cd (mg/ℓ)	0,16
Cu (mg/ℓ)	0,5
Zn (mg/ℓ)	6,18
Pb (mg/ℓ)	0,16
Mn (mg/ℓ)	3,62
Cr (mg/ℓ)	0,07
Mg (mg/ℓ)	215,1
Fe (mg/ℓ)	120
Ca (mg/ℓ)	521,6

Fonte: Nascentes, 2003.

Referências bibliográficas

ABRÃO, P. C. Sobre a deposição de rejeitos de mineração no Brasil. In: SIMPÓSIO SOBRE BARRAGENS DE REJEITOS E DISPOSIÇÃO DE RESÍDUOS INDUSTRIAIS E DE MINERAÇÃO, 1., 1987, Rio de Janeiro. *Anais...* Rio de Janeiro: ABMS, 1987. v. 1, p. 1-9.

ABREU, Ricardo Coelho de. *Compressibilidade de maciços sanitários*. 241 p. Dissertação (Mestrado em Engenharia Civil) – Escola Politécnica da Universidade de São Paulo, São Paulo, 2000.

AGUIAR, M. F. P.; SILVA FILHO, F. C.; ALMEIDA, M. S. S. Análise de movimentos em encostas naturais através de monitoramento por instrumentação: caso Coroa Grande-RJ. *Rev. Tecnol.*, Fortaleza, v. 26, n. 1, p. 46-71, 2005.

ALLEN, H. E.; PURDUE, E. M.; BROWN, D. S. *Metals in Groundwater*. Chelsea, USA: Lewis Publishers, 1993.

ALMEIDA, M. S. S.; MIRANDA NETO, M. I. Investigação e monitoramento de áreas contaminadas. In: REGEO'2003 – CONGRESSO BRASILEIRO DE GEOTECNIA AMBIENTAL/GEOSSINTÉTICOS'2003 – 5., SIMPÓSIO BRASILEIRO DE GEOSSINTÉTICOS, 4., 2003, Porto Alegre. *Anais...* Porto Alegre: ABMS, 2003. p. 303-317.

AMERICAN PETROLEUM INSTITUTE. *API Interactive LNAPL Guide*. 2004. Disponível em: http://www.api.org/ehs/groundwater/lnapl/lnapl-guide.cfm. Acesso em: 5 ago. 2007.

AMERICAN SOCIETY FOR TESTING MATERIALS. *D5093-02*: standard test method for field measurement of infiltration rate using a double-ring infiltrometer with a sealed-inner ring. West Conshohocken, 2002.

_____. *D5084-03*: standard test methods for measurement of hydraulic conductivity of saturated porous materials using a flexible wall permeameter. West Conshohocken, 2003.

_____. *E2081-00*: standard guide for risk-based corrective action. West Conshohocken, 2004.

_____. *D6391-06*: standard test method for field measurement of hydraulic conductivity limits of porous materials using two stages of infiltration from a borehole. West Conshohocken, 2006.

ÂNGULO, S. C. *Caracterização de agregados de resíduos de construção e demolição reciclados e a influência de suas características no comportamento dos concretos*. 167 p. Tese (Doutorado em Engenharia Civil) – Escola Politécnica da Universidade de São Paulo, São Paulo, 2005.

ANJOS, J. A. S. A. *Avaliação da eficiência de uma zona alagadiça (wetland) no controle de poluição por metais pesados*: o caso da Plumbum em Santo Amaro da Purificação/BA. Tese (Doutorado em Engenharia Mineral) – Escola Politécnica da Universidade de São Paulo, São Paulo, 2003.

ASSOCIAÇÃO BRASILEIRA DE GEOLOGIA E DE ENGENHARIA. *Ensaios de permeabilidade em solos*. São Paulo, 1996. Boletim 4. p. 226.

ASSOCIAÇÃO BRASILEIRA de NORMAS TÉCNICAS *NBR 8418*: apresentação de projetos de aterros de resíduos industriais perigosos. Rio de Janeiro, 1984.

_____. *NBR 8849*: apresentação de projetos de aterros controlados de resíduos sólidos urbanos. Rio de Janeiro, 1985.

_____. *NBR 10157*: aterros de resíduos perigosos – critérios para projeto, construção e operação. Rio de Janeiro, 1987.

_____. *NBR 11682*: estabilidade de taludes. Rio de Janeiro, 1991.

_____. *NBR 8419*: apresentação de projetos de aterros sanitários de resíduos sólidos urbanos. Rio de Janeiro, 1992.

_____. *NBR 13896*: aterros de resíduos não perigosos – critérios para projeto, implantação e operação – procedimento. Rio de Janeiro, 1997.

_____. *NBR 12553*: geossintéticos – terminologia. Rio de Janeiro, 2003.

_____. *NBR 12568*: geossintéticos – determinação da massa por unidade de área. Rio de Janeiro, 2003.

_____. *NBR 12592*: geossintéticos – identificação para fornecimento. Rio de Janeiro, 2003.

_____. *NBR 10004*: classificação de resíduos sólidos. Rio de Janeiro, 2004.

_____. *NBR 10005*: procedimentos para obtenção de extrato lixiviado de resíduos sólidos. Rio de Janeiro, 2004.

_____. *NBR 10006*: procedimentos para obtenção de extrato solubilizado de resíduos sólidos. Rio de Janeiro, 2004.

_____. *NBR 10007*: amostragem dos resíduos sólidos. Rio de Janeiro, 2004.

_____. *NBR 15112*: resíduos sólidos da construção civil e resíduos volumosos – áreas de transbordo e triagem – diretrizes para projeto, implantação e operação. Rio de Janeiro, 2004.

_____. *NBR 15113*: resíduos sólidos da construção civil e resíduos inertes – aterros – diretrizes para projeto, implantação e operação. Rio de Janeiro, 2004.

_____. *NBR 15114*: resíduos sólidos da construção civil – áreas de reciclagem – diretrizes para projeto, implantação e operação. Rio de Janeiro, 2004.

_____. *NBR 15115*: agregados reciclados de resíduos sólidos da construção civil – execução de camadas de pavimentação – procedimentos. Rio de Janeiro, 2004.

_____. *NBR 15116*: agregados reciclados de resíduos sólidos da construção civil – utilização em pavimentação e preparo de concreto sem função estrutural – requisitos. Rio de Janeiro, 2004.

_____. *NBR 15225*: geossintéticos – determinação da capacidade de fluxo no plano. Rio de Janeiro, 2005.

_____. *NBR 15226*: geossintéticos – determinação do comportamento em deformação e na ruptura, por fluência sob tração não confinada. Rio de Janeiro, 2005.

_____. *NBR 15227*: geossintéticos – determinação da espessura nominal de geomembranas termoplásticas lisas. Rio de Janeiro, 2005.

ÁVILA, J. P.; SOARES, R.; COSTA, L. H. D. Deposição de rejeitos finos pelo método de secagem. In: SIMPÓSIO DE BARRAGENS DE REJEITO E DE DISPOSIÇÃO DE RESÍDUOS, 3., 1995, Ouro Preto, MG. *Anais...* [S.l.: s.n.], 1995. v. 1, p. 97-108.

AZEVEDO, R. F.; RIBEIRO, A. G. C.; AZEVEDO, I. D. Determination of municipal solid waste strength parameters using a large dimension lisimeter test. In: SITTRS – SIMPÓSIO INTERNACIONAL DE TECNOLOGIAS DE TRATAMENTO DE RESÍDUOS SÓLIDOS, 2006, Rio de Janeiro. *Anais...* [S.l.: s.n.], 2006. p. 1-8. 1 CD-ROM.

BARDEN, L.; SIDES, G. R. Engineering behavior and structure of compacted clay. *Journal of the Soil Mechanics and Foundations Division*, v. 96, n. 4, p. 1171-1200.

BEAR, J. *Dynamics of fluids in porous media*. New York: Dover Publications, 1972.

BENSON, C. H. et al. Comparison of laboratory and in situ hydraulic conductivity measurements on a full-scale test pad. In: USMEN, M. A.; ACAR, Y. B. *Environmental geotechnology*. Rotterdam: Balkema, 1992. p. 219-227.

BENVENUTO, C.; CUNHA, M. A. Escorregamento em massa de lixo no Aterro Sanitário Bandeirantes em São Paulo. In: REGEO'91 – SIMPÓSIO SOBRE BARRAGENS DE REJEITO E DISPOSIÇÃO DE RESÍDUOS, 2., 1991, Rio de Janeiro. *Anais...* Rio de Janeiro: ABMS, 1991. v. 2, p. 55-66.

BERNUCCI, L. L. B. *Considerações sobre o dimensionamento de pavimentos utilizando solos lateríticos para rodovias de baixo volume de tráfego*. 237 p. Tese (Doutorado em Engenharia Civil) – Escola Politécnica da Universidade de São Paulo, São Paulo, 1995.

BLIGHT, G. A survey of lethal failures in municipal solid waste dumps and landfills. In: THOMAS, H. R. (Ed.). *5th ICEG*: environmental geotechnics, Cardiff, Wales. London: Thomas Telford Publishing, 2006. v. 1, p. 13-42.

BOSCOV, M. E. G. *Comportamento de solos tropicais em aplicações geoambientais*. 287 p. Tese (Livre-docência em Engenharia Civil) – Escola Politécnica da Universidade de São Paulo, São Paulo, 2004.

_____; ABREU, R. C. Aterros sanitários: previsão de desempenho x comportamento real. In: ABMS/NRSP. *Previsão de desempenho x comportamento real*. São Paulo, 2000. p. 7-44.

BOUAZZA, A.; WOJNAROWICZ, M. In: PANAMERICAN CONFERENCE ON SOIL MECHANICS AND GEOTECHNICAL ENGINEERING, 11., 1999, Foz do Iguaçu. *Proceedings...* São Paulo: ABMS/ISSMGE, 1999. p. 489-495.

BUSWELL A. M.; MUELLER E. F. Mechanisms of Methane Fermentation. In: *ENGINEERING CHEMISTRY*, n. 2., v. 44, 1952. p. 550–552.

BRAGA, R. M. Q. L. *A utilização de uma camada de solo compactado como revestimento impermeabilizante de fundo de bacias de disposição de lama vermelha produzida em Barcarena, PA*. 81 p. Exame de qualificação (Doutorado em Geologia e Geoquímica) – UFPA, Belém, 2007.

BRITO FILHO, J. A. Cidades *versus* entulhos. In: SEMINÁRIO DESENVOLVIMENTO SUSTENTÁVEL E A RECICLAGEM NA CONSTRUÇÃO CIVIL, 2., 1999, São Paulo. *Anais...* São Paulo: Ibracon, 1999. p. 56-67.

BUENO, B. S. Propriedades, especificações e ensaios. In: REGEO'2003 – CONGRESSO BRASILEIRO DE GEOTECNIA AMBIENTAL/GEOSSINTÉTICOS'2003, – 5., SIMPÓSIO BRASILEIRO DE GEOSSINTÉTICOS, 4., 2003, Porto Alegre. *Anais...* Porto Alegre: ABMS, 2003. p. 163-176.

CAMPOS, M. M. R. *Utilização de drenos horizontais profundos (DHP) em projetos de remediação ambiental*. Dissertação (Mestrado em Engenharia Civil) – Escola Politécnica da Universidade de São Paulo, São Paulo, 2003.

CAMPOS, M. M. R.; BOSCOV, M. E. G. Utilização de drenos horizontais profundos (DHP) em projetos de remediação ambiental. *Solos e Rochas*, v. 29. n. 3. p. 285-296.

CARVALHO, A. R. *Desenvolvimento de um equipamento para determinação de parâmetros geotécnicos de resíduos sólidos*. Tese (Doutorado em Engenharia Civil) – COPPE/UFRJ, 2006.

CARVALHO, M. F. *Comportamento mecânico de resíduos sólidos urbanos*. Tese (Doutorado em Geotecnia) – Escola de Engenharia de São Carlos, Universidade de São Paulo, São Carlos, 1999.

CARRARA, S. M. C. M. *Biorremediação de áreas contaminadas por plastificantes*: caso do ftalato de Di-2-etilhexila. Tese (Doutorado em Engenharia Civil) – Escola Politécnica da Universidade de São Paulo, São Paulo, 2003.

COALIZÃO RIOS VIVOS. *Aquífero Guarani*. 2007. Disponível em http://www.riosvivos.org.br/canal.php?canal=278. Acesso em: 5 ago. 2007.

COMPANHIA DE TECNOLOGIA DE SANEAMENTO AMBIENTAL. *Aterro sanitário em valas*. São Paulo, 1997.

_____. *Manual de gerenciamento de áreas contaminadas*. São Paulo, 1999. Disponível em: http://www.cetesb.sp.gov.br/Solo/areas_contaminadas/manual.asp. Acesso em: 5 ago. 2007.

_____. *Relatório de qualidade de águas interiores do Estado de São Paulo*. São Paulo, 2004. Disponível em: http://www.cetesb.sp.gov.br/Agua/rios/relatorios.asp. Acesso em: 5 ago. 2007.

_____. *Valores orientadores para solos e águas subterrâneas no Estado de São Paulo*. São Paulo, 2005. Disponível em: http://www.cetesb.sp.gov.br/Solo/relatorios.asp. Acesso em: 5 ago. 2007.

_____. *Inventário estadual de resíduos sólidos domiciliares – 2005*. São Paulo, 2006. Disponível em: http://www.cetesb.sp.gov.br/Solo/relatorios.asp>. Acesso em: 5 ago. 2007.

_____. *Relação de áreas contaminadas*. São Paulo, 2007. Disponível em: http://www.cetesb.sp.gov.br/Solo/areas_contaminadas/relacao_areas.asp. Acesso em: 5 ago. 2007.

COMPANHIA MUNICIPAL DE LIMPEZA URBANA. *Caracterização gravimétrica dos resíduos sólidos domiciliares do Município do Rio de Janeiro*. Rio de Janeiro, 2005. 88 p. Relatório.

COMPANHIA DE PESQUISAS DE RECURSOS MINERAIS. *Mapa de favorabilidade hidrogeológica do Estado do Rio de Janeiro*. Brasília, 2000. Escala 1:500.000. Projeto Rio de Janeiro.

CONSELHO NACIONAL DO MEIO AMBIENTE. Resolução Conama nº 1, de 23 de janeiro de 1986. Dispõe sobre critérios básicos e diretrizes gerais para o Relatório de Impacto Ambiental – Rima. *Diário Oficial da União*, Brasília, DF, 17 fev. 1986.

_____. Resolução Conama nº 20, de 18 de junho de 1986. Dispõe sobre a classificação das águas doces, salobras e salinas do território nacional. *Diário Oficial da União*, Brasília, DF, 30 jun. 1986.

_____. Resolução Conama nº 237, de 19 de dezembro de 1997. Regulamenta os aspectos de licenciamento ambiental estabelecidos na Política Nacional do Meio Ambiente. *Diário Oficial da União*, Brasília, DF, 22 dez. 1997.

_____. Resolução Conama nº 307, de 5 de julho de 2002. Estabelece diretrizes, critérios e procedimentos para a gestão dos resíduos da construção civil. *Diário Oficial da União*, Brasília, DF, 17 jul. 2002.

_____. Resolução nº 308, de 21 de março de 2002. Licenciamento ambiental de sistemas de disposição final dos resíduos sólidos urbanos gerados em municípios de pequeno porte. *Diário Oficial da União*, Brasília, DF, 29 de jul. 2002.

CORDEIRO, J. S. Processamento de lodos de estação de tratamento de água (ETA). In: ANDREOLI, C. V. (Coord.). *Resíduos sólidos do saneamento*: processamento, reciclagem e disposição final. Rio de janeiro: Rima: Abes, 2000. v. 1, p. 119-142.

COUMOULOS, D. G.; KORYALOS, T. P. Prediction of attenuation of landfill settlement rates with time. In: INTERNATIONAL CONFERENCE ON SOIL MECHANICS AND FOUNDATION ENGINEERING, 14., 1997, Hamburg. *Proceedings*... Rotterdam: Balkema, 1997. v. 3, p. 1807-1811.

COUMOULOS, D. G. et al. The Main Landfill of Athens – Geotecnical Investigation. In: SARDINIA'95 – INTERNATIONAL LANDFILL SYMPOSIUM, 5., 1995, Cagliari, Italy. *Proceedings*... S. Margherita di Pulsa: CISA,1995.

DANIEL, D. E. Predicting hydraulic conductivity of clay liners. *Journal of Geotechnical Engineering*, v. 110, n. 2, p. 285-300, 1984.

_____. *Geotechnical practice for waste disposal*. London: Chapman & Hall, 1993.

_____; KOERNER, R. *Waste containment facilities*: guidance for construction, quality assurance and quality control of liner and cover systems. New York: Asce Press, 1995.

DEPARTAMENTO DE ÁGUAS E ENERGIA ELÉTRICA. *Estudo de águas subterrâneas*: regiões administrativas 7, 8 e 9 – Bauru, São José do Rio Preto e Araçatuba. São Paulo, 1976. v. I, II e III.

DEPARTAMENTO DE LIMPEZA URBANA. *Aspectos gerais da limpeza urbana de São Paulo*. São Paulo, 1997. Relatório.

_____.*Caracterização gravimétrica e físico-química dos resíduos sólidos domiciliares do Município de São Paulo – 2003*. São Paulo, 2003. Relatório.

DEPARTAMENTO NACIONAL DE PRODUÇÃO MINERAL. *Sumário Mineral 2006*. 2006. Disponível em: http://www.dnpm-pe.gov.br/Producao/produ.php. Acesso em: 5 ago. 2007.

DEUTSCHE GESELLSCHAFT FUR GEOTECHNIK. *Felshohlräume zur Verbringung von Rest- und Abfallstoffen*. Essen, Alemanha 1994.

DURHAM GEO SLOPE INDICATOR. *Water level indicators*. Disponível em: http://www.slopeindicator.com. Acesso em: 5 ago. 2007.

DIAS, V. N.; BOAVIDA, M. J. Dinâmica das zonas húmidas na prevenção de contaminação das águas subterrâneas. In: SEMINÁRIO GEOTECNIA AMBIENTAL: CONTAMINAÇÃO DE SOLOS E DE ÁGUAS SUBTERRÂNEAS, 2001, Porto, Portugal. *Anais*... v. anexo, p. 27.

DI MOLFETTA, A.; SETHI, R. *Barriere reattive permeabili*. 2003. Trabalho apresentado ao 57º Corso de Aggiornamento in Ingegneria Sanitaria Ambiental, Milano, Italia, 2003.

EMPRESA BRASILEIRA DE PESQUISA AGROPECUÁRIA. *Aquífero Guarani*. 2007. Disponível em: http://www.cnpma.embrapa.br/projetos/index.php3?sec=guara. Acesso em: 5 ago. 2007.

ESPINACE, R.; PALMA, G. H.; SANCHEZ-ALCITURRI, J. M. Experiencias de aplicación de modelos para la determinación de los asentamientos de rellenos sanitarios. In: PANAMERICAN CONFERENCE ON SOIL MECHANICS AND GEOTECHNICAL

ENGINEERING, 11., 1999, Foz do Iguaçu. *Proceedings...* São Paulo: ABMS/ISSMGE, 1999. p. 473-479.

ESPÓSITO, T. J. *Metodologia probabilística e observacional aplicada a barragens de rejeito construídas por aterro hidráulico*. Tese (Doutorado em Geotecnia) – Universidade de Brasília, Brasília, 2000.

EUROPEAN ENVIRONMENTAL AGENCY. *Biodegradable municipal waste management in Europe*. Part 1: Strategies and instruments. Copenhagen, 2002. Topic Report 15/2001.

FARIA, C. E. G. *Mineração e meio ambiente no Brasil*. CGEE, 2002. Disponível em: http://www.cgee.org.br/arquivos/estudo011_02.pdf. Acesso em: 5 ago. 2007.

FARQUHAR, G. J.; ROVERS, F. A. Gas production during refuse decomposition. *Water, Air and Soil Pollution*, v. 2, n. 4, p. 483-495, 1973.

FELIPETTO, A. Novagerar and the Nova Iguaçu Solid Waste Treatment Center (CTR Nova Iguaçu). In: SITTRS – SIMPÓSIO INTERNACIONAL DE TECNOLOGIAS DE TRATAMENTO DE RESÍDUOS SÓLIDOS, 2006, Rio de Janeiro. *Anais...* [S.l.: s.n.], 2006. p. 1-4.1 CD-ROM.

FERNANDES, H. M. *Energia nuclear e responsabilidade socioambiental*. Rio de Janeiro, 2004. Apresentação para o Seminário Recursos Energéticos do Brasil: Petróleo, Gás, Urânio e Carvão. Disponível em: http://ecen.com/seminario_clube_de_engneharia/30092004/socioambiental_nuclear.pdf. Acesso em: 5 ago. 2007.

FERRARI, A. A. P. *Viabilidade da utilização de silte compactado como material de impermeabilização em aterros de resíduos*. 118 p. Dissertação (Mestrado em Engenharia Civil) – Escola Politécnica da Universidade de São Paulo, São Paulo, 2005.

FIUMARI, S. L. *Caracterização do sistema hidrogeológico Bauru no Município de Araguari-MG*. Dissertação (Mestrado em Geologia) – Universidade Federal de Minas Gerais, Belo Horizonte, 2004.

GABAS, S. G. *Avaliação da adsorção de cádmio e chumbo em solo laterítico compactado por meio de extração sequencial*. 240 p. Tese (Doutorado em Engenharia Civil) – Escola Politécnica da Universidade de São Paulo, São Paulo, 2005.

GABR, M. A.; VALERO, S. N. Geotechnical properties of municipal solid waste. *Geotechnical Testing Journal*, v. 18, n. 2, p. 241-251, June 1995.

GANDOLLA, M. et al. A determinação dos efeitos do recalque sobre os depósitos de lixo sólido municipal. In: SIMPÓSIO INTERNACIONAL DE DESTINAÇÃO DO LIXO, 1994, Salvador. *Anais...* p. 191-211.

GARCIA-BENGOCHEA, I.; LOVELL, C. W.; ALTSCHAEFFLE, A. G. Pore distribution and permeability of silty clays. *Journal of the Geotechnical Engineering Division*, v. 105, n. GT7, p. 839-856, 1979.

GIACHETI, H. L. et al. Ensaios de campo na investigação geotécnica e geoambiental. In: CONGRESSO BRASILEIRO DE MECÂNICA DOS SOLOS E ENGENHARIA GEOTÉCNICA, 13., 2006, Curitiba. *Anais...* [S.l.: s.n.], 2006. v. palestras, p. 1-24.

GIBSON, R. E.; ENGLAND, G. L.; HUSSEY, M. J. L. The theory of one-dimensional consolidation of saturated clays. *Géotechnique*, v. 17, n. 3, p. 261-273, 1967.

GODOY, H. *Características geológicas e geotécnicas dos produtos de alteração de granitos e gnaisses nos arredores da cidade de São Paulo*. Dissertação (Mestrado em Geociências) – Instituto de Geociências da Universidade de São Paulo, São Paulo, 1992.

GONÇALVES, R. F.; BRANDÃO, J. T.; BARRETO, E. M. S. Viabilidade econômica da regeneração do sulfato de alumínio de lodos de estações de tratamento de água. In: CONGRESSO BRASILEIRO DE ENGENHARIA SANITÁRIA E AMBIENTAL, 20., 1999, Rio de Janeiro. *Anais...* Rio de Janeiro: Abes, 1999. p. 1298-1306.

GRASSI, M. *Monitoramento de aterros sanitários*. Trabalho final da disciplina PEF-5834: Transporte de Poluentes no Projeto de Aterro de Resíduos. Curso de Pós-Graduação em Engenharia Civil, Escola Politécnica da Universidade de São Paulo, São Paulo, 2005.

GRISOLIA, M.; NAPOLEONI, Q.; TANCREDI, G. Contribution to a technical classification of MSW. In: INTERNATIONAL LANDFILL SYMPOSIUM, 5., 1995, Cagliari, Italy. *Proceedings...* [S.l.: s.n.], 1995. p. 761-768.

GUSMÃO, A. D. *Uso de barreiras reativas na remediação de aquíferos contaminados*. Tese (Doutorado em Engenharia Civil) – Pontifícia Universidade Católica do Rio de Janeiro, Rio de Janeiro, 1999.

HACHICH, W. C. *Modelos em engenharia geotécnica*. São Paulo: Escola Politécnica da Universidade de São Paulo, 2000. Concurso de Titular. Prova de Notório Saber.

HOEKS, J. Significance of biogas reduction in waste tips. *Waste Management and Research*, v. 1, p. 323-325, 1983.

HOPPEN, C.; PORTELLA, K. F.; ANDREOLI, C. V.; SALES, A.; JOUKOSKI, A. Estudo de dosagem para incorporação do lodo de ETA em matriz de concreto, como forma de disposição final. In: CONGRESSO BRASILEIRO DE ENGENHARIA SANITÁRIA E AMBIENTAL, 23., 2005, Campo Grande. *Anais...* [S.l.: s.n.], 2005. p. 1-9.1 CD-ROM.

IMAI, G. Experimental studies on sedimentation mechanism and sediment formation of clay materials. *Soils and Foundations*, v. 21, n. 1, p. 7-20, 1981.

INSTTITUTE FOR COMPUTACIONAL AND MATHEMATICAL ENGINEERING- UNITED NATIONS ENVIRONMENT PROGRAMME. *Case studies on tailings management*. 1998. Disponível em: http://www.natural-resources.org/minerals/cd/docs/unep/tailingscasestudies.pdf. Acesso em: 5 ago. 2007.

INSTITUTO BRASILEIRO DE GEOGRAFIA E ESTATÍSTICA. *Pesquisa nacional de saneamento básico 1989*. Rio de Janeiro, 1990. Relatório.

_____. *Pesquisa Nacional de Saneamento Básico 2000*. Rio de Janeiro, 2002. Relatório. ISBN 85-240-0880-6 (CD-ROM) e 85-240-0881-4 (meio impresso).

INTERGOVERNMENTAL PANEL ON CLIMATE CHANGE. 2006. *Guidelines for national greenhouse gas inventories*. Volume 5: waste. Disponível em: http://www.ipcc-nggip.iges.or.jp/public/2006gl/vol5.htm.

INSTITUTO DE PESQUISAS TECNOLÓGICAS. *Lixo municipal*: manual de gerenciamento integrado. 2. ed. São Paulo, 2000. IPT Publicação 2.622.

INTERNATIONAL SOCIETY FOR SOIL MECHANICS AND FOUNDATING ENGINEERING. *Report of the ISSMFE technical committee TC-5 on environmental geotechnics*. Bochum: Ruhr-Universität Bochum, 1997.

_____. Report of the ISSMFE Technical Committee TC-5 on Environmental Geotechnics, 2006.

ITOH, T. et al. Mechanical properties of municipal waste deposits and ground improvement. In: INTERNATIONAL CONFERENCE ON SOIL MECHANICS AND GEOTECHNICAL ENGINEERING, 16., 2005, Osaka. *Proceedings...* [S.l.: s.n.], 2005. v. 4, p. 2273-2276.

JANUÁRIO, G. F. *Planejamento e aspectos ambientais envolvidos na disposição final de lodos das estações de tratamento de água da região metropolitana de São Paulo*. 222 p. Dissertação (Mestrado em Engenharia Civil) – Escola Politécnica da Universidade de São Paulo, São Paulo, 2005.

JESSBERGER, H.L.; KOCKEL, R. Determination and assessment of the mechanical properties of waste materials. In: GREEN'93 – INTERNATIONAL SYMPOSIUM ON GEOTECHNICS RELATED TO THE ENVIRONMENT, 1993, Bolton, Reino Unido. *Anais...* v. 1, p. 167-178.

JESSBERGER, H. L.; STONE, K. J. L. Subsidence effects on clay barriers. *Geotechnique*, v. 41, n. 2, p. 185-194, 1991.

JESSBERGER, H. L. et al. Engineering waste disposal: geotechnics of landfill design and remedial works. In: GREEN'93 – INTERNATIONAL SYMPOSIUM ON GEOTECHNICS RELATED TO THE ENVIRONMENT, 1993, Bolton, UK. *Proceedings...* [S.l.: s.n.], 1993. v. 1, Keynote Lecture.

JOHN, V. M. *Reciclagem de resíduos na construção civil*: contribuição para metodologia de pesquisa e desenvolvimento. 113 p. Tese (Livre-docência em Engenharia Civil) – Escola Politécnica da Universidade de são Paulo, São Paulo, 2000.

_____; AGOPYAN, V. Reciclagem de resíduos da construção. In: SEMINÁRIO RESÍDUOS SÓLIDOS DOMICILARES, 2000, São Paulo. *Anais...* São Paulo: Cetesb, 2003. 1 CD-ROM. Disponível em: http://www.reciclagem.pcc.usp.br/ftp/CETESB.pdf. Acesso em: 5 ago. 2007.

JUCÁ, J. Destinação final dos resíduos sólidos no Brasil: situação atual e perspectivas. In: SILUBESA – SIMPÓSIO LUSO-BRASILEIRO DE ENGENHARIA SANITÁRIA E AMBIENTAL, 10., 2002, Braga. *Anais...* Lisboa: Apesp, 2002. p. 1-18.

KAIMOTO, L. S. A.; CEPOLLINA, M. Considerações sobre alguns condicionantes e critérios geotécnicos de projeto e executivos de aterros sanitários. In: SIMPÓSIO INTERNACIONAL DE QUALIDADE AMBIENTAL, 1., 1996, Porto Alegre. *Anais...* Porto Alegre: PUC-RS, 1996. p. 51-54.

_____; ABREU, R. C. Alguns aspectos sobre recalques e deslocamentos horizontais em aterros sanitários. In: REGEO'99 – CONGRESSO BRASILEIRO DE GEOTECNIA AMBIENTAL, 4., 1999, São José dos Campos. *Anais...* São José dos Campos: ABMS, 1999. p. 462-465.

KAIMOTO, L. S. A.; LEITE, E. F.; COELHO, M. G. Considerações sobre aproveitamento do biogás em aterro sanitário. In: SITTRS – SIMPÓSIO INTERNACIONAL DE TECNOLOGIAS DE TRATAMENTO DE RESÍDUOS SÓLIDOS, 2006, Rio de Janeiro. *Anais...* [S.l.: s.n.], 2006. p. 1-8. 1 CD-ROM.

KOCKEL, R. Scherfestigkeit von Mischabfallen in Hinblick auf die Standsicherheit von Deponien. Bochum: Ruhr-Universität Bochum, 1995.

_____; KOENIG, D.; SYLLWASSCHY, O. Three basic topics on waste mechanics. In: INTERNATIONAL CONFERENCE ON SOIL MECHANICS AND FOUNDATION ENGINEERING, 14., 1997, Hamburg. *Proceedings...* Rotterdam: Balkema, 1997. v. 3, p. 1831-1837.

LAGREGA, M. D.; BUCKINGHAM, P. L.; EVANS, J. C. *Hazardous waste management.* New York: McGraw-Hill, 1994.

LAMARE NETO, A. *Resistência ao cisalhamento de resíduos sólidos urbanos e de materiais granulares com fibras.* 190 p. Tese (Doutorado em Engenharia Civil) – Universidade Federal do Rio de Janeiro, Rio de Janeiro, 2004.

LAMBE, T. W. The engineering behaviour of compacted clay. *Journal of the Soil Mechanics and Foundations Division*, v. 84, SM2, p. 1655/1-1655/35, 1958.

_____; WHITMAN, R. V. *Soil mechanics, SI version.* New York: John Wiley & Sons, 1979.

LANDVA, A. O.; CLARK, J. I. Geotechnics of waste fill. In: LANDVA, A. O.; KNOWLES, G. D. (Ed.). *Geotechnics of waste fills*: theory and practice. Philadelphia: ASTM, 1990. p. 86-103. ASTM STP 1070.

LING, H. I. et al. Estimation of municipal solid waste landfill settlement. *Journal of Geotechnical and Geoenvironmental Engineering*, v. 124, n. 1, p. 21-28.

LOZANO, F. A. E. *Seleção de locais para barragens de rejeitos usando o método de análise hierárquica.* 128 p. Dissertação (Mestrado em Engenharia Civil) – Escola Politécnica da Universidade de São Paulo, São Paulo, 2006.

LUMANS. *Inclinômetros e medidores de inclinação.* 2007. Disponível em: http://www.lumans.com.br/inclinometros.htm. Acesso em: 5 ago. 2007.

MACCAFERRI. *Colchões reno.* 2007. Disponível em: http://www.maccaferri.com.br/pagina.php?pagina=96&idioma=0. Acesso em: 5 ago. 2007.

MADSEN, F. T. Clay and synthetic liners: durability against pollutants attack. In: INTERNATIONAL CONFERENCE ON SOIL MECHANICS AND FOUNDATION ENGINEERING, 13., 1994, New Delhi. *Proceedings...* [S.l.: s.n.], 1994. p. 287-288.

_____; MITCHELL, J. K. Chemical effects on clay hydraulic conductivity and their determination. *Mitteilungen des Institutes fur Grundbau und Bodenmechanik*, Zurich, n. 135, 1989.

MAHLER, C. F.; CARVALHO, A. R. Influence of the age and recycling program in waste specific weight. In: International Symposium on Environmental Geotechnology and Global Sustainable Development, 7., 2004, Helsinki, Finlândia. Proceedings... Helsinki: SYKE - Finnish Environment Institute, 2004. v. 1. p. 1.

MAHLER, C. F.; ITURRI, E. A. Z. The Finite Element Method applied to the study of solid waste landfills. In: INTERNATIONAL CONGRESS ENVIRONMENTAL GEOTECHNICS, 3., 1998, Lisboa. *Proceedings...* Rotterdam: Balkema, 1998. v. 1. p. 89-94.

MAIA NOBRE, M. M.; MAIA NOBRE, R. C.; GALVÃO, A. S. S. Remediation of mercury contaminated groundwater using a permeable reactive barrier. In: THOMAS, H. R. (Ed.). *5th ICEG*: environmental geotechnics, Cardiff, Wales. London: Thomas Telford Publishing, 2006. v. 1, p. 213-220.

MANASSERO, M.; BENSON, C; BOUAZZA, A. Solid waste containment systems. In: INTERNATIONAL CONFENRENCE ON GEOLOGICAL & GEOTECHNICAL, 2000, Melbourne, Australia. *Proceedings...* v.1, p 520-642.

MANASSERO, M.; SPANNA, C. Prevention techniques: design criteria. In: SIGA'98 – SIMPÓSIO DE GEOTECNIA AMBIENTAL, 1998, São Paulo. *Anais...* São Paulo: ABMS, 1998. 1 CD-ROM.

MANASSERO, M.; VAN IMPE, W. F.; BOUAZZA, A. Waste disposal and containment. In: INTERNATIONAL CONGRESS ON ENVIRONMENTAL GEOTECHNICS, 2., 1996, Osaka. *Proceedings...* Rotterdam: Balkema, 1996. v. 3, p. 1425-1474.

MARIANO, M. O. H.; JUCÁ, J. F. T. Monitoramento de recalques no Aterro de Resíduos Sólidos da Muribeca. In: CONGRESSO BRASILEIRO DE MECÂNICA DOS SOLOS E ENGENHARIA GEOTÉCNICA, 11., 1998, Brasília. *Anais...* Brasília: ABMS, 1998. v. 3, p. 1671-1678.

MARIANO, M. O. H. *Recalques no Aterro de Resíduos Sólidos da Muribeca-PE*. Dissertação (Mestrado em Engenharia Civil) – Universidade Federal de Pernambuco, Recife, 1999.

MARQUES, A. C. M. *Aterros sanitários*: estudo de técnicas construtivas e de parâmetros geotécnicos a partir de aterro experimental. 2001. Tese (Doutorado em Geotecnia) – Escola de Engenharia de São Carlos da Universidade de São Paulo, São Carlos, 2001.

_____; VILAR, O. M.; KAIMOTO, L. S. A. Compactação de resíduos sólidos urbanos. *Solos e Rochas*, São Paulo, v. 25, n. 1, p. 37-50, 2002.

MELLO, L. G. F. S. Barragens de rejeitos. Notas de aula para a disciplina Geotecnia Ambiental – Escola Politécnica da Universidade de São Paulo.

MELLO, L. G. F. S. Otimização da deposição de rejeitos. *Boletim Técnico da Escola Politécnica da Universidade de São Paulo*, São Paulo, BT/PEF/9212, 1992.

_____; AZAMBUJA, E. Investigação e monitoramento de áreas contaminadas: relato da sessão. In: REGEO'2003 – CONGRESSO BRASILEIRO DE GEOTECNIA AMBIENTAL/GEOSSINTÉTICOS'2003 – 5., SIMPÓSIO BRASILEIRO DE GEOSSINTÉTICOS, 4., 2003, Porto Alegre. *Anais...* Porto Alegre: ABMS, 2003. p. 332-335.

MELLO, L. G. F. S; BOSCOV, M. E. G. Discussão da prática brasileira de disposição de resíduos à luz das tendências internacionais. In: CONGRESSO BRASILEIRO DE MECÂNICA DOS SOLOS E ENGENHARIA GEOTÉCNICA, 11., 1998, Brasília. *Anais...* Brasília: ABMS, 1998. v. 4, p. 195-214.

MIKASA, M. *Consolidation of soft clay*. Tokyo: Kajima Institution, 1963.

MINISTÉRIO DAS CIDADES. Dados do Brasil para a 1ª Avaliação Regional 2002 dos Serviços de Manejo de Resíduos Sólidos Municipais nos Países da América Latina e Caribe. Ministério das Cidades, 2003. Secretaria Nacional de Saneamento Ambiental.

MINISTÉRIO DA SAÚDE. Portaria nº 518, de 25 de março de 2004. Estabelece os procedimentos e responsabilidades relativos ao controle e vigilância da qualidade da água para consumo humano e seu padrão de potabilidade, e dá outras providências. *Diário Oficial da União*, Poder Executivo, Brasília, DF, 26 de março de 2004.

MITCHELL, J. K. *Fundamentals of soil behavior*. New York: John Wiley & Sons, 1993.

_____; HOOPER, D. R.; CAMPANELLA, R. G. Permeability of compacted clay. *Journal of the Soil Mechanics and Foundations Division*, v. 92, n. SM4, p. 41-66, 1965.

MITCHELL, J. K. et al. *Assessment of waste barrier containment system*. Rio de Janeiro: Coppe/UFRJ, 1997. Apostila do Minicurso de Geotecnia Avançada.

MIURA, P. *Étude de l'intérêt du bioréacteur dans l'exploitation du centre de stockage de DIB d'Epinay-Champlâtreux*. Lille: École Centrale de Lille, 2005. Rapport de stage.

MONDELLI, G. *Investigação geoambiental em áreas de disposição de resíduos sólidos urbanos utilizando a tecnologia do piezocone*. 264 p. Dissertação (Mestrado em Engenharia Civil) – Escola Politécnica da Universidade de São Paulo, São Paulo, 2003.

MONTEIRO, J. H. R. P.; SENA, R. D.; SILVA, D. A. Sistemas de monitoramento para os aterros de resíduos sólidos urbanos da cidade do Rio de Janeiro. In: SITTRS – SIM-

PÓSIO INTERNACIONAL DE TECNOLOGIAS DE TRATAMENTO DE RESÍDUOS SÓLIDOS, 2006, Rio de Janeiro. *Anais...* [S.l.: s.n.], 2006. p. 1-7. 1 CD-ROM.

MORRIS, D. V.; WOODS, C. E. Settlement and engineering considerations on landfill and final cover design. In: LANDVA, A. O.; KNOWLES, G. D. (Ed.). *Geotechnics of waste fills*: theory and practice. Philadelphia: ASTM, 1990. p. 9-21. ASTM STP 1070.

MOTTA, R. S. *Estudo laboratorial de agregado reciclado de resíduo sólido da construção civil para aplicação em pavimentação de baixo volume de tráfego*. 134 p. Dissertação (Mestrado em Engenharia Civil) – Escola Politécnica da Universidade de São Paulo, São Paulo, 2005.

MUSSO, M.; PEJÓN, O. L. Estudo da difusão, retardamento e comportamento da membrana em barreiras de argila. 41 p. 2007. Exame de qualificação de Doutorado – Escola de Engenharia São Carlos, Universidade de São Paulo.

MUNNICH, K.; BAUER, J. Monitoring of emissions and mechanical behaviour of MSW landfills: new techniques for a better understanding of the long-term behaviour. In: SITTRS – SIMPÓSIO INTERNACIONAL DE TECNOLOGIAS DE TRATAMENTO DE RESÍDUOS SÓLIDOS, 2006, Rio de Janeiro. *Anais...* 2006. p. 1-11. 1 CD-ROM.

NASCENTES, C. R. *Coeficiente de dispersão hidrodinâmica e fator de retardamento de metais pesados em solo residual compactado*. Dissertação (Mestrado em Engenharia Civil) – Universidade Federal de Viçosa, Viçosa, MG, 2003.

NASS, D. O conceito de poluição. *Revista Eletrônica de Ciências*, n. 13, 2002. Disponível em: http://cdcc.sc.usp.br/ciencia/artigos/art_13/poluicao.html. Acesso em: 5 ago. 2007.

NIEBLE, C. M. *Deposição de rejeitos*. Itabira, MG: Abib Engenharia, 1986. Apostila do Curso de Geotécnica Aplicada a Minas de Céu Aberto.

NILEX. *Non-woven geotextiles*. 2007. Disponível em: http://www.nilex.com/Products.aspx?ProductID=11. Acesso em: 5 ago. 2007.

OLIVEIRA, S. *Resíduos sólidos urbanos (RSU)*. Botucatu: Unesp, 2001. Apostila elaborada para o Curso de Agronomia da FCA-Unesp, Campus de Botucatu, São Paulo.

OLSEN, H. W. Hydraulic flow through saturated clays. In: NATIONAL CONFERENCE ON CLAYS AND CLAY MINERALS, 9., 1960, Lafayette, USA. *Proceedings...* New York: Pergamon Press, 1962. p. 131-161.

OLSON, R. E.; DANIEL, D. E. Measurement of the hydraulic conductivity of fine-grained soils. In: ZIMMIE, T. F.; RIGGS, C. O. *Permeability and groundwater contaminant transport*. Philadelphia: ASTM, 1981. p. 18-64. ASTM STP 746.

PADULA, L. P. *Análise da compressibilidade e permeabilidade de rejeitos finos*. 167 p. Dissertação (Mestrado em Engenharia Civil) – Escola de Minas da Universidade Federal de Ouro Preto, Ouro Preto, 2004.

PALMEIRA, E. M. Previsão e desempenho de geossintéticos em obras geotécnicas: conferência especial. In: CONGRESSO BRASILEIRO DE MECÂNICA DOS SOLOS E ENGENHARIA GEOTÉCNICA, 11., 1998, Brasília. *Anais...* Brasília: ABMS, 1998. v. 4, p. 153-168.

_____. Fatores condicionantes do comportamento de filtros geotêxteis. In: REGEO'2003 – CONGRESSO BRASILEIRO DE GEOTECNIA AMBIENTAL/GEOSSINTÉTICOS'2003, 5., – SIMPÓSIO BRASILEIRO DE GEOSSINTÉTICOS, 4., 2003, Porto Alegre. *Anais...* Porto Alegre: ABMS, 2003. p. 49-67.

_____. Geosynthetics in drainage systems of waste disposal sites. In: SITTRS – SIMPÓSIO INTERNACIONAL DE TECNOLOGIAS DE TRATAMENTO DE RESÍDUOS SÓLIDOS, 2006, Rio de Janeiro. *Anais...* [S.l.: s.n.], 2006. p. 1-15. 1 CD-ROM.

_____; GARDONI, M. G. Geotextiles in filtration: a state of the art review and remaining challenges. In: INTERNATIONAL SYMPOSIUM ON GEOSYNTHETICS/GEOENG2000, 2000, Melbourne. *Proceedings...* Melbourne: Mallek Bouazza, 2000. v. 1, p. 85-100.

PEDROSA, C. A.; CAETANO, F. A. *Águas subterrâneas*. Brasília: ANA – Agência Nacional das Águas, 2002. Relatório.

PEREIRA, A. G. H. *Compresibilidad de los residuos sólidos urbanos*. Tese (Doutorado) – Universidade de Oviedo, Espanha, 2000.

PINTO, C. S. *Curso básico de Mecânica dos solos em 16 aulas*. São Paulo: Oficina de Textos, 2000.

PINTO, T. P. *Metodologia para a gestão diferenciada de resíduos sólidos na construção urbana*. 189 p. Tese (Doutorado em Engenharia Civil) – Escola Politécnica da Universidade de São Paulo, São Paulo, 1999.

POTTER, H.A.B.; YONG, R.N. Waste disposal by landfill in Britain: Problems, solutions and the way foward. In: GREEN'93 – INTERNATIONAL SYMPOSIUM ON GEOTECHNICS RELATED TO THE ENVIRONMENT, 1993, Bolton, Reino Unido. *Anais...* v. 1, p. 41-48.

PREFEITURA DO MUNICÍPIO DE SÃO PAULO. *A utilização de agregados reciclados – materiais originários de resíduos sólidos da construção civil – em obras e serviços de pavimentação das vias públicas*. Disponível em: www.prefeitura.sp.gov.br/portal/a_cidade/noticias/index.php?p=14052. Acesso em: 5 ago. 2007.

REALI, M. A. P. Principais características quantitativas e qualitativas do lodo de ETAs. In: _____ (Org.). *Noções gerais de tratamento de disposição final de lodos de ETA*. Rio de Janeiro: Abes: Prosab, 1999. p. 21-39.

RICHTER, C. A. *Tratamento de lodo de estação de tratamento de água*. São Paulo: Edgard Blucher, 2001.

RITCEY, G. M. *Tailings management*: problems and solutions in the mining industry. Amsterdam: Elsevier Science Publishers, 1989.

ROCHA, E. G. A.; SPOSTO, R. M. Quantificação e caracterização dos resíduos da construção civil da cidade de Brasília. In: SIBRAGEQ – SIMPÓSIO BRASILEIRO DE GESTÃO E ECONOMIA DA CONSTRUÇÃO, 4., ELAGEC – ENCONTRO LATINO-AMERICANO DE GESTÃO E ECONOMIA DA CONSTRUÇÃO, 1., 2005, Porto Alegre. *Anais...* Porto Alegre: Antac, 2005.

SACILOTTO, A. C.; SANTAROSA, J.; GINETTI, M. L. S. S. Projeto de Lei n° 019/2005. Dispõe sobre a responsabilidade da destinação de resíduos da construção civil no Município e dá outras providências. Câmara Municipal de Americana. Disponível em: www.camara-americana.sp.gov.br/camver/pllegi/040057.doc. Acesso em: 5 ago. 2007.

SANCHEZ-ALCITURRI, J.M. et al. Three years of deformation monitoring at Meruelo landfill. In: GREEN'93 – INTERNATIONAL CONFERENCE, WASTE DISPOSAL BY LANDFILL, 1993, SARSBY (ED.). *Proceedings...* Rotterdam: Balkema, p. 365-371.

SÁNCHEZ, L. E. *Desengenharia*: o passivo ambiental na desativação de empreendimentos industriais. São Paulo: Edusp: Fapesp, 2001.

SANTOS, J. G. *Áreas alagadiças (Wetlands) para o tratamento de aquíferos livres e rasos contaminados por nutrientes*. Dissertação (Mestrado em Recursos Minerais e Hidrogeologia) – Instituto de Geociências da Universidade de São Paulo, São Paulo, 2001.

SANTOS, L. A. O.; PRESA, E. P. Compressibilidade de aterros sanitários controlados. In: REGEO'95 – SIMPÓSIO SOBRE BARRAGENS DE REJEITOS E DISPOSIÇÃO DE RESÍDUOS, 3., 1995, Ouro Preto. *Anais...* Ouro Preto: Imprensa Oficial de Minas Gerais, 1995. v. 2, p. 577-591.

SHACKELFORD, C. D. Environmental issues in geotechnical engineering. In: INTERNATIONAL CONFERENCE ON SOIL MECHANICS AND GEOTECHNICAL ENGINEERING, 16., 2005, Osaka. *Proceedings...* [S.l.: s.n.], 2005. v. 1, p. 94-122.

_____. Remediation of contamined land: an overview. In: PANAMERICAN CONFERENCE ON SOIL MECHANICS AND GEOTECHNICAL ENGINEERING, 1999, Foz do Iguaçu.

_____; NELSON, J. D. Geoenvironmental design considerations for tailings dams. In: INTERNATIONAL SYMPOSIUM ON SEISMIC AND ENVIRONMENTAL ASPECTS OF DAMS DESIGN: EARTH, CONCRETE AND TAILINGS DAMS, 1996, Santiago, Chile. *Proceedings...* [S.l.]: ISSMFE, 1996. v. 1, p. 131-187.

SILVA, A. R. L. *Estudo do comportamento de sistemas dreno-filtrantes em diferentes escalas em sistema de drenagem de aterros sanitários*. 329 p. Tese (Doutorado em Geotecnia) – Universidade de Brasília, Brasília, 2004.

SILVA JR., A. P.; ISAAC, R. L. Adensamento por gravidade de lodo de ETA gerado em decantador convencional e decantador laminar. In: CONGRESO INTERAMERI-

CANO DE INGENIERÍA SANITARIA Y AMBIENTAL, 28., 2002, Cancún. *Anais...* [S.l.: s.n.], 2002. 1 CD-ROM.

SILVEIRA, E. B. S.; READES, D. W. Barragens para contenção de rejeitos. In: SEMINÁRIO NACIONAL DE GRANDES BARRAGENS, 9., 1973, Rio de Janeiro. *Anais...* Rio de Janeiro: CBGB, 1973.

SIMÕES, G. F.; CAMPOS, T. M. P. Proposta de modelo acoplado mecânico e biológico para a previsão de recalques em aterros de disposição de resíduos sólidos urbanos. In: REGEO'2003 – CONGRESSO BRASILEIRO DE GEOTECNIA AMBIENTAL, 5., 2003, Porto Alegre. *Anais...* Porto Alegre: ABMS, 2003. 1 CD-ROM.

SIMÕES, G. F.; CATAPRETA, C. A. A.; MARTINS, H. L. Monitoramento geotécnico de aterros sanitários: trabalhos realizados na Central de Tratamento de Resíduos Sólidos da BR-040 em Belo Horizonte, Minas Gerais. In: SITTRS – SIMPÓSIO INTERNACIONAL DE TECNOLOGIAS DE TRATAMENTO DE RESÍDUOS SÓLIDOS, 2006, Rio de Janeiro. *Anais...* p. 1-13. 1 CD-ROM.

SOCIEDADE BRASILEIRA DE GEOFÍSICA. *A Geofísica.* 2007. Disponível em: http://www.sbgf.org.br/geofisica/geofisica.html. Acesso em: 5 ago. 2007.

SOWERS, G. F. Settlement of waste disposal fills. In: INTERNATIONAL CONFERENCE ON SOIL MECHANICS AND FOUNDATION ENGINEERING, 8., 1973, Moscow. *Proceedings...* [S.l.: s.n.], 1973. v. 22, p. 207-210.

SPOSTO, R. M. Os resíduos da construção: problema ou solução? *Revista Espaço Acadêmico,* n. 61, jun. 2006. Disponível em: http://www.espacoacademico.com.br/061/61sposto.htm. Acesso em: 5 ago. 2007.

STUERMER, M. M. *Contribuição ao estudo de um solo saprolítico como revestimento impermeabilizante de fundo de aterros de resíduos.* 121 p. Tese (Doutorado em Engenharia Civil) – Escola Politécnica da Universidade de São Paulo, São Paulo, 2006.

UNITED STATES ENVIRONMENTAL PROTECTION AGENCY. *Design and construction of RCRA/CERCLA final covers.* Cincinatti, Ohio, 1991. EPA/625/4-91/025.

_____. *Emerging technologies for the management and utilization of landfill gas.* 1998. EPA-600/R-98-021. Disponível em: http://www.epa.gov/ttn/catc/dir1/etech_pd.pdf. Acesso em: 5 ago. 2007.

_____. *OSWER Directive 9200.4-17P*: use of monitored natural attenuation at Superfund, RCRA corrective action and underground storage tank sites. Washington, DC, 1999.

UNIVERSIDADE FEDERAL DE ALAGOAS. *Gerenciamento integrado para transferência e destino final dos resíduos sólidos urbanos de Maceió.* 256 p. Maceió, 2004. Relatório final do Grupo de Estudos de Resíduos Sólidos e Recuperação de áreas degradadas.

VAN MEERTEN, J. J.; SELLMEIJER, J. B.; PEREBOOM, D. Predictions of landfill settlements. In: INTERNATIONAL LANDFILL SYMPOSIUM, 5., 1995, Cagliari, Italy. *Proceedings...* [S.l.: s.n.], 1995. v. 2, p. 823-831.

VICK, S. G. *Planning, design and analysis of tailing dams.* New York: John Wiley & Sons, 1983.

VIDAL, D. Especificação de geossintéticos. In: APLICAÇÕES DE GEOSSINTÉTICOS NA ENGENHARIA – SEMINÁRIO E DEMONSTRAÇÕES PRÁTICAS DE CAMPO E LABORATÓRIO. *Anais...* Curitiba: [s.n.], 1998. p. 16.

VIDAL, I. G. Geomembranas: evolução, aplicação e mercado. In: APLICAÇÕES DE GEOSSINTÉTICOS NA ENGENHARIA – SEMINÁRIO E DEMONSTRAÇÕES PRÁTICAS DE CAMPO E LABORATÓRIO. *Anais...* Curitiba: [s.n.], 1998. p. 45.

_____. Pontos importantes a serem considerados num projeto de impermeabilização com geomembranas. In: GEOSSIGA 2001 – SEMINÁRIO NACIONAL SOBRE GEOSSINTÉTICOS NA GEOTECNIA AMBIENTAL, 2001, São José dos Campos. *Anais...* São José dos Campos: IGS Brasil, 2001. p. 49.

VILAR, O. M. et al. Some remarks on the mechanical properties and modeling of municipal solid waste. In: SITTRS – SIMPÓSIO INTERNACIONAL DE TECNOLOGIAS DE TRATAMENTO DE RESÍDUOS SÓLIDOS, 2006, Rio de Janeiro. *Anais...* [S.l.: s.n.], 2006. p. 1-12. 1 CD-ROM.

WALL, D. K.; ZEISS, C. Municipal landfill degradation and settlement. *Journal of Environmental Engineering*, v. 121, n. 3, p. 214-224, 1995.

WISE URANIUM PROJECT. *Tailings dams safety.* 2004. Disponível em: http://www.wise-uranium.org/mdas.html#DISAST. Acesso em 5 ago. 2007.

WORLD BANK. Manual para a preparação de gás de aterro sanitário para projetos de energia na América Latina e Caribe. 2003. Disponível em: http://www.bancomundial.org.ar/lfg/gas_access_po.htm. Acesso em: 5 ago. 2007.

YEN, B. C.; SCANLON, B. Sanitary landfill settlement rates. *Journal of the Geotechnical Engineering Division*, v. 101, n. 5, p. 475-487, 1975.

ZIMMERMAN, R. E.; CHEN, W. W. H.; FRANCKIN, A. G. Mathematical model for solid waste settlement. In: GEOTECHNICAL PRACTICE FOR DISPOSAL OF SOLID WASTE MATERIALS, 1997, Ann Arbor. *Proceedings...* Reston: Asce, 1977. p. 210-226.

ZUQUETTE, L. V.; GANDOLFI, N. Methodology of specific engineering geo-logical mapping for selection of sites for waste disposal. In: CONGRESS OF THE INTERNATIONAL ASSOCIATION OF ENGINEERING GEOLOGY, 7., 1994, Lisboa. *Proceedings...* Rotterdam: Balkema, 1994. v. 4, p. 2481-2490.